MARIO LOCHNER

Was ich mit 20 Jahren gerne über Geld, Motivation, Erfolg gewusst hätte

MARIO LOCHNER

WAS ICH MIT 20 JAHREN GERNE ÜBER GELD MOTIVATION ERFOLG GEWUSST HÄTTE

FBV

Bibliografische Information der Deutschen Nationalbibliothek
Die Deutsche Nationalbibliothek verzeichnet diese Publikation in der Deutschen Nationalbibliografie. Detaillierte bibliografische Daten sind im Internet über http://dnb.d-nb.de abrufbar.

Für Fragen und Anregungen
info@finanzbuchverlag.de

Originalausgabe, 6. Auflage 2022

© 2020 by FinanzBuch Verlag, ein Imprint der Münchner Verlagsgruppe GmbH
Türkenstraße 89
80799 München
Tel.: 089 651285-0
Fax: 089 652096

Alle Rechte, insbesondere das Recht der Vervielfältigung und Verbreitung sowie der Übersetzung, vorbehalten. Kein Teil des Werkes darf in irgendeiner Form (durch Fotokopie, Mikrofilm oder ein anderes Verfahren) ohne schriftliche Genehmigung des Verlages reproduziert oder unter Verwendung elektronischer Systeme gespeichert, verarbeitet, vervielfältigt oder verbreitet werden.

Redaktion: Christiane Otto
Korrektorat: Manuela Kahle
Umschlaggestaltung: Marc-Torben Fischer
Satz: ZeroSoft, Timisoara
Druck: CPI books Gmbh, Leck
Printed in Germany

ISBN Print 978-3-95972-277-3
ISBN E-Book (PDF) 978-3-96092-510-1
ISBN E-Book (EPUB, Mobi) 978-3-96092-511-8

Weitere Informationen zum Verlag finden Sie unter

www.finanzbuchverlag.de

Beachten Sie auch unsere weiteren Verlage unter www.m-vg.de

INHALT

Vorwort 7

TEIL I: MOTIVATION 13
Talent ist ein Mythos 15
Jeder kann es schaffen – du musst es nur wollen 19
Warum mich Freunde am meisten motivieren 23
Du brauchst eine Mission 29
Das schönste Übel der Welt oder warum Geld gefährlich sein kann 35
Bring den Felsen ins Rollen – Motivation kommt durch Aktion! 39
Mach das Leben zu einem Spiel 44
Was würdest du tun, wenn du schon reich wärst? 49
Hack your Brain: Wie du endlich an dich glaubst 54
So gestaltest du deine Heldenreise 59
Die Welt wird immer besser 66

TEIL II: ERFOLG 73
Die Erfolgslüge oder warum Ergebnisse gar nichts bedeuten 75
Sei nicht Wikipedia, sei ein Freak! 81
Verkaufe deine Seele – und zwar so teuer wie möglich 86
Erwarte nicht, dass die anderen dich verstehen 92
Traue niemandem, vor allem nicht dir selbst 98
Du solltest dich nie für ein Genie halten 103
Game of Chance! Warum nicht alles aus einem Grund passiert 111
Warum du reifen musst wie ein guter Whisky 115
Warum der Tod dich erfolgreicher macht 120
Die Dilogie vom Nein – warum es das goldene Wort ist 126

Die Fokus-Lüge – warum du nicht All In gehen musst 136
Lernen durch Schmerz – So wirst du unzerbrechlich 147

TEIL III: GELD **153**
Geld funktioniert wie eine Ketchup-Flasche 155
Aktien sind nicht riskant oder warum Unsicherheit die wahre Stabilität ist 160
Die Börse torkelt wie ein Besoffener 166
Die Börse ist kein Schönheitswettbewerb, sondern ein Model-Casting 171
Pass auf deine Chips auf! 175
Gold glänzt immer wieder 185
Wie du Verluste verschwinden lässt oder drei Gründe, warum Sherlock
deine Finanzen regeln sollte 193
Warum Gordan Gekko falsch lag oder warum Gier keine Rendite bringt 209
Zahlen können tödlich sein 217
Vorsicht vor Experten! 223
Eine kleine Geschichte des großen Unsinns oder wie du bessere
Entscheidungen für dein Geld triffst 230
Was ich gerne mit 20 Jahren mit meinem Geld gemacht hätte 249
Denk negativ und nimm dir Zeit dafür 270
Schau nach unten oder sei einfach dankbar 276

Danke 281
Anmerkungen 283

VORWORT

Dieser Sieg bricht mir das Genick. Am 6. Juli 2008 verwandelt Rafael Nadal seinen vierten Matchball im Wimbledon-Finale gegen Roger Federer. Nach vier Stunden und 48 Minuten schlägt Federer eine Vorhand ins Netz, Nadal gewinnt, der Spanier lässt sich auf den Rasen fallen und hält sich die Hände vors Gesicht, er weint vor Freude. Und ich schreie daheim vor dem Fernseher vor Glück. Ich habe auf Nadal gewettet! 5000 Euro gehören jetzt mir! Doch was sich in diesem Moment anfühlt wie Unbesiegbarkeit, ist der Beginn einer schmerzhaften Reise für mich. Der Gewinn zerrinnt in wenigen Wochen. Im Rausch interessiert mich das Geld kaum, es geht um den schnellen Erfolg. Aber daraus wird in den nächsten Monaten eine Katastrophe: Ich verzocke meine Ersparnisse für Sportwetten, Poker und alles, was schnelle Gewinne verspricht. Mit Anfang 20 liege ich am Boden: ohne Geld – und ohne Stolz.

Warum erzähle ich dir diese Geschichte? Weil ich will, dass du es besser machst. Ich wollte den Erfolg erzwingen. Es war eine Beschleunigung, aber sie hat schnell in den Abgrund geführt. Wie konnte das nur passieren? Ich war zu unerfahren, um das Ausmaß einzuschätzen, zu ungeduldig, mir eine Strategie zu basteln für den Umgang mit Geld, und zu überheblich, um überhaupt ein Scheitern für möglich zu halten. In diesem Buch will ich dir die richtigen Abkürzungen zeigen. Ich verrate dir, was ich gerne schon mit 20 Jahren über Geld, Motivation und Erfolg gewusst hätte. Dafür gilt eine Spielregel: Ich schreibe dieses Buch so ehrlich wie möglich. Während ich diese Zeilen tippe, sitze ich am Flughafen in Kuala Lumpur und denke darüber nach, was mir am meisten weitergeholfen hat im Leben. Und mir fällt ein, dass Neil Gaiman bei seiner Rede vor den Absolventen der University of the

Arts gesagt hat, dass der Moment, in dem man das Gefühl hat, nackt auf der Straße herumzulaufen und der Öffentlichkeit zu viel von sich selber zu zeigen, der Moment ist, in dem man vielleicht endlich anfängt, alles richtig zu machen.[1]

Deswegen möchte ich dir von meinen Niederlagen erzählen. Sie führen uns im Leben manchmal zu den größten Siegen. Sie zeigen uns, wie schlimm Schmerzen sein können und motivieren uns dazu, so etwas nie wieder zu erleben. Sie treiben uns dazu, besser zu werden. Mich hat es dazu gebracht, mich intensiv mit Geld zu beschäftigen und das sogar zu meinem Beruf zu machen. Wer weiß, ob ich ohne diese Erfahrungen Finanzjournalist geworden wäre und ob ich mich jemals so intensiv mit mir selbst auseinandergesetzt hätte, mit meiner Motivation, meinen Wünschen und Schwächen? Und wer weiß, ob ich jemals dieses Buch geschrieben hätte? Der Autor Matthew Syed hat den Ausdruck Black-Box-Denken geprägt. Jeder kann abstürzen, aber wir müssen daraus lernen. Und dieses Mindset möchte ich dir beibringen.

Wir müssen alle unsere Fehler machen. Wir müssen Schmerzen erleben, die wir in diesen Momenten gar nicht aushalten. Sei es in der Liebe, im Job oder im ewigen Kampf mit uns selbst. Scheitern ist keine Schande, aber ich widerspreche der These, dass man möglichst oft scheitern sollte. Man sollte sich nie an Niederlagen gewöhnen. *Fail Better* ist ein Motto, das mir geholfen hat, ebenso wie folgendes Zitat von Samuel Beckett: »Ever tried. Ever failed. No matter. Try again. Fail again. Fail better.« Der Tennisspieler Stan Wawrinka hat sich diesen Spruch auf den Unterarm tätowieren lassen. Anschließend gewann er drei Grand-Slam-Turniere – die Australian Open, French Open und US Open. »Besser scheitern« ist eine mächtige Idee. Aber noch mächtiger finde ich: »besser machen«.

Ich hatte Abkürzungen gesucht, weil wir im Leben vor zwei großen Konflikten stehen: Wir wollen zum einen fürs Alter sparen, aber was haben wir vom Geld, wenn wir erst mit 70 oder 80 Jahren darüber verfügen? Wir wollen doch das Geld jetzt ausgeben! Und zum anderen müssen wir alle erst durch unsere Erfahrungen lernen. Aber was nützt die Weisheit, wenn wir alt sind und keine Wahl mehr haben, welchen Job wir ein Leben lang machen oder mit wem wir Kinder haben. Gibt es keine Überholspur für Geld, Motivation und Erfolg? Eine Überholspur für ein besseres Leben? Einen Masterplan gibt es nicht. Aber es gibt Fehler, die du vermeiden kannst. Ich will dir in diesem Buch zeigen, was ich selber gelernt und mir von den klügsten Köpfen abgeschaut habe.

Um besser zu werden, musste ich erst mal kapieren, was damals falsch gelaufen war und warum ich so gehandelt habe. Heute weiß ich, was mich antreibt: die Gier nach neuen Erlebnissen. Was *Sensation Seeking* bedeutet, habe ich erst mit 26 gelernt. Es geht darum, das Leben zu bereichern durch neue Erlebnisse. Ich erinnere mich an einen der ersten Einträge auf meinem Blog mit dem Titel »Warum ich niemals denselben Tag zweimal erleben will«. Es ging dabei um meine Motivation: neue Sachen lernen und erleben. Eigentlich ist das nichts Ungewöhnliches, das menschliche Hirn giert nach dem Neuen. Der Philosoph Peter Sloterdijk hält den Menschen gar für »neophil«.[2] Wir sollen also das Neue lieben. Das würde ich sofort unterschreiben. Ein Tag, an dem ich nichts Neues erlebe oder lerne, frustriert mich. Noch besser wiedererkannt habe ich mich, als ich gelesen habe, wie Nassim Taleb von den »Kicks« und dem »hormonelle(n) Rausch« erzählt, den er am Finanzmarkt im Zusammenhang mit den dort einzugehenden Risiken verspürte. Er hatte nie geglaubt, dass er sich für Mathematik interessieren könne, bis ihm dann »an der Wharton-School ein Freund von den finanziellen Optionen erzählte, die ich bereits erwähnt habe (und deren Generalisierung, komplexen Derivaten)«.[3]

Als ich meine erste Aktie (Allianz) mit 16 Jahren kaufte, spürte ich jedes Mal diesen Kick, wenn ich nur den Kurs überprüfte. Es fühlte sich nicht gut an, ein flaues Gefühl im Magen, aber es machte etwas mit mir. Damals war ich noch sehr vorsichtig, später schlug die Vorsicht in Übermut um. Aber Geld war die falsche Option, um den Nervenkitzel auszuleben. Es hat viel mit Planung zu tun – und gerade den Thrill solltest du vermeiden, wenn du Erfolg haben willst. In diesem Buch will ich dir zeigen, wie du selbst mit solidem Halbwissen vernünftig in Aktien investierst.

Weil du dieses Buch liest, erfüllst du schon mal eine Voraussetzung für mehr Erfolg und Geld: Du willst mehr. Und ich will, dass du dich nie wieder dafür rechtfertigen musst. Der Philosoph Kallikles wäre sogar stolz auf dein Mindset. Für ihn war das Mehr-haben-Wollen ein Prinzip unserer Natur. Er ging sogar so weit, dass er behauptete, dass es gerecht sei, wenn der Bessere und Fähige mehr habe. Freiheit hieß für den Sophisten auch, dass es für unsere Wünsche keine Einschränkungen gibt. »Wer richtig leben will, muss seine Wünsche möglichst groß sein lassen und darf sie nicht zügeln.«[4] Im Silicon Valley und auf Instagram sagt man heute dazu: *Think Big*. Ich will dir aber auch zeigen, was heute in deinem Leben schon möglich ist – selbst mit wenig Geld. Und ich möchte dir zeigen, warum Geld die Basis für ein glückliches Leben ist, aber auch eines der schönsten Übel sein kann, wenn du es zu deinem einzigen Sinn erhebst.

Heute brauche ich keine Sportwetten mehr, ich lebe den Nervenkitzel anders aus: Ich habe auf YouTube mit Kollegen für *Focus-Money* den Kanal Mission Money mit mehr als 160.000 Abonnenten aufgebaut, stehe vor der Kamera, erzähle den Zuschauern von meinen Lieblingsaktien und interviewe erfolgreiche Fondsmanager wie Ken Fisher und Jens Ehrhardt.[5] Hunderttausende Menschen haben unsere Videos geklickt. Das macht mich glücklich, weil wir den Zuschauern sinnvollen Content bieten und weil wir uns immer wieder beweisen müssen. Der Thrill hat einen Sinn bekommen. Ich stand auch bei Live-Events auf der Bühne und diskutierte mit den erfolgreichsten Börsengurus Deutschlands. Wenn ich, kurz bevor es auf die Bühne geht, im Bauch spüre, dass eine Achterbahn hoch- und runterfährt, fühlt es sich an, als würde ich gleich ohne Fallschirm in die Tiefe springen. Zündet mein Gag? Sitzt meine Argumentation? Und wie werden die anderen reagieren? Ich liebe diese Unsicherheit und mich ihr zu stellen.

Was mich noch mehr motiviert: Geschichten erzählen. In jedem Video und auf der Bühne erzähle ich meine Geschichte. Und jede Bühne ist anders. Mein *Sensation Seeking* ist erwachsen geworden.

Im ersten Teil dieses Buches will ich dir deshalb erzählen, was uns wirklich motiviert. Oft sind es die Aufgaben an sich: das Schreiben von

Texten, Skizzieren von Bildern oder das Forschen im Labor. Wenn wir wissen, was wir wollen, erhält unser Leben eine ganz andere Intensität. Aber dafür müssen wir wissen, was wir wollen. Was dich wirklich antreibt und wie du deine persönliche Mission findest, dabei helfe ich dir. Du wirst endlich verstehen, warum du für manche Jobs nicht geeignet bist und welches Umfeld du wirklich brauchst, um motiviert und glücklich zu sein.

Im zweiten Teil dieses Buches soll es um Erfolg gehen. Ich verspreche dir aber nicht, die Geheimnisse der Schönen und Reichen zu lüften. Denn Erfolg ist eines: individuell. Wer das Leben von anderen kopieren will, wird scheitern, weil es sich für einen selber nicht echt anfühlt und für andere auch nicht. Und erfolgreich sind wir nur, wenn wir Emotionen bei anderen auslösen. Nur Emotionen führen zu Handlungen, führen dazu, dass uns andere Menschen lieben. Deswegen will ich dir dabei helfen, deine Geschichte erfolgreich zu erzählen und dich möglichst teuer zu verkaufen. Ich will dir Erfolgswerkzeuge an die Hand geben, die du maßgeschneidert für dich anwenden kannst. Wer zudem versteht, wie sein Hirn funktioniert und warum es so wichtig ist, es auf Erfolg zu programmieren, erst der kann erfolgreich werden. Wusstest du zum Beispiel, dass unser Gehirn nicht zwischen Träumen und Realität unterscheiden kann? Du sollst deine Träume leben und nie wieder dafür, was andere von dir erwarten. Die Freiheit zu tun, was wir wirklich wollen, ist der wahre Erfolg.

Ein erfolgreiches Leben können wir nur leben, wenn wir es uns zu eigen machen. Und da kommt spätestens Geld ins Spiel. Natürlich ist Geld nicht alles. Aber ohne Geld ist alles nichts. Deswegen möchte ich im dritten Teil dieses Buches eines schaffen: dich dazu zu motivieren, deine Finanzen selber in die Hand zu nehmen. Aktienexperte werden? Nein, darum geht es nicht. Selbst wenn du dich nur mit finanziellen Basics auseinandersetzt, kapierst du mehr von der Börse als 95 Prozent aller Menschen. Und das verschafft dir einen unbezahlbaren Vorsprung. Dinge, die wir lieben, kosten Geld. Und je weniger uns die finanzielle Situation stresst, weil wir per Autopilot fliegen, umso mehr können wir uns dem wichtigsten Rohstoff der digitalen Ära widmen:

Zeit. Es ist ein mächtiger Gedanke, dass Geld für uns arbeitet, während wir reisen oder das Buch unseres Lebens lesen. Stell dir das Leben wie Monopoly vor. Wirst du gewinnen, wenn du nur Geld kassierst, wenn du über Los gehst? Oder wird derjenige gewinnen, der investiert und ständig von seinen Mitspielern Miete kassiert?

Bei den meisten Menschen erlebe ich eine finanzielle Ohnmacht. Nach dem Motto: Das ist nichts für mich. Die Reichen – das sind die anderen. Der Umgang mit Geld gehört für mich aber genauso zum Leben wie Ernährung, Sport oder Allgemeinbildung. Der Umgang mit Geld kann heute so einfach sein. In diesem Buch möchte ich dir zeigen, wie du selbst mit nur wenigen Stunden pro Jahr ein Fundament für deine Rente aufbauen kannst. Hast du schon mal von ETFs gehört? Dabei handelt es sich um sogenannte Exchange Traded Funds. Sie funktionieren wie Investmentfonds, nur sind sie viel billiger, und du kannst dir mit nur einem ETF Hunderte von Aktien kaufen. Ich zeige dir in diesem Buch, wie du dir spielend leicht ein Depot aus ETFs aufbaust. Wie du dein Risiko senken, deine Ängste überwinden und schon mit 25 Euro pro Monat starten kannst.

Mein größter Erfolg wäre es, wenn du dieses Buch liest und danach einem Freund bei einem Drink an der Bar von einer Anekdote erzählst, die für dich wertvoll ist. Darauf, dass die größten Siege, Siege bleiben und sich alle Niederlagen ins Positive drehen lassen. Wir können nicht alle ein Buch schreiben. Aber wir können großartige Geschichten erleben. Unsere gemeinsame Geschichte soll hier starten, und der Erfolg soll kein Ende finden.

TEIL I
MOTIVATION

TALENT IST EIN MYTHOS

Was haben Warren Buffett, Cristiano Ronaldo und Albert Einstein gemeinsam? Die Antwort: Sie sind alle drei erfolgreich. Wahrscheinlich sind sie sogar die Besten auf ihrem Gebiet. Jeder, der sich für Investieren, Fußball oder Physik begeistert, wird ihren Erfolgen nacheifern. Aber was soll das bringen? Zum Genie wird man doch geboren, oder? Jetzt stelle ich dir die ultimative Frage: Glaubst du trotzdem, dass du es auch schaffen kannst? Ich habe Hoffnung, dass du zumindest überlegst, sonst würdest du dieses Buch gar nicht lesen. Aber wenn dich das Ganze abschreckt und du Einstein und Co. als Genies betrachtest, die auf einer Wolke über uns schweben, dann ist das ein natürlicher Reflex. Denn wir fallen immer wieder auf das vermeintlich Göttliche rein, ich nenne es den *Genie Bias*.

Schauen wir uns das Phänomen Schritt für Schritt an. Zunächst scheint die Ratio noch überlegen zu sein, wenn wir den Erfolg der anderen beurteilen. Menschen neigen nämlich in Umfragen dazu, Fleiß höher zu gewichten als Potenzial – und zwar im Verhältnis zwei zu eins.[6] Die Ergebnisse stimmen überein mit einer Befragung, die die Psychologin Chia-Jung Tsay mit Musikern durchgeführt hat. Auch hier wurde fleißiges Üben höher eingeschätzt als Talent. Aber das ist nur die Oberfläche. Wenn sich die Frage ändert, tritt der *Genie Bias* ans Licht. Bei der Untersuchung wurden den Befragten die Biografien von zwei Musikern vorgelegt. Ihr Erfolg war quasi identisch verlaufen. Der eine Musiker wurde als »Naturtalent« beschrieben, der andere als »Streber«. Dann wurden den Befragten zwei Hörproben vorgespielt – und jetzt kommt der Clou: Sie waren beide vom selben Musiker, er spielte nur zwei verschiedene Passagen aus einem Werk. Nach der Hörprobe beurteilten die Probanden auf einmal das »Naturtalent« als besser. Ihm sei langfristig mehr Erfolg beschieden, und er wäre bei der Entscheidung über ein Engagement zu bevorzugen.[7]

Aber ist das wirklich so? Meine These lautet: nein! Man muss kein Genie sein, um erfolgreich zu sein. Es mag Ausnahmetalente geben, aber Begabung spielt nur eine kleine Rolle. Gegen diesen *Genie Bias* müssen wir immer wieder ankämpfen. Ein Genie ist im wörtlichen Sinne eine »erzeugende Kraft«. Das Wort steht auch für Anlage und Begabung. Ohne eine gewisse Veranlagung wird niemand Erfolg haben. Aber wir überhöhen Giganten wie den Tennis-Star Roger Federer gerne und schreiben ihnen übermenschliche Fähigkeiten zu. Aber das wird ihnen nicht gerecht, weil man die harte Arbeit übersieht, die diese Menschen investieren. Federer galt bereits als Teenager als Talent, aber auch als Rüpel, der seine Schläger zerdepperte. Erst durch den Tod seines Jugendtrainers Peter Carter kam er zur Besinnung und beschloss, sein Talent nicht mehr zu verschwenden. Sein Talent veredelte er erst durch hartes Training zur Weltklasse. Das zwischenzeitliche Scheitern, die Tränen und Schmerzen der Erfolgreichen vergessen wir gerne, am Ende bleiben nur die Siege übrig. Warum suchen wir die Perfektion in anderen? Das ist in erster Linie Selbstschutz. So sah es auch Friedrich Nietzsche: »Jemanden ›göttlich‹ nennen, heißt: ›Hier brauchen wir nicht zu wetteifern‹.«[8]

Aber die großen Leistungen der anderen sollten uns gerade anspornen. Ich habe für den YouTube-Kanal Mission Money als Moderator mit den erfolgreichsten Menschen der Investment-Branche gesprochen. Genialität alleine reicht nicht für den Erfolg. Florian Homm war einst erfolgreicher Hedgefondsmanager und zählte als Milliardär zu den reichsten Deutschen. Auf der Höhe seines Schaffens rief er seine Assistenten teilweise nachts um 3 Uhr an, weil er selber gar nicht mehr zwischen Tag und Nacht unterscheiden konnte. Warren Buffett liest nach eigenen Angaben fünf Stunden am Tag. Und Hedgefondsmanager Ray Dalio schildert in seinem Buch *Principles* (deutscher Titel: *Die Prinzipien des Erfolgs*) warum Talent ohne Fleiß nichts bringt. Er war der Ursache für die Finanzkrise auf die Schliche gekommen, weil er hart dafür gearbeitet hatte, nicht weil er sich auf sein Genie verließ.

Mit seinem Team wälzte er Akten und Zahlen und erkannte schließlich ein Muster, wie es schon mehrfach in der Historie vorgekommen war. Eine toxische Mischung, die später Börsen und Banken zum Beben bringen sollte. Am Ende seiner Recherche, aber reichlich spät, fand er auch Gehör bei Funktionären wie Timothy Geithner, damals Präsident der New Yorker Zentralbank und später Finanzminister der USA. Er berichtet in seinem Buch, wie er Geithner bei einem Lunch vor den Kopf schlug, als er mit ihm einige Zahlen durchging. Geithner war verwundert darüber, wo Dalio die Zahlen herhatte, worauf dieser ihm erklärte, dass die Zahlen öffentlich zugänglich seien und er sie nur zusammengesetzt und in einer anderen Weise betrachtet hätte.[9]

Menschen, die als Genies gelten, arbeiten meistens hart. Der Psychologe Dean Simonton fand heraus, dass kreative Genies über die gesamte Produktion auf ihrem Gebiet nicht besser waren als ihre Kollegen, aber sie waren fleißiger. »Die Wahrscheinlichkeit, eine einflussreiche oder erfolgreiche Idee hervorzubringen«, steigt nach Simonton »mit der Gesamtzahl der hervorgebrachten Ideen.«[10] Jeder kennt die bekannten Werke von Shakespeare wie *Macbeth* und *Hamlet* – aber insgesamt schrieb er 37 Dramen und 154 Sonette.[11]

Viele geniale Dinge in dieser Welt sind sogar schon mal dagewesen. Steve Jobs beispielsweise hat erkannt, dass kreative Menschen hauptsächlich dazu in der Lage sind, Dinge miteinander zu verbinden und sich fast schon schämen, wenn man sie danach fragt, weil sie eigentlich nur einen Zusammenhang erkannt und nicht viel selber gemacht haben.»– sie waren in der Lage, ihre Erfahrungen miteinander zu verbinden und etwas Neues daraus zu machen.«[12] So lief es beispielsweise mit dem iPod. Die Idee geht auf den britischen Erfinder Kane Kramer zurück: Er wollte Musik digital per Telefon verschicken und dann direkt im Laden drucken lassen. Die Plattenpressen waren aber so unhandlich, dass er zum Glück gezwungen wurde, ein tragbares Abspielgerät für digitale Musik zu entwerfen. Eine geniale Idee – besonders für das Jahr 1979. Es hatte einen Bildschirm und Knöpfe für die Auswahl der Songs. Sogar Paul McCartney war unter den ersten Investoren. Der einzige Haken: Auf

Kramers Player passte nur ein einziger Song. Apple sollte es 22 Jahre später besser machen.[13]

Der Soziologe Dan Chambliss schrieb 1989 in einer Studie, dass überragende Leistung eigentlich ein Zusammenfluss Dutzender kleiner Befähigungen ist, die man sich selbst beigebracht hat oder die einem zugeflogen sind und die man sich im Lauf der Zeit anzuwenden angewöhnt hat, bis sie als synchronisiertes Ganzes zusammenwirken. Es ist nichts Außergewöhnliches oder Übermenschliches an ihnen. Es zählt nur, dass sie permanent und auf die richtige Art und Weise zur Anwendung gebracht werden und durch ihr Zusammenschmelzen Höchstleistungen zustande bringen.[14] Bei mir ist das Schreiben das beste Beispiel. Ich wollte mit Anfang 20 einen Krimi schreiben und habe an einem einwöchigen Schreibseminar in der italienischen Provinz teilgenommen. Im Juli 2009 hatte ich mir mit 22 Jahren eingebildet, dass es schon reichen würde, ein paar gute Ideen und ein gewisses Talent zum Schreiben zu haben. Dann kam der Schlag ins Gesicht: Ich konnte gar nichts. Mir fehlte das Handwerk – heute würde ich sogar sagen, dass es peinlich war, was ich damals ablieferte. Aber es zählt nicht, was wir aus dem Stegreif können, sondern wie schnell wir lernen. Je peinlicher es dir ist, was du vor zehn Jahren gemacht hast, umso größer war wahrscheinlich der Sprung, den du nach vorne gemacht hast. Und ich wollte beim Schreiben einen Sprung machen.

In den Monaten und Jahren nach dem Seminar in Italien las ich jedes Buch, das sich mit gutem Stil beschäftigte, beispielsweise alles von Wolf Schneider. Und ich suchte mir Vorbilder. Ich schrieb ganze Seiten von Hemingway ab, analysierte jeden Satz und fand so zu meinem eigenen Stil. Ich schloss ein Journalismus-Fernstudium ab, schrieb während meines BWL-Studiums für die *Süddeutsche Zeitung* und die *Abendzeitung* und absolvierte schließlich mein Volontariat bei der Burda-Journalistenschule. Mittlerweile habe ich Hunderte Texte für *Focus-Money* geschrieben und schreibe gerade diese Zeilen. Talent hat dabei aus meiner Sicht nur eine kleine Rolle gespielt. Und du kannst es auch schaffen. »Jede Tätigkeit des Menschen ist zum Verwundern kompliziert«, schrieb Nietzsche, »(...) aber keine ist ein ›Wunder‹.«[15]

JEDER KANN ES SCHAFFEN – DU MUSST ES NUR WOLLEN

Ray Charles verlor mit sieben Jahren sein Augenlicht. Mit 15 Jahren starb seine Mutter und er musste miterleben, wie sein jüngerer Bruder ertrank. Laut eigener Aussage hatte er die Wahl, sich entweder als blinder Bettler auf die Straße zu stellen oder »alles daranzusetzen, um Musiker zu werden«.[16] Dirk Nowitzki gilt als Basketball-Legende, nur fünf Spieler haben mehr Punkte in der NBA erzielt. Aber er ging am Anfang durch die Hölle in den USA: Nachdem Nowitzki von Würzburg zu Dallas gewechselt war, hatte er nicht genügend Muskeln, um sich gegen die anderen Power Forwards durchzusetzen. Nowitzki schwächelte in der Verteidigung, Dirk konnte keine Defense. Die US-Journalisten strichen ihm deswegen das »D« für Defense aus seinem Namen und verpassten ihm den Spitznamen »Irk«, und die eigenen Fans buhten ihn aus.[17] Nowitzki war frustriert und zweifelte, überlegte sogar, zurück nach Würzburg zu wechseln. Aber dann kämpfte er für seine Punktlandung. Er trainierte so hart, bis er den Durchbruch schaffte. Er schlich sich nachts mit seinem Mitspieler Steve Nash in die Halle und warf Korb um Korb. Im Play-off-Duell gegen San Antonio verlor er einen Schneidezahn und spielte blutverschmiert mit einem provisorischen Tampon im Mund weiter. »Irk« wurde zum Relikt, heute kennt man ihn nur noch als »German Wunderkind« und »Dirkules«.

Was bringt Menschen wie Nowitzki oder Charles dazu, sich durchzubeißen, bis sie ihr Ziel erreichen? Philosophisch lässt sich die Frage mit der Lehre der Stoiker beantworten. So war Epiktet der Meinung, dass man sich von Dingen, die man nicht beeinflussen kann, nicht beeinträchtigen lassen und sich stattdessen besser auf die Dinge konzentrieren sollte, die man ändern kann.[18] Charles und Nowitzki haben ihr Schicksal akzeptiert und sich auf das konzentriert, was sie ändern können. Epiktet wäre stolz, aber ihr Mindset lässt sich auch mit der Psychologie erklären.

Bereits seit den 1950er-Jahren untersuchen Psychologen die sogenannte Kontrollüberzeugung und erkennen, dass die innerliche Kontrollüberzeugung im Zusammenhang mit wissenschaftlichem Erfolg, Selbstmotivation, wenig Stress oder Depressionen und einem längeren Leben gesehen werden muss.[19] Es dreht sich alles um den sogenannten *Locus of Control*, also den Ort der Kontrolle. Pari Majd erklärt bei ihrem Ted Talk *Can you change your perception in four minutes?*, dass es darum geht, ob Menschen daran glauben, dass sie den Ausgang eines Ereignisses beeinflussen können.[20]

Für unsere Selbstwahrnehmung gibt es zwei Möglichkeiten: Entweder liegt der *Locus of Control* intern oder extern. Schauen wir uns zwei Beispiele an. Edward Extern kennt nur ein Gefühl: Er hat die Kontrolle über sein Leben verloren. Wenn er in der Schule eine schlechte Note bekommt, dann ist natürlich der Lehrer schuld. Er hasst ihn sowieso – und dann hatte Edward beim Test auch noch seinen Glücksbringer vergessen. Dagegen fühlt sich Isabel Intern so, als hätte sie alles selber in der Hand: Sie hat beim Test versagt, weil sie zu wenig gelernt hat. Wer wird es weiterbringen?

Wir sollten uns nicht einbilden, wir könnten alles beeinflussen. Und wir sollten uns nicht für alles verantwortlich fühlen, sonst kann es Selbstvertrauen kosten. Beispielsweise kann man sich nicht mit jedem Menschen auf der Welt gut verstehen, und man sollte für Konflikte nicht immer die Schuld bei sich selber suchen. Aber wir sollten grundsätzlich auf der internen Seite stehen. Dann nehmen wir unser Leben in die eigene Hand. Das belegt die Forschung: Isabel wird beim nächsten Test mehr lernen und am Ende eine bessere Karriere hinlegen. Edward wird zwar seinen Glücksbringer dabeihaben, aber wohl wieder eine Fünf kassieren. Majd führt bei ihrem Talk noch ein Zitat von Muhammed Ali an, der einmal bekannte, dass er jede Minute des

Trainings gehasst, aber sich selber gesagt habe: »Gib nicht auf. Leide jetzt – und lebe für den Rest deines Lebens als Champion.« So geht interne Kontrollüberzeugung.

Auf YouTube, Instagram und in Büchern hagelt es Empfehlungen fürs perfekte Mindset: Du sollst einfach dran glauben – und dann kann dich keiner stoppen. Solche Weisheiten greifen zu kurz. Wir müssen erst unser Hirn verstehen, bevor wir uns verbessern können. Am anschaulichsten erklärt das Mindset die Psychologin Carol Dweck. Sie hat bei ihrer Forschung ebenfalls zwei Pole ausgemacht: Sie unterscheidet zwischen statischem und dynamischem Selbstbild. Im Englischen drücken es die Begriffe noch besser aus, was sie damit meint: *Growth Mindset* und *Fixed Mindset*.[21] Als ich auf diese Theorie stoße, sehe ich mich wieder in der Schule sitzen: In der fünften Klasse habe ich mich nicht getraut, mich zu melden, wenn ich etwas nicht verstand. Die anderen hätten einen ja für dumm halten können. Aber der Dumme war am Ende ich, weil ich nichts gelernt habe. Und genau hier klärt sich die Frage: Sind wir Dynamiker oder Statiker?

Der Statiker liebt Aufgaben, die er blind erledigen kann. Er holt sich Selbstvertrauen, indem er Routinearbeit erledigt und nicht scheitern kann. Es geht ihm um Bestätigung. Kennst du diese Freunde, die Angst davor haben, eine attraktive Person zu daten? Man könnte ja nicht gut genug sein. Oder sich auf einen anspruchsvollen Job bewerben? Das geht bestimmt schief! Aber reicht das aus, um erfolgreich zu werden? Der Dynamiker sagt: nein. Er sucht sich immer schwierigere Aufgaben und scheitert besser. Ich bin froh, dass ich mein Mindset um 180 Grad drehen konnte und gelernt habe, die Herausforderung zu lieben. Der Politologe Benjamin Barber bringt es auf den Punkt: »Ich teile die Welt nicht in Schwache und Starke, oder Gewinner und Verlierer ein. Ich teile die Welt in Lerner und Nicht-Lerner ein.«[22]

Wenn dich der Mut jemals verlassen sollte, dann erinnere dich an den griechischen Philosophen Kallikles. Es geht wieder um das Problem, das in der Schule seinen Anfang findet: Wenn einer mehr wissen will – und die anderen mit dem Finger auf ihn zeigen und »Streber« schreien. In unserer Gesellschaft müssen wir früh gegen Widerstände ankämpfen, wenn wir besser sein wollen. Kallikles wäre wohl einer von den Strebern gewesen. Aber er hätte es genossen und nur daran gedacht, dass er später mal das größere Haus und die schönere Frau haben würde. Für ihn bestand das Problem nicht darin, dass wir zu viel wollen. Die Mehrheit hatte vielmehr entschieden, dass dies moralisch verwerflich sei. Du hast bestimmt auch schon diese Menschen getroffen, die hartnäckig behaupten, dass die Reichen und Berühmten in Wirklichkeit unglücklich wären? Natürlich gibt es Manager, die sich zu Tode schuften. Aber rechtfertigt das ein Plädoyer für Mittelmäßigkeit oder gar Armut? Wohl kaum. Es gibt auch genug Menschen aus der Unter- und Mittelschicht mit kaputten Familien. Für Kallikles war das Mehr-haben-Wollen sogar ein Naturgesetz.[23] Jeder soll sich genau so viel nehmen, wie er will: der eine wenig, der andere viel. Doch du solltest es niemals in Frage stellen, wenn du mehr willst. Der Pädagoge Benjamin Bloom macht jedem Mut, indem er nach vierzig Jahren intensiver Forschung zu dem Schluss kam, dass fast jeder lernen könne, was ein Mensch lernen kann, solange das Lernumfeld stimmt.[24] Wir müssen nur wollen!

• • • • • • • • • • •

Test yourself! Wo liegt dein Locus of Control? Mache den Test und finde heraus, wie stark du daran glaubst, dass du dein Leben selbst im Griff hast: https://psychologia.co/locus-of-control/

• • • • • • • • • • • • • • • •

WARUM MICH FREUNDE AM MEISTEN MOTIVIEREN

»Wenn du an einem Wettbewerb teilnimmst, geht es dir dann darum, der Beste zu sein?«

Ich sitze vor meinem MacBook und soll einen Persönlichkeitstest ausfüllen. In wenigen Wochen steht diese Fortbildung an, es geht darum, seine Potenziale besser auszuschöpfen und seine Motivation zu steigern. Dafür brauchen die Coaches vorab den ausgefüllten Fragenkatalog, um meine Motive zu analysieren. Ich bin skeptisch, aber ich nehme mir trotzdem zehn Minuten Zeit und versuche, jede Frage ehrlich zu beantworten und nicht den Fehler zu begehen, dass ich mich möglichst gut darstellen möchte mit meinen Antworten. Am Ende wird mir dieser Test bewusst machen, was mich wirklich motiviert. Und das möchte ich dir auch ermöglichen!

Deswegen treffe ich mich mit jener Frau zum Interview im Münchner Stadtteil Bogenhausen, die diese Analyse entwickelt hat: Barbara Haag hat BWL, Psychologie und Wirtschaftsmediation studiert und die Managementberatung *kopfarbeit.* gegründet. Sie ist es auch, die die *aHead Motivanalyse* entwickelt hat.

In unserem Gespräch erklärt sie mir, was sie dazu bewogen hat, diesen Test zu entwickeln: »Ich begleite seit vielen Jahren Menschen in ihrer beruflichen Entwicklung. Da geht es um die Frage, wie ich mir gewisse Kompetenzen aneignen kann, etwa das Führen von Menschen, und vor allem, wie es mir gelingt, nicht immer wieder in alte Muster zurückzufallen. Der Schlüssel zu einer nachhaltigen Verhaltensveränderung liegt eben nicht nur im Können, sondern im Wollen. Viele wissen also ganz genau, wie etwas geht, sie agieren jedoch insbesondere in Stress-Situationen falsch. Das Thema der inneren Antreiber hatte mich gepackt und so arbeitete ich mich tiefer ein in die Theorie der beiden Psychologen John William Atkinson und David McClelland.«

Atkinson und McClelland entschlüsselten in den 1960er-Jahren die Leistungsmotivation. In dieser Theorie gibt es drei Säulen der Motivation: Leistung, Gesellung und Macht. Haag wollte die Motivanalyse auf Basis dieser drei Säulen entwickeln, indem sie das Machtmotiv weiter aufschlüsselte in die Kategorien **Wettbewerb**, **Autonomie** und **Vision**. Dazu kommen noch **Leistung** und **Freundschaft** – und fertig sind die fünf Motive für die Persönlichkeitsanalyse. Aber wie finden wir nun heraus, welche Motive uns dominieren? Die Motivanalyse basiert auf 24 Fragen. Wenn du diese beantwortet hast, weißt du, was dich wirklich antreibt. Es können auch zwei oder drei Motive hervorstechen. Welche Motive mich antreiben, verrate ich dir am Ende dieses Kapitels, ebenso wie den Link zur Motivanalyse – dann kannst du selber herausfinden, welcher Typ du bist.

Die Kenntnis über deine Motive hilft dir dabei, dich selber besser zu verstehen, aber sie wird dir auch nützlich sein, um deine Freunde und Kollegen besser zu begreifen. In welchem Umfeld fühlen sie sich wohl? Oder warum agieren sie manchmal so schräg? »Motive lassen sich nicht ändern, wir können aber erfolgreich sein und Spaß haben, wenn wir unsere Motive im Blick haben«, sagt Haag. Gehen wir die fünf Motive nun einmal kurz durch:

Leistung treibt uns auf den ersten Blick alle an, aber hinter diesem Motiv verbergen sich Menschen, denen es nicht darum geht, mit ihrer Leistung andere zu beeindrucken oder Einfluss auf andere Menschen zu nehmen. »Leistungsmotivierte Menschen wollen ihre Expertise weiter ausbauen«, sagt Haag. Sie fangen da erst an, wo andere schon keine Lust mehr haben. Bist du ein Steuerexperte, der sich am liebsten ganz tief in die Gesetze vertieft? Oder liebst du es, mathematische Formeln bis auf die fünfte Nachkommastelle zu zerlegen? Dann motiviert dich wahrscheinlich Leistung. Ein typischer Beruf wäre Wissenschaftler, aber Haag erklärt mir, dass sich der Leistungstyp durch alle Branchen ziehe, er möge es nur nicht so gerne, in einem Umfeld zu arbeiten, das sich ständig verändert. Als typische Beispiele nennt sie mir Jeff Bezos und Angela Merkel. »Bezos gilt als Perfektionsfanatiker«, erklärt Haag, »er ist der reichste Mann der Welt, aber viele Menschen kennen nicht mal sein Gesicht. Das ist typisch für einen Leistungsmotivierten. Sie stellen ihr Licht gerne unter den Scheffel, wie unsere Bundeskanzlerin.« Solche Leistungsmotivierte lieben es, sich mit anderen Experten auszutauschen und können stundenlang fachsimpeln. Small Talk übers Wetter finden sie dagegen belanglos, und sie arbeiten lieber an ihrem Werk, weil sie sich dem besten Ergebnis verpflichtet fühlen. Sie lieben Planung, Sicherheit und Struktur. Wettbewerb interessiert sie dagegen nicht, die Benchmark sind sie selber. Aus meiner Sicht ist ein großer Vorteil leistungsorientierter Menschen: Wenn dich Leistung motiviert, dann steht dir dein Ego nicht im Weg. Du konzentrierst dich auf dich selber und willst dich stetig entwickeln.

Du misst dich dagegen gerne mit anderen und stellst deine Erfolge ins Schaufenster? Dann ist dein Motiv wahrscheinlich **Wettbewerb**. »Solche Menschen sind die geborenen Anführer, sie steuern gerne«, sagt Haag. Das Spannende an diesem Motiv ist: Es ist den meisten Menschen unangenehm, weil sie nicht gerne zugeben, dass sie besser sein wollen als andere. »Es geht scheinheilig zu, man muss sich in Deutschland fast für seinen Erfolg entschuldigen. Dabei finden wir die Insignien des Erfolgs überall. Warum sitzen die Vorstände meistens in der oberen Etage? Oder warum haben sie spezielle Parkplätze und die größten Büros? Dabei geht es um Demonstration der Macht«, erklärt Haag. »Der Wettbewerbstyp misst sich im Gegensatz zum Leistungsmotivierten gerne mit anderen und will auch, dass andere es mitkriegen, wenn er gewinnt. Deswegen mag er auch Hierarchien, weil er zeigen kann, wo er steht. Er geht Risiken ein und trifft Entscheidungen, auch wenn sie mal unangenehm sein mögen.« Es mag jetzt nach gefühlskaltem Rambo klingen, aber Haag bestätigt mir, dass Wettbewerber ein sehr gutes Gespür für Menschen hätten. Sie nennt mir als Beispiele Boris Becker, Cristiano Ronaldo, Carsten Maschmeyer, Coco Chanel und auch Heidi Klum. »Sie wird geliebt und gehasst – das ist typisch für diesen Typ.« Wettbewerbsmenschen profilieren sich eben gerne, deswegen wäre der klassische Beamtenjob eher nichts für sie. Anlegen solltest du dich mit ihnen nur, wenn du auf starken Gegenwind vorbereitet bist. Weil sie gerne austeilen, stecken sie auch ein, aber du solltest sie nie bloßstellen – das kränkt diesen Typ ungemein. Politiker wie Markus Söder, Horst Seehofer und Donald Trump sind auch gute Beispiele für den Wettbewerbstyp.

Kommen wir als Nächstes zum Gegenpol des Wettbewerbers: dem **Freundschaftsmotivierten.** »Immer wenn er mit Menschen zu tun hat, die er mag, kann er am besten arbeiten«, sagt Haag. »Dieser Typ will gemeinsam etwas erschaffen und dafür braucht er ein stabiles Umfeld.« Kann man so einen Typen mit Homeoffice motivieren? Eher nicht! Der Freundestyp liebt gerade den Austausch auf dem Flur und geht gerne mit den Kollegen nach der Arbeit noch ein Bier trinken. Als typisches Beispiel für den Freundestyp nennt Haag mir Ex-Bundespräsident Joachim Gauck, Jamie Oliver und Dirk Nowitzki. »Solche Menschen sind sehr beliebt und wollen gemocht werden. Daraus ziehen sie ihre ganze Energie. Deswegen sind sie sehr konfliktscheu und passen sich gerne anderen an.« Aber jetzt kommt ein wichtiger Punkt: Der Freundschaftsmotivierte will nicht der Partyhengst sein, der die Party schmeißt und dem alle zujubeln, sondern er will tiefe Beziehungen – also lieber fünf echte Freunde als 1000 falsche. Die Stärken liegen aus meiner Sicht auf der Hand: Der Freundestyp kann gut mit anderen Menschen und kommt meistens selber gut an. Aber er passt sich zu sehr an, geht Konflikten aus dem Weg und hat auch Angst vor Veränderung.

Kommen wir zum vierten Motivtyp: **Vision.** »Diese Menschen wollen eine Idee realisieren«, sagt Haag, »aber beim Visionär geht es nicht darum, einen super Job zu machen wie beim Leistungsmotiv, sondern einen Traum zu bauen und andere Menschen dafür zu begeistern. Sie steuern also gerne andere, die den Traum für sie umsetzen sollen. Es handelt sich also auch um ein Machtmotiv wie beim Wettbewerbstyp, aber der Visionär führt viel emotionaler, weil es ihm um die Begeisterung geht.« Haag nennt mir Steve Jobs als typisches Beispiel und seine Präsentationen der neuen Apple-Produkte, die er stets vor einer schwarzen Wand und im schwarzen Rollkragenpulli zur Schau stellte. Er will die Menschen also von seiner Vision überzeugen und richtet das Spotlight auf sein Werk und nicht auf sich selbst. »In diesem Punkt unterscheidet sich der Visionär fundamental vom Freundschaftstyp. Er neigt im Extremfall zum Missionieren. Er wird entweder bewundert oder als Fantast abgetan. Jobs wurde auch nicht von all seinen Mitarbeiten angebetet.« Barack Obama gilt auch als klassischer Visionär. Die Stärke ist gleichzeitig das Problem: Dieser Typ ist rund um die Uhr mit seiner Vision beschäftigt. Bedenken und Stillstand bringen ihn auf die Palme. Wenn dich dieses Motiv antreibt, solltest du dir also möglichst ein Umfeld suchen, das dich unterstützt.

Wenn Steve Jobs ein Visionär ist, dann müsste doch auch Elon Musk einer sein, oder? Aber Haag widerspricht und ordnet den Tesla-Chef stärker dem **Autonomie**-Motiv zu! »Er setzt seine Idee um, aber es ist ihm egal, was andere denken. Bewunderung braucht und sucht er nicht, er provoziert gerne. Solche Typen sind innovativ, kreativ, sie denken quer und sind gerne anders. Sie wollen beweisen, dass sie es alleine schaffen und niemanden brauchen. Leistungs- und Wettbewerbsmotivierte wittern Probleme, aber einer wie Musk sieht nur die Chancen.« Als weiteres Beispiel nennt mir Haag Richard Branson, er verkörpere das Motto der Autonomie perfekt: Ich mach' mein Ding. »Bei Autonomie geht es um Macht, und zwar um Macht über sich selbst. Sie wollen frei und selbstbestimmt sein. Man darf sie niemals einschränken«, erklärt Haag. »Sie möchten so viel wissen, können und besitzen, dass ihnen niemand etwas kann. Sie möchten sich selber möglichst gut kennenlernen, um Herr über sich selbst zu werden. Sie schonen sich nicht und überschreiten ähnlich wie der Leistungsmotivierte gerne Schmerzgrenzen. Sie wirken oft unnahbar, vertrauen sich nur wenigen an, aus der Sorge heraus, durchschaubar zu sein.«

Haag erklärt mir, dass die Vertreter der Machtmotive Wettbewerb, Autonomie und Vision eines gemeinsam hätten: ein Gespür für Menschen, nur machten sie eben verschiedene Dinge damit! Mich beeindruckt das Autonomie-Motiv, also die Idee davon, Macht über sich selbst zu haben. Es besteht nur die Gefahr, als selbstsüchtiger Einzelgänger abgestempelt zu werden. Denn wer selber autonom lebt, der zeigt sich auch tolerant bis gleichgültig anderen gegenüber. »Sie machen ungern Vorschriften und sind sehr tolerant, außer sie werden in ihrer Freiheit eingeschränkt. Der Autonomie-Motivierte hasst es auch, ungefragt Ratschläge zu bekommen und erteilt selber auch keine«, erklärt Haag.

Friedrich Nietzsche schrieb einst: »Hat man sein warum? des Lebens, so verträgt man sich fast mit jedem wie?«[25] Das kann ich nur bestätigen. Gerade das Freundschaftsmotiv spielt bei mir eine dominante Rolle. Mit den Kollegen, mit denen ich am meisten zu tun hatte, war ich immer befreundet. Konflikte können bei mir schnell auf den Magen schlagen. Ich könnte es mir niemals vorstellen, langfristig mit Menschen zu arbeiten, die ich nicht mag oder denen ich nicht vertraue. Auf der anderen Seite treiben mich auch die Vision und ebenfalls etwas der Wettbewerb an. Ich liebe es, Dinge zu verändern und andere Menschen von meinen Ideen zu überzeugen, sonst wäre es wahrscheinlich auch schwierig, einen YouTube-Kanal zu moderieren. Die Vision motiviert mich auch, dieses Buch zu schreiben, weil ich dir zeigen will, wie leicht du mehr aus deinem Geld machen kannst. Und ich gebe es zu: Ich liebe den Wettbewerb, und ich liebe es zu gewinnen.

• • • • • • • • • • • • • •

Test yourself! Willst du herausfinden, welches der fünf Motive dich am meisten motiviert? Dann surfe einfach auf www.ahead-academy.de und mache deine kostenlose Motivanalyse.

• • • • • • • • • • • • • • • • • •

DU BRAUCHST EINE MISSION

Es ist Freitag. Mitten im August, auf Stockholm brennt die Sonne, einer der heißesten Tage des Jahres. Eigentlich müsste das Mädchen heute in die Schule gehen, aber es geht schon länger nicht mehr. Es packt lieber seinen lila Rucksack und setzt sich alleine vor den schwedischen Reichstag. Einsam sitzt das Mädchen dort, kaum 1,50 Meter groß, zwei blonde Zöpfe hängen herunter, und es hält ein Schild, auf dem steht: »Skolstrejk för klimatet«. Das ist Schwedisch und bedeutet: »Schulstreik für das Klima.«

Das Mädchen heißt Greta Thunberg, und sie hat es durchgezogen. Drei Wochen lang hat sie Tag für Tag die Schule geschwänzt. Anfangs kämpften die Lehrer gegen ihren Widerstand, später solidarisierten sie sich mit ihr. Und es sollten noch viele mehr dazu kommen: Greta legte das Fundament für die »Fridays for Future« und wurde das Gesicht der Klimabewegung. In ganz Europa nehmen sich Tausende Schüler Greta zum Vorbild und schwänzen freitags die Schule, weil sie eine Mission haben: Sie kämpfen für eine bessere Zukunft – ihre eigene Zukunft.

Thomas Alva Edison hatte angeblich für die Weiterentwicklung der Glühbirne 9500 kleine Kohlefäden ausprobiert, bis er denjenigen fand, der die Glühbirne dauerhaft zum Leuchten brachte. Edison war der Meinung, dass Aufgeben die größte Schwäche sei und man nur Erfolg haben könne, wenn man immer wieder einen neuen Versuch wage.[26] Er ließ sich vom Traum für seine Minisonne nicht abbringen. Den Menschen Tausende von Sonnen in die Hand zu geben und die Dunkelheit zu besiegen. Oder gar die Welt vor der Klima-Katastrophe retten. Gibt es klarere Missionen als die von Edison oder Thunberg?

Wer solche Ziele verfolgt, muss eine ungemeine intrinsische Motivation aufbringen. Von außen wirkt so eine Mission auf manche sogar wie Besessenheit. Und genau solchen Menschen folgen wir. Stell dir deine Mission vor wie einen Kompass, der dich durchs Leben leitet. Ist unsere Mission vielleicht sogar der Sinn des Lebens? Joseph Campbell, der Erfinder der Heldenreise, war der Meinung, »dass wir Erfahrungen machen wollen, bei denen wir uns lebendig fühlen«.[27] Warum stehst du jeden Tag auf? Wann hast du dich zum letzten Mal lebendig gefühlt? Was dich zu Tränen rührt, was deine Stimme zittern lässt oder dich lächeln lässt – das sind die Dinge, für die es sich zu leben lohnt.

Wer sein Warum beantwortet und seine Mission findet, kann darauf große Ideen aufbauen oder sogar Geld-Druckmaschinen wie aus dem Silicon Valley: Die Google-Gründer wollten ursprünglich alle Informationen auf der Welt ordnen und für alle zugänglich machen. Elon Musk will die Welt von fossilen Brennstoffen befreien. Steve Jobs wollte die Welt mit seinem Design verändern. Was verbindet Menschen und Kunden? Nicht das, *was* wir machen. Nicht das, *wie* wir es machen. Entscheidend ist das *Warum*. Das beschreibt Bestseller-Autor Simon Sinek in seinem Buch *Frag immer erst: warum.*[28] Er führt den sogenannten Golden Circle dafür an (siehe Darstellung unten).

Der Golden Circle

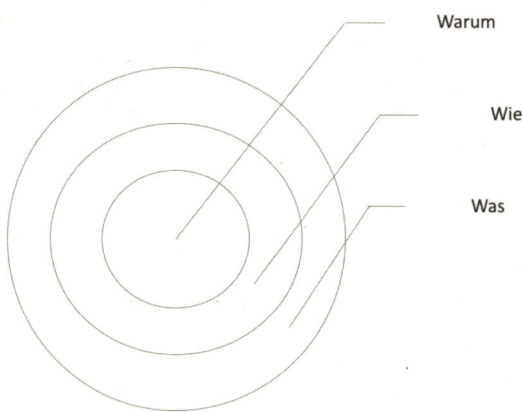

Abbildung 1: Eigene Darstellung in Anlehnung an Simon Sinek

Schauen wir uns Apple als Beispiel an. Was macht der i-Konzern? Er verkauft iPhones und iPads. Wie er das macht, wissen wir alle. Aber warum macht er das? Steve Jobs hatte die Vision, seinen Kunden tausend Songs in die Hosentasche zu packen. Du kannst dir das Gebilde eines Konzerns wie Apple wie einen Eisberg vorstellen. Das iPhone steht sichtbar an der Spitze, aber das Fundament, das Fans, Mitarbeiter und Investoren von Apple verbindet, befindet sich unter Wasser. Das Warum ist die Identität, der Sinn und der Wert der Marke. Das Warum bildet den Kern aller Handlungen. Und bei Apple wirkt das Warum so stark, dass die Apple-Jünger die iPhones nicht nur kaufen, sondern auch noch Marketing dafür betreiben, indem sie jedem erzählen, dass das iPhone das einzig wahre Smartphone sei.

Finde deine Mission, und du wirst nie wieder dran zweifeln, ob du gut darin werden kannst. Du wirst andere Menschen inspirieren und genau jene Leute anziehen, die denselben Glauben haben wie du. Das Warum spricht unsere Emotionen an – und nicht unsere Ratio. Deswegen schaffen wir es bei einem starken Warum sogar, Bösewichte zu lieben. Denken wir an Walter White, dem Charakter aus der Serie *Breaking Bad*: Ein spießiger Chemielehrer aus Albuquerque, der ein perfektes Familienleben mit seiner Frau Skyler und seinem Sohn Walter Junior führt. Eines Tages kommt der Schock: Walter erkrankt an Lungenkrebs. In seinem Hirn gibt es nur noch einen Gedanken: Er muss Geld auftreiben, damit seine Familie nach seinem Tod ein gutes Leben führen kann. Durch Zufall kommt er mit dem Kleinkriminellen und Drogendealer Jesse Pinkman in Kontakt, der früher sein Schüler war – und die Geschichte nimmt ihren Lauf. Walter wird im Lauf der Serie das beste Crystal Meth des Landes fabrizieren und zum größten Drogendealer der USA aufsteigen. Klingt nach einem Menschen, den wir nicht als Nachbarn haben wollen. Walter lässt Menschen töten und hat am Ende sogar seinen Schwager auf dem Gewissen, der für die Drogenschutzbehörde arbeitet. Trotzdem fiebern wir mit einem Drogenbaron. Weil wir sein Warum verstehen und mitfühlen können. Und gibt es ein stärkeres Warum, als seine Familie retten zu wollen?

Eine Gruppe versammelt sich immer hinter einem Mythos, sie glaubt an ein gemeinsames Ziel. So vereinen sich beispielsweise die Gelbwesten in Frankreich, weil sie für mehr Gerechtigkeit kämpfen und dafür auf die Straße gehen. Auch bei unserer Mission-Money-Community gilt dasselbe Prinzip. Menschen, die sich für Geld und Aktien begeistern, tauschen sich in den YouTube-Kommentaren, unserer Facebook-Gruppe und auf unseren Live-Events aus. Eine gemeinsame Idee oder ein Mythos bringen Millionen von Menschen zu einer Religion zusammen oder zu einer Partei. Stell dir vor, du sperrst zehn Menschen in einen Raum, die alle ein anderes Warum haben. Der eine möchte die Wale retten, der andere Luxusuhren für die breite Masse anbieten, und noch ein anderer will die Menschheit auf den Mars umsiedeln. Ich verrate dir ein Geheimnis: In diesem Raum wird kein gemeinsamer Geist entstehen.

Vielleicht würdest du mir jetzt gerne die Frage stellen, warum ich dieses Buch schreibe? Bei mir verbinden sich zwei Warums: Zum einen liebe ich es, Geschichten zu erzählen. Am liebsten erzähle ich, was mich inspiriert und bewegt. Das fließt über in mein zweites Warum: Sachen ausprobieren und mein Leben optimieren. Wie ich es umsetze, ist ganz einfach: Ich schreibe dieses Buch hier so, wie ich es selber gerne lesen würde. Wenn du dein Warum gefunden hast, dann lässt sich darum ganz einfach ein Kosmos aufbauen, und du wirst nie abhängig von einer Plattform sein. Wie du deine Mission am besten erzählst, dazu kommen wir in den nächsten Kapiteln. Aber eines solltest du dir jetzt schon klarmachen: Gerade wenn dich eine Vision motiviert und du Leute für ein Team brauchst, um diese Vision umzusetzen, besonders dann brauchst du ein starkes Warum. Wenn du also das beste Schiff der Welt bauen willst, dann lehre dein Team, das Meer zu lieben.

Das Warum zählt auch beim Geld. Wenn du reich werden willst, solltest du dich erst mal fragen: Warum? Menschen werden reich, weil sie sich für Menschen und deren Probleme begeistern. Weil sie einen Sport so sehr lieben, dass sie dafür sterben würden. Unser Freund Walter will mit dem Geld seine Familie retten. Und was willst du mit deinem Geld? Mein Warum entstand aus einem Schmerz heraus. Ich hatte Fehler gemacht, eine Abkürzung gesucht und den Karren an die Wand gefahren. Es hat mich vom Weg abgebracht, aber nicht von meinem Ziel. Ein Warum lässt sich mit einem Glauben gleichsetzen – es geht nicht um richtig oder falsch. Ich glaube, dass jeder mehr aus sich und seinem Geld machen kann. Und dieses Warum wird mich immer motivieren. Deswegen müssen wir uns selber zu einem Projekt machen, und ein Projekt braucht ein Warum. Zur Inspiration kommen hier sieben Mission Statements verschiedener Unternehmen für dich:

Mission Money – Wir machen mehr aus unserem Geld.
Ted – Spread ideas.
U.S. Army – Duty, Honor, Country.
Automattic – Never stop learning.
Nike – Inspiration and innovation to every athlete in the world.
Walmart – To save people money so they can live better.
Uber – We ignite opportunity by setting the world in motion.

• • • • • • • • • • • • •

Test yourself! Schreibe dein eigenes Mission Statement auf und fülle deinen Golden Circle aus.
Hier kommt dein Mission Statement:
_____
_____
_____

Und auf der nächsten Seite kannst du deinen Golden Circle ausfüllen. Du musst es nicht gleich machen, lass dir ruhig Zeit damit, bis du das Buch zu Ende gelesen hast, und mach dir in Ruhe Gedanken.

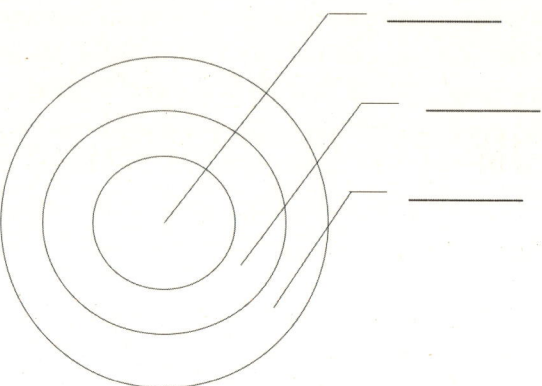

Abbildung 2: Eigene Darstellung in Anlehnung an Simon Sinek

DAS SCHÖNSTE ÜBEL DER WELT ODER WARUM GELD GEFÄHRLICH SEIN KANN

»Was ist für dich das schönste Übel der Welt?«, fragt mich Sherlock und nippt an seinem Sazerac.

Mir sitzt in diesem Moment nicht der echte Sherlock Holmes gegenüber, aber er ist trotzdem einer der genialsten Menschen, die ich kenne. Ich stelle ihn dir kurz vor: Sherlock kann über jedes Thema referieren – egal ob es um Windräder in Nigeria geht, die Währung in Venezuela oder den nächsten Winter bei künstlicher Intelligenz. Er hat Philosophie, Physik und Informatik studiert, und er zeigt jedem gnadenlos seine Schwächen auf. Deswegen nennen ihn alle: Sherlock, das Genie ohne Empathie. Ich erinnere mich daran, wie ich ihn kennengelernt habe. Ein Freund erzählte mir in einer Kneipe, dass ihn seine Freundin gerade jetzt verlassen habe, als alles perfekt zu laufen schien. Und aus dem Off kommentierte Sherlock: »Immer antizyklisch handeln.« Dabei grinste Sherlock ein teuflisches Grinsen. Genau deshalb wird Sherlock in diesem Buch eine wichtige Rolle spielen. Weil die Wahrheit oft schmerzt, aber unser bester Lehrmeister ist. Nennen wir Sherlock das unangenehme Gewissen, das uns den Spiegel vorhält.

»Ich will zuerst hören, was du für das schönste Übel hältst«, entgegne ich Sherlock.

»Frauen«, sagt Sherlock und grinst, als würde er was anderes sagen wollen. Und dann erzählt er mir die Geschichte von Pandora. Zeus war aufgebracht und wütend auf die Menschen, weil sie den Göttern das Feuer geraubt hatten. Als Vergeltung machte er der Menschheit ein Geschenk, *kalon kakon*, ein schönes Übel, das nie verlöschende Feuer, oder mit einem Wort: Pandora. Sie sah aus wie die schönste

Frau der Welt, aber sie war es nicht. Hephaistos formte sie wie ein Töpfer, er vermischte Erde und Wasser. Die anderen Götter vollendeten das Werk: Athene, Aphrodite und Hermes schmückten und füllten die leere Hülle. Pandora glänzte nach außen im strahlenden Kleid. Aber innen lauerte das Unheil! Du hast sicher schon von der Büchse der Pandora gehört. Als sie geöffnet wurde, kam der Sage nach das Böse über die Welt.

»Frauen können gefährlich sein«, antworte ich Sherlock, »aber ich finde Geld noch viel gefährlicher ...«

Und dann erzähle ich ihm die Geschichte von meinem schönsten Übel. Wer reich werden will, muss sich überlegen, welchen Preis er für Geld zahlt. Denn das schnelle Geld kann uns den langfristigen Erfolg kosten. Weil wir dumme Risiken eingehen oder Sachen machen, die wir hassen oder die wir nicht können. Erfolgreiche Menschen motiviert nicht Geld, es ist die Mission, die wir vorher besprochen haben! Vorbildlich widerstanden hat dem schönen Übel Steve Jobs: Er erklärte einmal, dass Apple, als er 23 Jahre alt war, einen Wert von 1 Million US-Dollar hatte. Ein weiteres Jahr später waren es rund 10 Millionen. Und nochmal ein Jahr später 100 Millionen. Aber sein Werk war ihm offenbar wichtiger als Geld: Jobs hat bis an sein Lebensende keine einzige Aktie von Apple verkauft. Leider kommen die schönen Übel in verführerischer Gestalt daher. Satan wird oft als schöner Mann dargestellt. Im Film *Im Auftrag des Teufels* macht Al Pacino dem jungen Keanu Reeves ein Angebot, das er nicht ablehnen kann. Pacino spielt den charismatischen Anwalt John Milton, aber in Wahrheit versteckt sich hinter seinem Charakter der Teufel. In *Das Bildnis des Dorian Grey* gerät Dorian in die Rolle des Faust und ihm erscheint der Teufel in Gestalt von Lord Henry, der ihm all seine Wünsche erfüllt.[29] Dorian gibt seine Seele für unvergängliche Schönheit – und bringt sich am Ende selber um.

Die scheinbar schönen Dinge wie Geld können uns in den Ruin stürzen, wenn wir der Gier verfallen. Jeder, der vom Chef schon mal mehr Gehalt bekommen hat, fühlte sich danach wie im Rausch. Und das trifft es leider sehr gut: Geld vernebelt unsere Sinne. Im Rahmen einer Studie, die vom National Center for Biotechnology Information veröffentlicht wurde, untersuchten Forscher ein Dutzend Menschen. Dabei spielten die Teilnehmer ein Spiel: Sie konnten entweder Geld gewinnen oder verlieren. Das Ergebnis: Der *Nucleus accumbent* — eine Kernstruktur im unteren Vorderhirn, die eine zentrale Rolle im Belohnungssystem des Hirns spielt — war neuronal aktiver als üblich. Die Ergebnisse wurden mit Scans von Drogensüchtigen verglichen, die zu diesem Zeitpunkt unter dem Einfluss von Kokain standen. Fazit: Die Ergebnisse von Koks- und Geldrausch ähnelten einander extrem.[30]

Wir sollten uns Geld zum Diener machen und nicht sein Knecht werden. Es geht um Selbstbestimmung. Studien zeigen, dass nichts gegen Motivation ankommt, die von innen stammt. Der Beste kannst du nur werden, wenn du wirklich willst. Sonst kann dich selbst Geld nicht retten. Im Gegenteil! Der Psychologie-Professor Edward L. Deci fasst die Problematik mit der Motivation von außen so zusammen: »Niemand hatte erwartet, dass Belohnungen einen negativen Effekt haben würden.«[31]

Warum Geld zum schönen Übel werden kann, schrieben die Psychologen Mark Lepper und David Greene erstmals im Jahr 1978 nieder. Ein Klassiker ihrer Experimente sah wie folgt aus: Sie beobachteten ein Zimmer von Vorschülern und identifizierten dabei jene Schüler, die gerne nebenbei zeichneten. Und dann kam Belohnung ins Spiel für eine Tätigkeit, die die Schüler ohnehin schon mochten. Die Psychologen teilten die Schüler in drei Gruppen ein. Die erste Gruppe bekam ein Zertifikat versprochen, aber nur wenn sie sich bereit erklärten, dafür zu zeichnen. Die zweite Gruppe wurde einfach nur gefragt, ob sie zeichnen wollte – bei einem Ja sollte es am Ende des Experiments die Belohnung in Form des Zertifikats geben. Und die dritte Gruppe wurde nur gefragt, ob sie zeichnen wolle. Belohnung sollte es keine geben. Zwei Wochen später zeigte sich folgendes Ergebnis: Die beiden Gruppen ohne explizite Belohnung zeichneten wie immer, aber die Gruppe mit der klaren Aussicht auf die Belohnung zeigte weniger Interesse am Zeichnen.[32]

Der Psychologe Deci hat dieses Phänomen mit Kollegen weiter untersucht. Sie werteten Studien aus drei Jahrzehnten aus und kamen nach der Durchführung von 128 Experimenten zu dem Ergebnis, dass konkrete Belohnungen dazu neigen, sich negativ auf die intrinsische Motivation auszuwirken.[33] Wer sich also auf kurzfristigen Erfolg programmiert und nur für den nächsten Schuss lebt, der richtet langfristig Schaden an.

BRING DEN FELSEN INS ROLLEN – MOTIVATION KOMMT DURCH AKTION!

Als wir abends in einem Restaurant in Jerez sitzen und den besten Dessertwein unseres Lebens trinken, erzähle ich Sherlock von der Idee für dieses Buch und stelle alle Fragen in den Raum, die mich umtreiben: Wie lang sollen die Kapitel werden? Wie soll ich die richtige Sprache finden, lieber sachlich oder persönlich? Und soll ich ihn als Advocatus Diaboli einbinden? Oder finde ich die Idee doch bescheuert? Bevor ich nicht alle Probleme löse, zweifle ich. Es fühlt sich an wie eine Zecke, die einem in den Nacken beißt und flüstert: »So wird das nichts!«

»Du solltest mal mehr von Sartre lesen«, sagt Sherlock, »oder kennst du die Felsmetapher?«

Ich schüttle mit dem Kopf und stelle mich schon mal auf eine halbstündige Philosophie-Vorlesung des Professors ein.

»Sartre erzählt von der Metapher in seinem Werk *Das Sein und das Nichts*. Stell dir vor, du stehst vor einem riesigen Felsblock – und siehst keinen Ausweg. Sartre spricht von einem Widerstand, der sich nicht wegrücken lässt. Aber dann dreht sich auf einmal die Perspektive: Wie könnte der Fels zu einer wertvollen Hilfe werden? Und jetzt stell dir vor: Du steigst auf den Felsen und betrachtest die Landschaft von oben. Das verändert alles. Sartre würde heute zu dir sagen: ›Fang einfach an mit deinem Scheiß-Buch!‹«

Beim Schreiben stehe ich jedes Mal vor meinem Felsen: Ich mache mir Gedanken und bin genervt, wenn mir nicht sofort die Erleuchtung kommt. Ich hatte auch bei diesem Buch tausendfach Angst, dass ich es nicht so hinbekomme, wie ich es von mir erwarte. Aber ich kenne meine Gedanken und weiß sie einzuschätzen. Routine macht sich bezahlt: Denn ich weiß, dass ich einfach loslegen muss. Durch Aktion kommt Inspiration – und Motivation. Stephen King hat es auf den Punkt gebracht in seinem Buch *Das Leben und das Schreiben*. Ich zitiere mal ganz frei: Autoren würden immer wieder gefragt, wie sie auf eine Idee gekommen wären. Und Kings Antwort: Er wisse es nicht.[34]

Wenn ich dir den einfachsten Tipp geben kann, den ich kenne: Wenn du nicht weiterweißt, dann handle. Motivation kommt durch Aktion. Alleine durch den Fakt, dass wir ein Problem beackern, verliert es seine Macht. Je länger wir im Bett liegen, gegen die Decke starren und uns sorgen, umso mehr Schrecken verleihen wir dem Problem. Aber wenn wir den Schalter umlegen und in die Offensive kommen, dann beschäftigt sich unser Hirn damit und arbeitet auch unterbewusst an Lösungen. Die größte Motivationsquelle kommt aus der Tat an sich. Im letzten Kapitel ging es darum, dass Geld sogar die Motivation verderben kann. Im dritten Kapitel ging es um die Motive, die uns antreiben. Jetzt geht es darum, wie wir uns selber jeden Tag in den Vorwärtsgang bewegen.

Wer etwas tut, der versetzt sich selber in eine mächtige Spirale: Aktion – Inspiration – Aktion – Motivation – Aktion. Nehmen wir zum Beispiel das Schreiben. Ich brauche immer Input – und der kommt durch Aktion. Ich muss beispielsweise selber drauflos schreiben. Dabei denke ich an Hemingways Motto: »The first draft of everything is shit.« Oder ich lese vor dem Schreiben ein Buch, das ich liebe. Wenn ich *Grand Budapest Hotel*, *Green Book*, *Mulholland Drive* oder *Black Mirror* schaue, geht es auch rund in meinem Hirn. Geschichten inspirieren mich dazu, selber Geschichten zu erzählen. Wir müssen in dieser Welt ständig navigieren, das geht aber nicht, ohne etwas anzupeilen.[35] Und wir sollten Sinn anpeilen, denn Schokolade essen, TV schauen und auf der Couch liegen, macht uns unter dem Strich nicht glücklich. Im Gegenteil: Wir fühlen uns danach weniger motiviert und selbstbewusst.[36] Lass dich also nicht von Müll berieseln oder surfe ziellos durchs Internet und lass dich von Schlagzeilen ablenken. Alles ohne Substanz wird dich eher noch in den Strudel des Nichttuns reißen.

Es geht um Qualität und die kann auch anders aussehen: Die meisten Ideen kommen mir beim Laufen an der Isar. Finde heraus, was dich inspiriert: Meditieren, Fallschirmspringen, Wandern, Kochen, Zeichnen oder Boxen. Wenn dir dadurch Ideen kommen, dann setz sie um – und hab dabei nicht den Anspruch, sofort perfekt zu sein und reich zu werden. Shakespeare hat am laufenden Band produziert, und auch Mozart komponierte bis zu seinem Tod mit 35 Jahren mehr als 600 Stücke[37], um eine Handvoll Meisterwerke zu erschaffen.

Und jetzt kommt noch ein Fun Fact: Diesen Absatz hier schreibe ich nur, weil er mir tatsächlich eingefallen ist, als ich mich Montagmorgen mit einem orangefarbenen Handtuch vor meinem Badezimmerspiegel abgetrocknet habe. Es ist der 17. Juni 2019, 8:20 Uhr. Ich bin schon seit 5:05 Uhr wach, habe 90 Minuten an diesem Buch geschrieben, war beim Laufen an der Isar und habe Deadlifts gemacht. Und ich frage mich danach, woher ich die Energie nehme? Die Aktion treibt mich dazu. Von Casey Neistat habe ich folgende These gehört: Man könne Schlaf ersetzen durch sportliche Aktivität. Wer trainiert, braucht also weniger Schlaf. Ich würde dieser These nach meinen eigenen Erfahrungen nicht widersprechen.[38]

Jetzt wagen wir uns auf die dunkle Seite: Kennst du auch diese Ich-kann-das-einfach-nicht-Menschen? Sie wollen abnehmen, aber sie schaffen es nie zum Sport. Sie wollen was erleben, aber sie hocken Freitagabend auf der Couch. Sie wollen sparen, aber leben vom Dispo. Von außen lässt es sich kaum verstehen, aber solche Menschen haben einen steinigen Weg vor sich. Denn sie stecken in einem Teufelskreis: Wer nichts tut, der verliert konstant an Motivation. Und dann droht die erlernte Hilflosigkeit. Negative Erfahrungen lassen einen den Glauben an den Erfolg verlieren. Es fühlt sich so an, als würde man die Kontrolle verlieren, also genau das, was den Erfolg ausmacht. Der *Locus of Control* verschiebt sich von innen nach außen, und diese Hilflosigkeit kann sogar in die Depression führen. Deswegen sollten wir immer ausbrechen, bevor wir in eine passive Rolle fallen und dem Motto folgen: Done is better than perfect!

Das beste Beispiel ist Mission Money: Ich weiß noch, wie ich Freunde drei Monate vor dem Start des Kanals danach fragte, was sie gerne wissen würden über Finanzen. »Keine Ahnung«, war meistens die Antwort. Ich hätte auch 100 Menschen fragen können, was in diesem Buch stehen soll. Aber aus dem Stehgreif funktioniert das nie. Wir müssen vielmehr eine Feedback-Schleife in Gang setzen. Dafür wird gerne der Ausdruck *Rapid Prototyping* verwendet. Das heißt: Bring einen Prototyp auf den Markt und versuche dann, das Feedback der Kunden einzuarbeiten. Diese Schleife beginnt, simpel dargestellt, immer wieder von vorne: testen – verbessern – testen – verbessern – testen. Was wir am Anfang auf YouTube veranstaltet hatten, unterscheidet sich zu 90 Prozent von dem aktuellen Mission Money. Aber genau das ist der Punkt: Wären wir jemals ans Ziel gekommen ohne die Fehler, die wir zu Beginn gemacht haben?

Wir müssen den Felsen, der uns im Weg steht, ins Rollen bringen. Mir hilft eine Frage dabei: Was ist das Schlimmste, das dir nach dem Scheitern passieren könnte? Wenn du ein Business aufbauen willst und deinen Job kündigst – was wäre der *Worst Case*? Dass du danach wieder einen normalen Job brauchst? Dass du zurück zu deinen Eltern ziehen musst? Schreib dir die Szenarien für jene Dinge auf, die dich verunsichern und prüfe, ob das Scheitern wirklich so schlimm wäre. Ich gehe den *Worst Case* immer im Kopf durch, bevor ich auf die Bühne gehe. Was wäre, wenn mir nichts mehr einfällt? Dafür lege ich mir einen Notfallplan zurecht. Ich kann mich noch gut an einen gescheiterten Gag bei unserem dritten *Börsianischen Quartett* erinnern. Ich sitze auf der Bühne vor 400 Leuten, die Kamera läuft und später werden mehr als 200.000 Menschen draufklicken. Schon als die Wörter aus meinem Mund kommen, spüre ich, dass keiner lachen muss. Und so kommt es: Der Saal schweigt, und mir fährt der Schock in die Magengrube. Aber ich bin vorbereitet, nehme mich selber auf die Schippe und sage zum Publikum: »Eigentlich hättet ihr jetzt lachen sollen – das probieren wir jetzt nochmal.« Und diesmal klappt es: Die meisten Zuschauer lachen.[39]

Als Sherlock seinen dritten Sherry austrinkt, muss ich innerlich lächeln. Er ist selber ein Meister des Aufschiebens. Man müsste eigentlich ein Buch schreiben, man müsste eine App bauen, man müsste die Welt retten. Sherlock weiß auch alles über Sport, er probiert gerade eine Diät aus mit Soja-Shakes und philosophiert über HIIT-Training, aber er trägt eine Plauze vor sich her. Sei nicht wie Sherlock. Sei lieber wie Watson, aber am besten: Sei du selbst.

MACH DAS LEBEN ZU EINEM SPIEL

»Das schaffen wir niemals!«, sagt Sinan zu mir und vergräbt seine Stirn in der Handfläche. Wir sind auf dem Weg zu einer Pressereise nach Kanada, das Hotel in Toronto ist für zwei Nächte gebucht, und wir haben noch ein Appartement über Airbnb gemietet, um die Reise zu verlängern. Wir freuen uns seit Wochen auf den Trip, aber in diesem Moment stehen wir noch am Münchner Flughafen vor einem Schalter der Lufthansa und haben ein Problem. Eigentlich sollten wir schon längst im Flieger nach Frankfurt sitzen, dort wartet unser Anschlussflug nach Toronto. Aber der Flieger nach Frankfurt hat schon 45 Minuten Verspätung. Demnach hätten wir in Frankfurt nicht mal mehr 25 Minuten zum Umsteigen. Die Mitarbeiterin der Airline checkt alternative Flüge nach Toronto, aber es gibt keine andere Option. Entweder wir bleiben in München oder wir versuchen das Unmögliche in Frankfurt. Wir müssen uns entscheiden! Sinan ist ein Journalistenkollege und guter Freund, selbstbewusst und von Grund auf optimistisch. Aber in diesem Moment glaubt er nicht an das Unmögliche, und auch mir fällt es schwer, positiv zu denken. Platzt die Reise nach Kanada?

Eine Stunde später fliegen wir auf Frankfurt zu. Wir schnallen uns bereits ab und stehen auf, als der Flieger gerade den Boden berührt, wir wollen als Erste aus dem Flugzeug und sofort durchstarten. Aber die Stewardess maßregelt uns mit wütenden Gesten und wir müssen sitzenbleiben. Als die Maschine endlich zum Stehen kommt, sind wir im Pulk der Fluggäste gefangen. Ich schaue nochmal auf die Uhr, wir haben noch 20 Minuten, bis der Flieger Richtung Toronto starten wird. Drei Minuten später sprinten wir los. Raus aus dem Flugzeug, dann sollen wir uns links halten, hat uns eine andere Stewardess erklärt. Wir finden die besagte Treppe und stürzen uns 80 Stufen hinunter, wir haben keine Zeit, um auf einen Aufzug zu warten. Dann sprinten wir durch einen 500 Meter langen Tunnel auf die andere Seite des Terminals. Der Rucksack auf meinem Rücken wird mit jedem Meter schwerer, ich spüre das Kamerastativ mit jedem Schritt mehr in meine Muskulatur drücken und versuche, genug Sauerstoff in meine Lunge zu pumpen. Am Ende des Tunnels sprinten wir wieder eine Treppe nach oben. Jetzt brennen meine Oberschenkel und die Lunge, der Speichel schmeckt nach Eisen. Als wir oben ankommen, stehen wir vor einer Wand, Hunderte Menschen stehen Schlange für die Passkontrolle. Wir drängeln uns in wenigen Sekunden bis ganz nach vorne und rufen dabei 50-mal Sorry und Entschuldigung. Als uns der Beamte am Schalter den Pass wiedergibt, setzen wir zum letzten Sprint an Richtung Gate. Fünf Minuten später sitzen wir in der ersten Reihe der Business Class. Ich kämpfe mit einem Hustenanfall nach dem nächsten, Schweiß läuft über meinen Rücken – aber ich bin glücklich. Wir haben aus einem Problem ein Spiel gemacht – und wir haben es gewonnen.

Was lernen wir daraus? Ich ziehe Motivation daraus, das Leben zu einem Spiel zu machen – *Gamification* heißt der Fachbegriff dafür. Die *Gamification*-Expertin Jane McGonigal nennt in ihrem Buch *Reality is Broken* (deutscher Titel: *Besser als die Wirklichkeit*) drei Merkmale eines Spiels: Ziel, Regeln und Feedback-System.[40] Unser Ziel und die Spielregeln waren klar, und wir haben es nur in den Flieger nach Kanada geschafft, weil wir das Spiel in Passagen eingeteilt hatten, wie Level bei einem Super-Mario-Spiel. Das Feedback-System bestand aus den Abschnitten, die wir per Sprint erreichten. Wir hatten uns vorher ausgerechnet, wie schnell wir laufen mussten. Und es war klar, dass es nur im Vollsprint ohne Pause gehen würde. Solche Tricks der *Gamification* halten uns bei Laune. Überleg doch mal, wie uns Konzerne jeden Tag motivieren, ihre Medien zu konsumieren. Wer sich bei Audible eine Notiz macht, der bekommt den Status »Fährtenleger« verpasst. Wer bei der PlayStation besonders oft Fifa spielt, wird mit Trophäen wie »Scharfschütze« überschüttet. Wir sollten uns nicht zum Ball der Spiele der anderen machen lassen, aber wir sollten dieses Wissen nutzen, um unsere eigenen Spiele zu spielen. Gerade das Denken in Leveln spornt mich an, und ich habe es auch für dieses Buch genutzt. Jedes Kapitel ließ sich wie ein Level gestalten, und an meiner Wand hing immer der Fortschritt des Projektes. Die fertigen Level in grüner Schrift, die halbfertigen in gelber und die unfertigen in roter.

Spiele können uns aus der Lethargie befreien. Hast du schon mal was von positivem Stress gehört? Er heißt auch Eustress, die Vorsilbe »Eu« kommt aus dem Griechischen und bedeutet »gut«. Unser Körper nimmt positiven Stress genauso wahr wie negativen: Das Adrenalin schießt ein, es wird mehr Blut in die Areale gepumpt, die bei Gefahr im Hirn aktiv sind. Aber trotzdem treibt es uns an: Wir erleben keine Angst, wir sind nicht negativ, sondern wir wollen mehr und fühlen uns besser.[41] Positiver Stress heißt: Es gibt eine Lücke zwischen dem, was wir haben, und dem, was wir wollen, und wir können sie schließen. Wir haben also das Ziel im Blick, aber wir müssen uns richtig strecken dafür. Das lässt sich anhand einer Funktion erklären. Sie besteht aus den beiden Variablen Leistung und Erregung. Stell dir vor, du hängst auf der Couch, dann bist du nicht erregt, bringst aber auch keine Leistung. Das andere Extrem wäre maximale Erregung und schlechte Leistung: wenn du keinen Bock auf deine Arbeit hast, total überfordert bist und die Kollegen nerven. Du willst nur noch schreien und schaffst nichts. Und dann gibt es das Optimum: maximale Leistung und Erregung. Das nennt sich Flow. Wenn du alles um dich herum vergisst und wie im Rausch arbeitest. Probleme zu lösen kann ein mächtiger Glücksfaktor sein. Lass dich nicht verrückt machen von den ganzen Glücksjägern, die behaupten, es gehe per Knopfdruck und man müsse sich nur für Glück entscheiden. Positives Denken ist ein mächtiges Werkzeug. Aber wir sollten uns lieber Aufgaben suchen, die uns glücklich machen, statt uns den ganzen Tag vor den Spiegel zu stellen und uns einzureden, dass wir glücklich seien. Harvard-Professor Tal Ben-Shahar drückt es so aus: »Wir sind viel glücklicher, wenn wir Zeit erleben, statt sie totzuschlagen.«[42]

Wenn du das Leben zu einem Spiel machst, dann gibt es zwei Varianten: Sieg oder Niederlage. Und du gewinnst bei beiden. Beginnen wir mit dem Scheitern: Der zwölffache Roland-Garros-Sieger Rafael Nadal spielte im Alter von 13 Jahren zum ersten Mal gegen seinen französischen Konkurrenten Richard Gasquet. Beide galten im Jahr 1999 als große Talente, sie spielten in Tarbes gegeneinander, eines der größten Turniere für Junioren unter 14. Gasquet entschied dieses Duell für sich![43] Doch Nadal hat anscheinend die richtigen Lehren daraus gezogen. Er sollte später noch 16-mal gegen Gasquet auf der Profi-Tour spielen – und Nadal gewann alle 16 Spiele!

Wer spielt, der lernt, die Niederlage zu akzeptieren und besser zu werden. Wir müssen uns den Perfektionismus austreiben, sonst bleibt uns das *Growth Mindset* für immer verwehrt. Wer spielt und nicht aufgibt, der wird früher oder später gewinnen. Aber Vorsicht, Siege machen süchtig! Sie treiben nämlich den Serotoninspiegel nach oben.[44] Am besten holen wir uns also jeden Tag kleine Siege, die uns motivieren. Mich motiviert das Prinzip des *Kaizen*: *kai* steht für »Veränderung« und »Wandel« – und *zen* heißt »zum Besseren«. Die Philosophie kommt aus dem Japanischen, und es geht darum, sich kontinuierlich zu verbessern. Noch konkreter kannst du die 1-Prozent-Regel nutzen: dich also bei jeder Wiederholung um 1 Prozent steigern. Klingt erst mal wenig, aber langfristig wird es dein Leben massiv verbessern. Denn jeder Sieg bringt Grund zum Jubeln.

Hast du schon mal was von *Fiero* gehört? *Fiero* ist Italienisch und heißt auf Deutsch Stolz. Designer von Videospielen haben diesen Begriff geprägt, um ein emotionales Hoch zu beschreiben. Du wirst wissen, was es bedeutet, wenn du es erlebst. Wenn du nach einem Sieg die Hände in die Höhe reißt und die Freude rausschreist. Forscher am Center for Interdisciplinary Brain Sciences Research in Stanford haben sogar herausgefunden, dass *Fiero* die Emotion ist, die den Höhlenmenschen dazu veranlasst hat, seine Höhle zu verlassen und die Welt zu erobern.[45] Wir können uns also ein legales High besorgen. Wissenschaftler bestätigen sogar, dass *Fiero* das mächtigste Hoch in Sachen Neurochemie ist. Je höher die Hürde, die wir überwinden, umso intensiver erleben wir *Fiero*. Wir können also jeden Tag zu einem Abenteuer machen – auch wenn wir keinen Urlaub haben.

Hast du schon von Mikroabenteuern gehört? Ich versuche so oft wie möglich, den Alltag spielerisch zu gestalten: durch Challenges und Abenteuer. Es fängt schon beim Aufstehen an, für dieses Buch bin ich regelmäßig um 5 Uhr aufgestanden, irgendwann wurde dann im Sommer 4 Uhr draus. Überlege dir, wie du Abenteuer in deinen Alltag integrieren kannst, beispielsweise eine Wanderung nach der Arbeit. Mach Feuer im Wald, fahr in eine fremde Stadt ohne Planung oder schlaf einfach mal auf dem Balkon im Freien. Überrasch dich selber!

Das Flughafenpersonal hat die Challenge in Frankfurt übrigens nicht angenommen, unsere Koffer schafften es nicht ins Flugzeug nach Toronto. Wir mussten uns in Kanada also erst mal neue Klamotten im Eaton-Center kaufen. Trotzdem erlebten wir *Fiero*, als wir nach dem Sprint endlich im Flieger nach Toronto saßen, und es fühlte sich unbezahlbar an. Sinan und ich reden heute noch vom Wunder von Frankfurt.

WAS WÜRDEST DU TUN, WENN DU SCHON REICH WÄRST?

Hast du schon mal was von *Glamping* gehört? Glamping ist ein Schachtelwort aus »glamourös« und »Camping«. Es geht also darum, Camping und Luxus miteinander zu verbinden. Während ich diese Zeilen in die Notizen meines iPhones tippe, gebe ich mein Bestes als Glamper. Ich liege in einer Badewanne in Nordirland und schaue auf den Sternenhimmel. Nein, ich habe nicht zu viel Single Malt getrunken, ich glampe in einem Bubble-Hotel. Zwischen mir und dem Himmel befindet sich nur eine durchsichtige Halbkugel aus Plastik – und das in der Wildnis, im Herzen von Fermanagh. Draußen rund um das Himmelbett gibt es nur Wälder, Holzhütten und Seen. Drinnen in der Bubble steht ein Doppelbett, zwischen Ledersesseln finden wir eine Nespresso-Maschine und den Champagner-Kühler. Draußen grillen wir untertags Fisch und Fleisch auf einem Rost direkt über dem Lagerfeuer und fahren Kajak. Natur und ein bisschen Luxus, Glamping eben.

Als ich mich im warmen Wasser der Wanne zwischen Raum, Sternen und Zeit verliere, muss ich daran denken, wie ich mit Sherlock auf einer Terrasse über den Dächern von München sitze, Chablis trinke und wir uns überlegen, was wir uns kaufen würden, wenn Geld gar keine Rolle mehr spielte.

»Was würdest du tun, wenn du schon reich wärst?«, fragt er mich.

Ich denke an eine Privatinsel in der Karibik, an alle Aktien, die ich gerne in tausendfacher Ausführung hätte. Ich würde gerne junge Künstler und Start-ups unterstützen und mir Wohnungen in Stockholm, Amsterdam und London kaufen. Bevor ich es ausspreche, erzählt mir Sherlock bereits die *Anekdote zur Senkung der Arbeitsmoral*.

Geschrieben hat sie Heinrich Böll, und sie geht so: In einer Hafenstadt Westeuropas schläft ein Fischer in seinem Boot, er hat verschlissene Klamotten an. Aufgeweckt wird er von einem Touristen, der eifrig Fotos macht von grünem Meer und blauem Himmel. Klick. Klick. Klick. Der Tourist trägt schicke Klamotten, streckt dem noch verschlafenen Fischer eine Schachtel Zigaretten hin und will ihn dazu motivieren, heute noch einen guten Fang zu machen. Der Fischer schüttelt nur den Kopf. Der Tourist bohrt in Landessprache nach, bis der Fischer ihm erklärt, dass er morgens schon ausgefahren wäre. Und jetzt? Dem Touristen verschlägt es fast die Landessprache. Er versucht, den Fischer davon zu überzeugen, härter für den Erfolg zu arbeiten. Wenn er noch dreimal fischen würde an diesem Tag, würde er vielleicht fünf oder zehn Dutzend Makrelen fangen. Und der Tourist entwirft dem Fischer eine Vision: Irgendwann könnte er sich mehr Kutter leisten und Mitarbeiter anstellen, ein Kühlhaus und eine Räucherei bauen, später eine Marinadenfabrik und ein Restaurant eröffnen. Er würde immer mehr fangen, mehr verdienen und müsste irgendwann nicht mehr selbst arbeiten. Er müsste nur noch die Hand aufhalten, beruhigt am Hafen sitzen, in der Sonne dösen und auf das herrliche Meer blicken. Aber der Fischer antwortet am Ende: »Ich sitze beruhigt am Hafen und döse, nur Ihr Klicken hat mich dabei gestört.«[46]

Ein mächtiger Gedanke! Der Fischer genießt schon den Luxus eines erfolgreichen Unternehmers, nur anders: mit weniger Geld, aber auch mit weniger Stress. Mich würde es nicht erfüllen, mich auf die faule Haut zu legen. Ich will arbeiten, aber eben auch so, wie ich will. Ich erzählte Sherlock im Gegenzug die Fabel des griechischen Dichters Phaedrus: *Canis per fluvium carnem ferens* (Der Hund, welcher Fleisch durch den Fluss trägt). Die Geschichte geht so: Ein Hund schwimmt mit seiner Beute durch einen Fluss und plötzlich erstarrt er. Im Wasser spiegelt sich sein Kopf mit der Beute im Maul und er schnappt danach. Dabei fällt ihm die echte Beute ins Wasser und schwimmt davon. Er wollte eine zweite Beute schnappen, die es niemals gab. Und am Ende steht er ohne da.[47] Und was lernen wir daraus? Sei mit dem zufrieden, was du hast und begehre nicht mehr, als du benötigst. Ich würde es so übersetzen: Überlege dir, was du heute schon tun kannst mit jenen Mitteln, die dir zur Verfügung stehen. Wir verschieben so viele Träume, weil sie scheinbar keine Deadline haben. Reisen? Einen Blog starten? Dieses Tattoo stechen lassen? Surfen lernen? Deinen Job endlich kündigen? Oder deine Freundin heiraten? Vielleicht solltest du es einfach tun! Zu wenig Geld ist meistens nur eine Ausrede!

Zurück zum Glamping. Wie komme ich darauf? Bei der Recherche für dieses Buch stand am Anfang eine Frage für mich über allem: Was wollen wir wirklich? Natürlich glücklich werden und reich noch dazu. Aber was würden wir dann tun? Jeder scheint mittlerweile seine persönliche Bucket List abzuarbeiten. Reisen sind die neue Rolex und ein spannendes Leben auf Instagram der neue Porsche. Also welche Ziele verfolgen wir im Leben? Ich bin auf eine Liste von Träumen gestoßen, die junge Menschen träumen. Reisen dominieren die Liste: einmal das Nordlicht sehen, eine Safari in Afrika machen, auf der chinesischen Mauer entlangspazieren oder Paris von der Spitze des Eiffelturms sehen. Und es stand eben auch Glamping auf der Liste. Abenteuer spielen fürs Glück generell eine Rolle: Junge Menschen träumen davon, einen Marathon zu laufen und mit dem Fallschirm aus einem Flugzeug zu springen. Sie wollen auch einen Hund besitzen, sich selbst verbessern und ein Vermächtnis hinterlassen: beispielsweise eine Sprache lernen und das oft zitierte Buch schreiben.[48]

Und jetzt überleg mal, welche Dinge du sofort tun könntest. Wie viel kostet es, Spanisch zu lernen oder für ein Wochenende nach Paris zu fahren? Du musst nicht im Lotto gewinnen, um dir Träume zu erfüllen. Ich bin dankbar dafür, dass ich Erlebnisse wie Glamping sogar mit diesem Buchprojekt verbinden kann. Aber ich bin auch stolz darauf, dass ich den Eiffelturm bereits gesehen habe, als ich als Student noch jeden Cent umdrehen musste und in Paris in einer Absteige übernachtet habe. Stehen dir also nur Geiz oder Gier im Weg? Ich wollte als sehr junger Mensch zu viel und riskierte mein Geld ohne Verstand. Dabei hätte ich mir davon auch ohne Reichtum schon viele Erlebnisse leisten können.

Ein Erlebnis hat mich 2018 daran erinnert, wie sich das Glück sofort anschieben lässt. Wir hatten für Mission Money Oliver Noelting interviewt. Er nennt sich Frugalist und hat ein ambitioniertes Ziel: Er ist Anfang 30 und möchte bereits mit 40 die finanzielle Freiheit erreichen. Oder anders ausgedrückt: Er will in weniger als zehn Jahren von seinen Ersparnissen leben und nicht mehr arbeiten, also Rente on Demand wie der Fischer. Sein Plan in Kurzfassung: Oliver lebt sehr sparsam und legt bis zu 70 Prozent seines Netto-Einkommens von 2300 Euro zur Seite. Das Geld investiert er wiederum in ETFs. Später will er dann von den Kursgewinnen leben, indem er die ETFs stufenweise verkauft. Klingt nach Geizkragen, der den Spaß am Leben verloren hat. Aber Oliver wirkt sympathisch – und vor allem zufrieden. Er hat seinen Lifestyle gefunden.[49] Nach dem Interview bin ich neidisch auf Oliver. Wie kann jemand so bescheiden sein und doch so ausgeglichen wirken? Olivers Glück treibt mich so um, dass ich mir eine Liste von Dingen aufschreibe, die mich glücklich machen und die zu kurz kommen. Ganz oben stehen Reisen und Fotografieren. Ich hole sofort meine Canon aus der Schublade und überlege, was ich damit in meiner Wohnung anstellen kann. Am Ende wird es ein Selbstportrait, das sich in einem Bild spiegelt, das über meinem Esstisch hängt. Darauf steht »Just Breathe«, und im Hintergrund ist ein schwarz-weißer Wald zu sehen. Ich schreibe einen Blogartikel über den Frugalisten und meine Gedanken und mache das Selbstportrait zum Titelbild.[50] Am Abend buche ich noch einen Kurztrip nach Stockholm – drei Wochen später fliege ich alleine nach Schweden. Diese Tage werden sehr intensiv: Ich habe in Ruhe Zeit, um über mich und neue Projekte nachzudenken. Ich fotografiere so viel wie schon lange nicht mehr und setze das Motto von Neil Gaiman um: »Make great Art«. Die Bilder werden nicht außergewöhnlich, aber sie fühlen sich für mich besonders an, weil ich mich endlich wieder wie ein Künstler fühle. Die Tage in Stockholm sollten später auch einige Ideen für dieses Buch liefern. Und was macht dich sofort glücklicher? Sei derjenige, der du sein willst. Denn alles hat irgendwann eine Deadline.

• • • • • • • • • • • • •

Test yourself! Mach dir deine persönliche Bucket List, und du wirst erstaunt sein, was du dir heute schon alles leisten könntest. Unten kannst du dir deine fünf größten Wünsche eintragen:

1. _____
2. _____
3. _____
4. _____
5. _____

• • • • • • • • • • • • • • • • • •

HACK YOUR BRAIN:
WIE DU ENDLICH AN DICH GLAUBST

Hast du Lust auf ein Experiment? In diesem Kapitel will ich dir zeigen, wie unser Gehirn funktioniert und wie du es für mehr Motivation und Erfolg nutzt. Wir können mit unseren Gedanken sogar unseren Körper beeinflussen. Glaubst du nicht? Dann lies dir bitte den folgenden Text durch und führe das Experiment danach in deinen Gedanken aus.

Stell dir vor, eine Zitrone liegt vor dir auf dem Tisch. Sie ist richtig reif, strahlt gelb. Jetzt nimmst du sie in die Hand und fühlst, wie saftig sie ist, du riechst daran. Kannst du die Säure durch die Schale riechen?

Nun legst du die Zitrone auf ein Brett und schneidest sie durch. Der Saft quillt heraus.

Jetzt nimmst du dir die eine Hälfte und riechst wieder daran. Kannst du die Säure jetzt noch besser riechen? Und jetzt stell dir bitte vor, du beißt in die Zitrone und schmeckst, wie sauer sie ist.

Jetzt nimm dir bitte kurz Zeit, schließ deine Augen und spiele den Ablauf in deinen Gedanken durch ...

Und? Was ist dir aufgefallen?

Wahrscheinlich hat dein Mund mehr Speichel produziert und dein Gesicht hat sich verzogen, vor allem der Kiefer. Was will ich dir damit zeigen? Dass sich mit unseren Gedanken mehr steuern lässt, als wir wahrhaben wollen.

Tony Robbins erzählt in seinem Buch *Das Robbins Power Prinzip* eine faszinierende Geschichte. Er beschreibt ein Ereignis während eines Footballspiels in Monterey Park, einem Randbezirk von Los Angeles. Einige der Stadionbesucher erlitten im Stadion eine Lebensmittelvergiftung. Aber woher kam die Übelkeit? Ein Arzt kam schnell zur Diagnose: Alle Patienten hatten ein Getränk aus einem Automaten gekauft, und es musste die Ursache sein. Der Stadionsprecher warnte daraufhin vor dem Getränk und beschrieb die Symptome. Daraufhin brach im Stadion Panik aus! Menschen übergaben sich auf den Tribünen, fielen sogar in Ohnmacht. Selbst Menschen, die den Automaten nicht mal aus der Nähe gesehen hatten, entwickelten die Symptome. Und jetzt der Clou: Der Automat war doch nicht die Ursache – und auf einen Schlag waren die meisten Fans auf wundersame Weise geheilt.[51] Dieses Phänomen bezeichnet man als Placebo-Effekt. Es ist wissenschaftlich erwiesen: Wenn ich meinem Körper signalisiere, ich hätte keine Schmerzen, dann sendet er tatsächlich Stoffe aus, die die Schmerzen hemmen. Wir können also mit unserem Hirn unser Hirn steuern und unseren Körper gleich mit. Das ist eine mächtige Waffe. Und was könnte mehr motivieren als die Idee, dass wir alleine mit unseren Gedanken unser Leben verbessern können.

»Praktisch alles, was wir tun, verändert unser Hirn«, erklärt der Neurowissenschaftler Moran Cerf in seinem Ted Talk *Training Your Brain*.[52] Das Faszinierende am Hirn ist: Es kennt nicht den Unterschied zwischen tatsächlichen Erlebnissen und Dingen, die wir uns vorstellen. Denk an die Geschichte mit der Zitrone. Kennst du das Gefühl, wenn du aus einem Traum aufwachst und dich den ganzen Tag fragst, ob das nicht doch passiert sein könnte, was du geträumt hast? Die Psychologin Elizabeth Loftus bringt es in dem Ted Talk *Fiktion der Erinnerung* auf den Punkt: »Es lässt sich nicht unterscheiden zwischen falschen und echten Erinnerungen.«[53]

Was steckt dahinter? Eine wichtige Rolle spielt das retikuläre Aktivierungssystem. Es ist ein Netzwerk von Neuronen und funktioniert wie ein Filter. Und diesen Filter können wir selber programmieren. Es geht darum, worauf wir uns konzentrieren, und das gelangt durch den Filter und in unser Hirn. Das resultiert in selektiver Wahrnehmung: Frauen, die schwanger sind, sehen auf einmal überall Kinderwägen. Und wer sich ein weißes Auto kaufen will, dem fallen ab sofort alle weißen Wägen auf. Ähnlich funktioniert so ein Filter auch, wenn wir eine fixe Idee haben. Beispielsweise findest du die Facebook-Aktie spannend, und du willst sie kaufen. Dann wird dein Hirn ständig nach Argumenten für Facebook suchen.

Was machen wir aus dieser Erkenntnis? Es geht darum, unser Gehirn auf Erfolg zu programmieren und uns selber positiv zu betrachten. In der PR gibt es ein geflügeltes Wort: Erzähle es so lange, bis es die Leute glauben. Und genau so sollten wir uns selber erzählen, dass wir die Dinge schaffen können, die wir uns wünschen. Eine harte Aufgabe: Denn Zweifeln scheint eine der größten Stärken des Menschen zu sein. Wir haben alle Ängste, aber wir können lernen, sie objektiv einzuschätzen und unser Hirn neu zu programmieren. Hast du manchmal auch diese Momente, in denen deine Gedanken abschweifen? Wenn du auf der Couch sitzt und in eine Spirale des Selbstzweifels verfällst, nach dem Motto: Das bringt doch alles nichts! Das kann sehr gefährlich sein und deine Motivation gefährden. Achte auf Sätze wie:

»Das kann ich nicht.«
»Ich habe immer Pech.«
»Das bringt doch eh nichts.«
»Geld ist einfach nichts für mich.«

Wenn du schon 35 bist, bringt es doch eh nichts mehr, Aktien zu kaufen, das hättest du schon mit 20 machen müssen. Und heute habe ich eh schon ein Snickers gegessen, dann kann ich doch gleich noch drei essen. Und der Sport lohnt sich erst recht nicht mehr. Solche Denkweisen sind menschlich, aber sehr gefährlich. Nehmen wir noch ein anderes Beispiel: Du denkst, dass ein Arbeitskollege dich nicht mag. Dann wird dein Filter im Gehirn nur noch Sachen hereinlassen, die diese These bestätigen. Und dieser Glaube verfestigt sich immer stärker wie bei einer sich selbsterfüllenden Prophezeiung.

Stopp! Wenn du solche Gedanken hast, musst du einschreiten! Experten empfehlen, aktiv ein Stoppschild im Gehirn aufzustellen – kurz zur Ruhe zu kommen – und dann in den positiven Gang zu schalten. Wir müssen uns motivieren, indem wir uns in Richtung unserer Ziele treiben. Ich habe mir angewöhnt, negative Gedankenmuster zu unterbrechen und sofort die Aktion zu suchen. Wenn ich keine Ideen habe und am Schreiben zweifle, nehme ich ein Buch in die Hand. Wenn ich mich schlapp fühle, dann bewege ich mich. Und wenn ich schlecht über einen anderen Menschen denke und mich über sein Verhalten ärgere, dann versuche ich, mich auf seine positiven Eigenschaften zu fokussieren. Um unsere Gedanken zu ordnen, müssen wir zuerst überlegen, welche Sätze uns beschränken, die wir uns ständig vorsagen. Oben habe ich dir bereits ein paar Beispiele gegeben. Man spricht auch von limitierenden Glaubenssätzen. Überlege ganz genau, wer dir in deinem Leben gesagt hat, dass du etwas nicht kannst. Wir stecken mental oft noch im Stadium eines kleinen Kindes. Wir hören unterbewusst Stimmen, die uns entmutigen. Hat dir dein Vater in der Jugend das Werkzeug aus der Hand gerissen und dir gesagt, dass du zwei linke Hände hättest? Hat dich ein Mitschüler terrorisiert, weil du eine hässliche Brille getragen hast? Oder hat dir später ein Ex-Freund gesagt, dass du eine Versagerin bist? Schreib dir jene Blockaden auf, die immer wieder in deinem Kopf auftauchen.

Die Funktionsweise unseres Hirns findet auch Anwendung im Sport, der sogenannten Neuroathletik. Am Ende steht bei einem Sprinter eine Zeit – also sieht man den Output, aber was ist der Input? In der Informatik gibt es den Spruch: »Garbage in – Garbage out.« Wer ein System mit schlechten Daten füttert, wird am Ende keine guten Ergebnisse bekommen. Von dieser Erkenntnis können wir auch profitieren: Es ist wissenschaftlich erwiesen, dass sich sogar Bewegungsabläufe verbessern lassen, wenn wir unser Hirn mit einem positiven Vorbild füttern. Wer also Bewegungen von Profis studiert, kann seine eigene Technik verbessern. Es geht um Visualisierung. Wir können uns eben das Scheitern vorstellen, aber auch den Erfolg. Und warum sollten wir uns die Welt schwarzmalen?

Wenn du dich selber den ganzen Tag mit Müll fütterst, wird nichts Gutes dabei herauskommen. Müll kann Fast Food sein, Müll kann Trash-TV sein, aber Müll können auch die Gespräche sein, die wir mit uns selber führen. Bist du jemand, der sich selber bemitleidet und erklärt, warum er was nicht kann? Oder bist du dein eigener Coach, der dich pusht? Ich habe mir antrainiert, positiv mit mir selber zu sprechen. Mir gefällt die These des Psychologen Jordan Peterson: Betrachte dich selbst als jemanden, dem du helfen musst.[54] Wenn ich mir vorstelle, wie ich auf die Bühne gehe, dann strahlen mich die Menschen an, sie freuen sich, mich zu sehen. Wir sollten auch unsere Körpersprache darauf ausrichten und schon in Gedanken Kraft ausstrahlen. Und genau so sollten wir dann auch auftreten: Allein, wenn du aufrecht gehst und die Schultern zurücknimmst, lädst du deinen Körper mit Energie auf und strahlst Selbstbewusstsein aus. Emotion hat viel mit Körpersprache zu tun und kann tatsächlich über Körpersprache reguliert werden.[55] Glaubst du also, dass du erfolgreich wirst? Wenn jetzt ein Nein in deinen Gedanken auftaucht, dann stell sofort dein Stoppschild auf! Nimm dir kurz Zeit und dann denk daran: Erfolgreich kannst du nur werden, wenn du die giftigen und falschen Ideen in deinem Kopf zerstörst.

• • • • • • • • • • • •

Test yourself! Schreib auf, was dich zurückhält. Was sind deine limitierenden Glaubenssätze? Versuche diese Gedankenmuster sofort zu unterbrechen, wenn du sie wahrnimmst.

1. _____
2. _____
3. _____
4. _____
5. _____
6. _____
7. _____
8. _____
9. _____
10. _____

• • • • • • • • • • • • • • • • • •

SO GESTALTEST DU DEINE HELDENREISE

Sherlock würde jetzt aufstehen und gehen! Spätestens nach dem letzten Kapitel würde er mir alles über Logik an den Kopf werfen, was er jemals gelesen hat. Ich höre seine Worte, wenn ich die Augen schließe und ihn mir vorstelle: Logik sei die Kunst des Schlussfolgerns. Und Aristoteles würde sich als Vater der Logik im Grabe umdrehen. Aber wenn wir uns auf eines nicht blind verlassen sollten – dann auf Logik. Denn das Leben ist keine Mathematik. Selbst die Börse scheint nur aus Zahlen zu bestehen, aber die meisten scheitern beim Investieren an der Psychologie. John Maynard Keynes würde sagen: »Die Märkte können viel länger irrational bleiben als man selbst solvent.«[56]

Warum laufen Models mit Typen rum, die schlechter aussehen als sie? Warum verlieben wir uns überhaupt in andere Menschen? Warum nutzen wir Apple und nicht Samsung? Warum bezahlen Menschen bei Starbucks so viel Geld für einen Kaffee? Und warum glauben Menschen an Gott? Es müsste doch so vieles anders sein, wenn alles nach Logik laufen würde. Ich würde Sherlock sagen, dass er sich seine Logik sonst wo hinstecken könne. Weil sie niemals gegen eine gute Geschichte ankommt. Hast du schon mal von der Legende der Scheibenwelt gehört? Ein Mann soll einst behauptet haben, die Welt befinde sich auf dem Rücken eines riesigen Elefanten. Es kam folgende Frage: Worauf ruhe dann der Elefant? Er antwortete, der Elefant stehe wiederum auf einer riesigen Schildkröte. Und die Schildkröte? Auf dem Rücken einer noch größeren Schildkröte. Und diese Schildkröte? Der Mann verdrehte die Augen und streckte die Hände Richtung Himmel! Man solle sich keine Sorgen machen – von hier an seien es Schildkröten bis ganz nach unten. Die Legende basiert auf der indischen

Mythologie und wie bei so vielen erfolgreichen Geschichten geht es nicht um Logik.[57]

Menschen wollen eine Erklärung für die Welt, die Bilder in ihrem Kopf erzeugt und keine wissenschaftliche Abhandlung. Weil uns Emotionen zum Handeln bringen – und nicht Zahlen oder Worte. Das liegt wiederum an unserem Gehirn: Der Neokortex konzentriert sich auf rationales Denken und Sprache. Das limbische System dagegen zeigt sich verantwortlich für unsere Gefühle und Entscheidungsfindung, aber Sprache findet dieses System selber keine. Wir haben also einen Beamten und eine Künstlerin in unserem Kopf. Die Künstlerin liebt die Emotion und bringt uns zum Handeln, und der Beamte erklärt es dann in Worten. Überleg mal, warum du einen Menschen liebst. Der Beamte würde sagen: Weil sie witzig ist und wusste, wer das Gemälde »Guernica« gemalt hat. Aber witzig sind viele, und mit Picasso kennen sich auch einige aus. Es geht vielmehr darum, welche Emotionen wir auslösen. Die Künstlerin würde sagen: Ich habe mich bei ihm gefühlt wie die klügste und einzigartigste Frau der Welt, und er versteht mich.

Unsere Welt wird von Geschichten zusammengehalten, und sie lösen Emotionen bei uns aus. Das bekannteste Beispiel ist die Bibel, deren Erzählungen uns seit Jahrtausenden inspirieren. Aber wie nutzen wir diese Erkenntnis nun für unseren Erfolg? Ganz einfach! Was könnte mehr motivieren, als seine eigene Geschichte zu schreiben. Du entscheidest, ob du Held, Bösewicht oder Nebendarsteller bist. Aber was gehört zu einer guten Geschichte? Der Erfolgsautor Yuval Noah Harari nennt zwei Aspekte: Sie muss dir eine Rolle zuweisen, und sie muss deine Horizonte überschreiten.[58]

Zunächst geht es darum, die Story unserer Vergangenheit neu zu schreiben. Unser Leben besteht aus Erinnerungen und wie wir sie abgespeichert haben. Trotzdem können wir uns und anderen die Geschichte erzählen, wie wir wollen. Dafür müssen wir unser Gedächtnis verstehen: Unser Hirn arbeitet wie eine Excel-Abfrage. Wenn ich dich beispielsweise frage, wie du dich an deinem ersten Schultag gefühlt hast, dann ziehst du die Antwort aus einem gedanklichen Aktenschrank. Aber: Du steckst sie nicht wieder so zurück, wie du sie herausgenommen hast. Du änderst die Geschichte. Während du meine Frage beantwortest, kommen neue Gefühle dazu, und du füllst Erinnerungslücken mit anderen Gedanken. Jedes Mal, wenn wir eine Erinnerung abrufen, überschreiben wir sie also. Cerf erklärt in seinem Ted Talk *Training your Brain*, dass auch Psychotherapie im Grunde nicht anders funktioniere. Dem Patienten wird eine Frage gestellt wie: »Warum hat dich dein Freund verlassen?«[59] Und dann versucht man, im Gespräch die Antwort positiver zu gestalten. Es gibt also keine Wahrheit, es gibt nur Versionen davon. Nach dem Motto: »Jeder Mensch erfindet sich früher oder später eine Geschichte, die er für sein Leben hält.«[60] Und warum sollten wir unser Leben für eine miese Geschichte halten?

Unsere Erinnerungen funktionieren wie Anker und wir sollten uns an den stabilen festhalten. Stell dir vor, du baust dein Haus auf einem giftigen Fundament, also auf giftigen Erinnerungen. Dann ziehst du die negativen Akten aus deinem gedanklichen Schrank. Der Lehrer, der dich fertiggemacht hat. Der Chef, der dich gehasst hat. Und der Ex-Freund, der dich kleingehalten hat. Chuck Palahniuk hat festgestellt, dass Menschen sich so sehr in ihren Schmerz verlieben, dass sie ihn nicht zurücklassen können: »Genau wie mit den Geschichten, die sie erzählen. Wir gehen uns selbst in die Falle.«[61] Und genau damit machst du Schluss!

Donald Trump könnte seine Story so erzählen: Ich bin pleite gegangen, zigfach gescheitert, habe das Geld meines Vaters verzockt und mich an die Boulevard-Presse verkauft, um im Gespräch zu bleiben. Er hätte sich als Verlierer geschlagen geben können, aber er schaffte es sogar, als Präsident der Vereinigten Staaten zum mächtigsten Mann des Planeten aufzusteigen, weil er die Geschichte seines Lebens wie eine Heldenreise präsentiert hat. Er selbst hatte eine klare Rolle darin: der Held. Und das Ende war nicht abzusehen, weil er den Horizont immer weiter verschoben hat bis zum ultimativen Ziel. Ist er nun ein Irrer oder ein Genie? Das ist egal! Es geht nur darum, was du von ihm lernen kannst. Den unerschütterlichen Glauben an sich selbst. Deswegen überlegst du dir, welche fünf Ereignisse aus deiner Vergangenheit dich am meisten beschäftigen. Schreib sie dir auf und überlege, wie du sie vom Negativen ins Positive drehst. Dass dein erstes Investment gefloppt ist, zeigt nicht deine Unfähigkeit, sondern deinen Mut. Du musst deine Fehler umarmen und es gibt nur ein Narrativ: Deine Fehler haben dich stärker und besser gemacht. Und dann bist du bereit für den nächsten Schritt: Du treibst deine Heldenreise vorwärts. Wir haben bereits gelernt, dass wir ein Warum für unsere Story brauchen. Jetzt gilt es, ein Narrativ dafür zu finden. Welche Story möchtest du über dich erzählen? Wir erzählen immer Geschichten, selbst wenn wir nichts sagen. Doch Vorsicht! »Erinnerung funktioniert wie eine Wikipedia-Seite, du kannst sie umschreiben, aber das können auch andere Menschen«, erklärt die Psychologin Elizabeth Loftus bei ihrem Ted Talk *Die Fiktion der Erinnerung*.[62] Im schlimmsten Falle erzählen andere unsere Geschichte, aber lieber erzählen wir sie selbst!

Um deine ganze Kraft zu befreien, stell dir eine Frage: Was wäre, wenn? Mich machen diese Worte nervös, denn sie können mächtig sein. Was wäre, wenn du endlich dein Geld selber in die Hand nimmst? Was wäre, wenn du endlich den Partner findest, den du immer haben wolltest? Die besten Geschichten beginnen immer damit, dass wir Grenzen überwinden und wachsen. Und du bist der Regisseur deiner Heldenreise. Die Betonung liegt auf Reise, es geht nicht darum, von heute auf morgen ein Held zu sein, sondern einer zu werden.

Dafür schauen wir uns die klassische Heldenreise in Joseph Campbells Buch *Der Heros in tausend Gestalten* (von 1949) an. Er versuchte darin, den Wesenskern von Sagen und Religionen zu entschlüsseln. Das Buch war lange ein Geheimtipp, bis sich ein junger Regisseur an Campbell wandte. Er schrieb an einer Weltraumsaga, in der sich eine typische Heldengeschichte abspielte. Sein Name war George Lucas. Campbell zeigte ihm, wie Mythen funktionierten, und am Ende wurde er für ein Schema berühmt: die Heldenreise (siehe Abbildung auf der nächsten Seite). Bis heute funktionieren die meisten Filme nach dem Prinzip der Heldenreise: *Odysseus, Harry Potter,* Disney-Filme wie *Aladdin* oder eben Lucas' Weltraumepos *Star Wars* mit dem Helden Luke Skywalker.[63]

Die Heldenreise

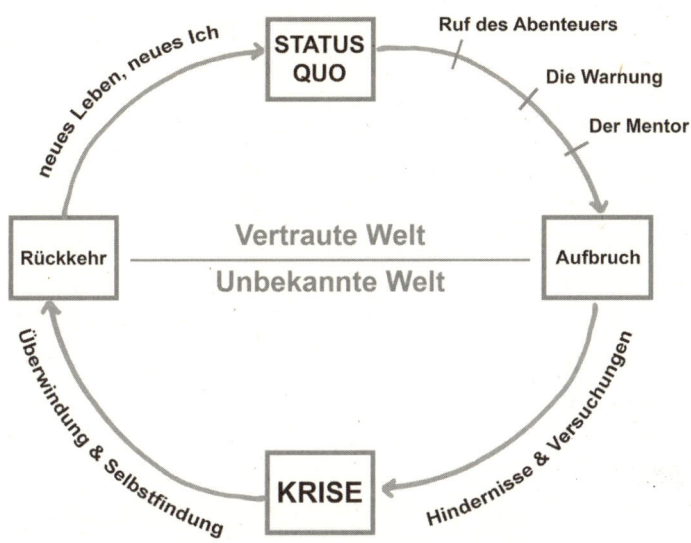

Abbildung 3: Eigene Darstellung in Anlehnung an Joseph Campbell

Die Heldenreise funktioniert in Kurzfassung so: Der Held beginnt in seinem Alltag, dort wird er zum Abenteuer gerufen. Er weigert sich, findet dann aber einen Mentor. Dann überquert er die Schwelle in eine andere Welt, besteht Prüfungen, findet neue Freunde, aber auch Feinde. Er taucht immer tiefer in die fremde Welt ein und absolviert die höchste Prüfung. Wenn er sie besteht, bekommt er einen Schatz und reist damit zurück in seine alte Welt. An der Schwelle erwartet den Helden eine letzte Prüfung, bevor die Welt von seinem Schatz und seiner Wandlung profitiert.

Um dich zu motivieren, solltest du dir ein konkretes Bild von deiner Zukunft zeichnen. Die Heldenreise braucht eine klare Visualisierung der Ziele. Alleine die Vorstellung, wie du in deinem Traumhaus wohnst und deinen Traumjob lebst, kann diese Emotionen und Motivation in dir auslösen. Du kannst mental vorwegnehmen, was du erreichen willst. Wenn es dir hilft, dann stell es dir nicht nur vor, sondern druck dir Bilder von deinem Traumhaus in der Toskana aus und hänge sie dir über den Schreibtisch. Damit bringst du auch wieder dein retikuläres Nervensystem auf die richtige Bahn: Der Filter in unserem Gehirn muss auf die Heldenreise getrimmt werden. Und du solltest in deinen Träumen nicht auf Nummer sicher gehen. Denn was motiviert dich mehr: Wenn du dir einen Tesla und eine Penthouse-Wohnung über den Dächern Münchens vorstellst oder einen alten Opel Corsa und eine Bruchbude? Du wirst dich nur dann wirklich anstrengen, wenn du auch ein Ziel hast, das dich stimuliert. Als ich mit YouTube angefangen habe, motivierte mich der Gedanke, dass Millionen Menschen meine Videos sehen würden. Und wenn ich diese Zeilen schreibe, träume ich davon, dass ich möglichst viele Menschen damit erreiche. Wenn ich laufen gehe, dann trainiere ich für ein Sixpack und nicht für eine kleinere Wampe! Verstehst du, was ich meine?

Aber unsere Ziele müssen immer mit unseren Werten übereinstimmen. Es geht nicht darum, einfach reich zu werden. Dann wirst du scheitern. Es geht um deine Mission und darum, wie du leben willst. Was sind deine Werte, für die du als Held sterben willst: Freiheit? Liebe? Selbstverwirklichung? Geld wird dann zum Katalysator und ermöglicht uns genau jene Dinge, die uns glücklich machen. Während dieses Buchprojektes habe ich öfters mit meiner Freundin rumgesponnen, dass ich dieses Buch schreibe, damit ich uns einen Bauernhof in der Nähe des Tegernsees finanzieren kann. Es hat mich tatsächlich angetrieben. Ich will möglichst erfolgreich sein und liebe Geld, aber in erster Linie, um mir damit Zeit zu kaufen für die Menschen, die ich liebe. Und dafür, um mich selbst zu verwirklichen, kreativ zu arbeiten, zu reisen und mich weiterzuentwickeln.

Betrachten wir noch ein Beispiel zu den Werten und Zielen: Eine Freundin von mir hat Textilwirtschaft und Marketing studiert, sie stieg schnell auf bei einem großen Modelabel und hätte immer mehr verdienen und Verantwortung tragen können. Aber sie ist so stark motiviert von Autonomie, dass sie das Handtuch warf, für zwei Monate nach Indien verschwand und sich danach selbstständig machte als Yoga-Lehrerin und Heilpraktikerin. Ich habe sie seitdem nie wieder über ihren Job oder ihr Leben schimpfen hören.

Die wichtigste Frage kommt zum Schluss: Was wäre, wenn du dich nicht auf die Reise machst? Dann findest du nie heraus, was passiert wäre. Und meistens bringt uns diese Ungewissheit um den Verstand. Ich will vermeiden, dass du mit 80 Jahren auf einer Veranda sitzt und alles aufzählst, was du hättest machen können. Du hast es jetzt in der Hand, dich auf deine Heldenreise zu machen und deinen Enkelkindern mal davon zu erzählen, wie du mit dem Investieren und deiner Karriere angefangen hast. Erinnere dich an das Vorwort dieses Buches: Wir können nicht alle ein Buch schreiben, aber jeder kann seine eigene Heldenreise gestalten.

• • • • • • • • • • • • •

Test yourself! Schreib dir fünf Ereignisse auf, die dich nicht loslassen, und versuche, sie vom Negativen ins Positive zu drehen:

1. _____
2. _____
3. _____
4. _____
5. _____

• • • • • • • • • • • • • • • • • •

DIE WELT WIRD IMMER BESSER

Herzlich willkommen bei »Wer kann die Welt so einschätzen, wie sie wirklich ist?«. Zum Ende des Motivationsteils will ich dir die ultimative Motivation mit auf den Weg geben. Die Auflösung gibt es gleich, erst wünsche ich mir von dir, dass du folgende zwei Fragen beantwortest:

Wo lebt die Mehrheit der Weltbevölkerung?
   A. In Ländern mit niedrigem Einkommen
   B. In Ländern mit mittlerem Einkommen
   C. In Ländern mit hohem Einkommen

In den letzten 20 Jahren hat sich die Anzahl jener Menschen, die in extremer Armut leben ...
   A. Fast verdoppelt
   B. Ist mehr oder weniger gleichgeblieben
   C. Fast halbiert[64]

Eigentlich ganz einfach, oder? Wer täglich Zeitung liest und YouTube-Videos schaut, der weiß, dass die Welt ein Moloch aus Katastrophen und Armut ist. Aber das stimmt nicht! Die meisten Menschen leben tatsächlich in Ländern mit mittlerem Einkommen und die Armut hat sich in den letzten 20 Jahren fast halbiert. Diese Fragen habe ich entlehnt aus dem Buch *Factfulness*. Es gibt noch viel mehr Fragen. Besuche am besten die Homepage des Tests und überzeuge dich selbst davon. Das Quiz wird übrigens auch von Bill Gates und Barack Obama empfohlen.

Der Professor Hans Rosling schildert in *Factfulness* detailliert, wie wir die Welt sehen und wie sie tatsächlich ist: Sie wird besser.

Und was könnte mehr motivieren als eine Welt, die sich weiterentwickelt. Aber soll man wirklich auf so einen naiven Glauben reinfallen? Wir stehen doch angeblich vor dem größten Umbruch der Menschheitsgeschichte. Künstliche Intelligenz soll Jobs vernichten wie nie zuvor, und die politische Lage gestaltet sich so heikel wie seit dem zweiten Weltkrieg nicht mehr. Täglich erzählen uns Crash-Propheten, warum die Welt morgen untergeht. Wie immer geht es dabei um Storytelling. Und die Erzählung von der schlechten Welt geht so: Unser System ist krank! Politiker und Konzerne wollen uns unterdrücken und eine neue Menschenrasse züchten. Kannibalen kochen uns am Tag des Jüngsten Gerichts in einem riesigen Kessel. Es ist lange gut gegangen, aber dieses Mal ist alles anders. Es ist der Wendepunkt! Der Tipping Point! Der Point of no Return! Jetzt heißt es: Die Welt geht unter! Ich finde diese Erzählung spannend, aber ich halte sie für Schwachsinn. Weil ich sie schon zu oft gehört habe. Machen wir einen kurzen Ausflug in die Historie der Crash-Propheten.

Beginnen wir im Jahr 1830: Nordeuropa und Nordamerika waren reicher als je zuvor, es herrschte zum ersten Mal seit längerer Zeit Frieden, und es kamen immer neue Innovationen auf: das erste Foto, Kettenbrücken und Dampfschiffe. Also war die Stimmung sicherlich gut, oder? Eher nicht. Wie heute zeichneten Rattenfänger düstere Bilder der Zukunft. Den Weltuntergang zu verkaufen ist eben eines der ältesten Geschäftsmodelle der Welt. Im Jahr 1830 veröffentlichte auch der Hofdichter des englischen Königshauses, Robert Southey, ein Buch mit dem Titel *Sir Thomas More: or, Colloquies on the Progress and Prospects of Society*. Darin begleitet sein Alter Ego den Geist von Thomas Morus, englischer Staatsmann und Autor des Werkes *Utopia*. Southey zeichnet ein düsteres Bild der Zukunft, indem er den Geist von Morus folgende Befürchtungen äußern lässt: bevorstehendes Elend, Hungersnot, Pest und Niedergang der Religion.[65] Es kam aber anders: In den kommenden Jahren schossen Wirtschaft und auch Lebenserwartung durch die Decke. Gerade die Einkommen der britischen Arbeiterklasse verdoppelten sich binnen 30 Jahren.

1892 schrieb ein Deutscher einen Untergangs-Bestseller: Max Nordau kündigte in seiner Schrift *Entartung* eine menschliche Katastrophe von nie gekanntem Ausmaß an.[66] In den USA verkaufte sich 1901 das Buch des Franzosen Charles Wagner mit dem Titel *The Simple Life* bestens. Darin rief er das Ende des Materialismus aus und prophezeite die Landflucht der Menschen, eben das einfache Leben auf einer Farm.[67] Der Klassiker *1984* von George Orwell erschien 1949, und er warnte darin vor einem totalitären Staat. Und selbst die Eröffnungsworte der Agenda für eine Konferenz der Vereinten Nationen 1992 in Rio de Janeiro zeichnete ein düsteres Bild: »Wir erleben eine Festschreibung der Ungleichheiten zwischen und innerhalb von Nationen, eine Verschlimmerung von Armut, (...) Krankheit (...) sowie die (...) Zerstörung der Ökosysteme (...).«[68]

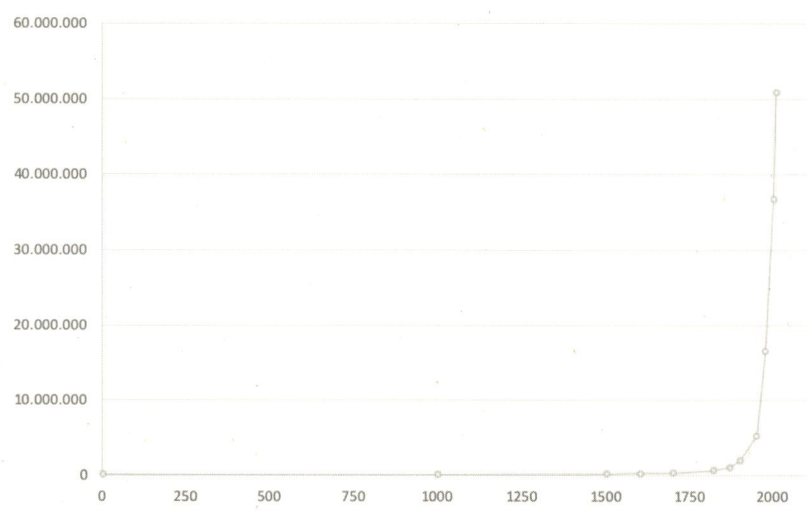

Abbildung 4: Eigene Darstellung in Anlehnung an Angus Maddison[69]

Die Erzählung von der guten Welt geht dagegen so: Es läuft alles, wir müssen hier und da anpassen, und dann wird es noch besser. Ziemlich langweilig, oder? Aber wer sich die Entwicklung des Bruttoinlandsproduktes (BIP) pro Kopf anschaut, muss leider zugeben, dass sich die Welt trotz aller Probleme und Rückschläge stetig verbessert.

Aber das will niemand in der Zeitung lesen. Und die Aufgabe von Journalisten besteht auch nicht darin, die Welt jeden Tag zu feiern, sondern auf Probleme hinzuweisen und Diskussionen anzuregen. Deswegen müssen provokante Zeilen her, und schlechte Nachrichten sind nun mal gute Nachrichten. In Zeiten, in denen Lügenpresse zum geflügelten Wort avanciert, sollten wir aber genauer darauf schauen, wie Journalismus überhaupt funktioniert. Es tobt ein Kampf um die Wahrheit, aber ein journalistisches Werk wird niemals den Anspruch darauf erheben. Es erzählt vielmehr eine Geschichte, einen Ausschnitt aus dieser Welt. Dafür stellt man eine These auf, beispielsweise: »Die USA sind ein ungerechtes Land.« Dann recherchiert man auf diese These hin, der Rest wird ausgeblendet. Kritiker vermuten dann Manipulation, aber komischerweise nur, wenn ihnen die These nicht passt. Deswegen hier eine kurze Anleitung zum kritischen Denken: Gewöhne dir an, grundsätzlich die Gegenposition einzunehmen. Wer einen Text über ein ungerechtes Land liest, sollte unbedingt auch einen über ein gerechtes lesen und sich dann eine Meinung bilden. Und frage dich immer, wer eine Information streut und was er damit bezweckt. Cui bono? Wem nützt es also? Beispielsweise erzählt ein YouTuber dir jeden Tag, dass die Börse untergeht und die Welt gleich mit. Will er vielleicht nur die Klicks hochtreiben oder noch gleich einen exklusiven Newsletter verkaufen? Sei immer kritisch, wenn jemand den Untergang prophezeit. Erfolgreiche Menschen warten nicht auf den Untergang, sie suchen ihre Chance. Crash oder Chance: Was motiviert dich mehr?

An der Börse werden kurzfristig auch gerne Horrorszenarien gespielt. Wir erleben Handelskriege und zittern, wenn es Konflikte zwischen den USA, Nordkorea oder dem Iran gibt. Das bewegt die Kurse. Der Vater der Aktienanalyse, Ben Graham, bezeichnete die Börse in der kurzfristigen Betrachtung als Stimmungsmaschine. Kurzfristig dominieren unser Leben Sorgen und Ängste, aber langfristig entwickeln wir uns trotzdem stetig weiter, weil die Börse und die Welt langfristig wie eine Abwägungsmaschine funktionieren. Früher oder später pendelt sich ein Gleichgewicht ein. Wer sich von den Crash-Propheten verunsichern lässt, traut sich nie zu investieren und verpasst Chancen. Die wirklich erfolgreichen Menschen, die ich kennengelernt habe, denken positiv. Sie sehen die Welt so, wie sie ist: ein Ort voller Probleme, aber genau dadurch entstehen erst die Chancen. Sie sind auf den Ernstfall vorbereitet, aber hoffen immer auf das Beste. Der Investor und Milliardär Ken Fisher warnt in seinem Buch *Börsen-Mythen enthüllt für Anleger* Aktien abzuschreiben, weil die Welt viel zu beängstigend wäre.[70] Er führt auf mehreren Seiten Ereignisse auf, die die Welt in Schockstarre versetzten, und zeigt, dass die Aktienkurse trotzdem gestiegen sind. In der folgenden Tabelle zeige ich dir nur ein paar Beispiele für die verkehrte Welt.

Jahr	Ereignis	Rendite des MSCI-World-Index
1941	Pearl Harbor; Deutschland marschiert in die UdSSR ein; USA erklären Japan, Deutschland und Italien den Krieg	+19%
1961	Bau der Berliner Mauer; Invasion in der Schweinebucht misslingt	+21%
1987	Größter Verlust des Dow Jones in der Historie	+16%
2009	Arbeitslosigkeit steigt über 10%; Rettung US-amerikanischer Autohersteller	+30%

Kurzfristig müssen Investoren Schocks verkraften, aber wer sich die Tragödien der letzten 80 Jahre anschaut, erkennt, wie stabil sich die Börse selbst nach den dunkelsten Stunden der Geschichte zeigte. Langfristig verlieren eben nur die zittrigen Hände.

Während ich diese Zeilen in die Notizen meines iPhones tippe, sitze ich in einem Restaurant in der Nähe von Deia, im Westen Mallorcas. Ich schaue auf das blaue Meer und überlege mir, was Robert

Southey dazu sagen würde: Ich habe gerade den besten Oktopus meines Lebens gegessen und stechend scharfe Bilder mit meinem iPhone davon gemacht. Per WhatsApp kann ich die Bilder mit Freunden und Familie teilen, auf Instagram inspiriere ich die Welt mit diesem einzigartigen Ort. Zum Restaurant gefahren sind wir mit einem Automatikauto, das Navigationssystem von Google Maps hat uns den Weg gezeigt. Du magst mich für naiv halten, aber ich glaube daran, dass diese Welt immer besser wird. Und ich glaube, dass der Dax in zehn Jahren bei 20.000 oder gar höher stehen wird. Mich wird der Glaube an das Gute immer motivieren. Wenn dir der nächste Crash-Prophet begegnet, dann frag ihn, ob er die Meinung von einem der bekanntesten Ökonomen der Geschichte zu dem Thema Niedergang der Welt kennt. Adam Smith schrieb schon vor mehr als 200 Jahren, dass kaum fünf Jahre vergehen würden, in denen nicht eine Schrift veröffentlicht würde, laut der angeblich »der Wohlstand der Nation schnell abnehmen (...) das Land entvölkert, die Landwirtschaft vernachlässigt, die Produktion verfallen und der Handel annulliert würde.«[71] Aber dieses Mal soll alles anders sein? Wahrscheinlich nicht ...

• • • • • • • • • •

Test yourself! Hier kannst du das Quiz mit allen 13 Fragen absolvieren – http://factfulnessquiz.com/

• • • • • • • • • • • • • • • •

TEIL II
ERFOLG

DIE ERFOLGSLÜGE ODER WARUM ERGEBNISSE GAR NICHTS BEDEUTEN

Stell dir vor, ich würde dir jetzt 50.000 Euro schenken. Der Haken daran wäre: Wir legen noch schnell Spielregeln fest. Du musst das Geld sofort anlegen und hast dafür drei Fondsmanager zur Auswahl. Du bekommst zu jedem Fondsmanager aber nur eine Info und musst dich dann entscheiden!

Der erste Fondsmanager heißt Adam Monk: Er liefert seit Jahren eine überdurchschnittliche Performance ab.

Die zweite Fondsmanagerin heißt Lusha: Sie gehört zu den besten 10 Prozent in ihrer Peer-Group.

Der dritte Fondsmanager heißt John Doe: Er hat in zehn Jahren noch nie die Benchmark geschlagen.

Welchem Fondsmanager würdest du dein Geld anvertrauen? Wahrscheinlich würdest du A oder B nehmen. Aber dann müsste ich dir das Geld leider wieder wegnehmen, denn du hättest es Affen anvertraut. Tatsächlich setzte die Tageszeitung *Chicago Sun-Times* mehrere Jahre einen Kapuzineraffen namens Adam Monk mit Bleistift vor den Kursteil des *Wall Street Journal*. Jene fünf Aktien, die er am eindeutigsten markierte, wurden gekauft und für ein Jahr lang gehalten. Und tatsächlich schlug der Aktienaffe den amerikanischen Leitindex Dow Jones über mehrere Jahre.[72] Auch die Fondsmanagerin ist ein Affe: Lusha wählte ihre Aktien aus, indem sie sich für Bauklötze entschied. Sie erreichte in einem inoffiziellen Wettbewerb eine Platzierung unter den besten 10 Prozent der russischen Fondsmanager.[73] Was lernen wir daraus? Wir sollten Ergebnisse niemals überschätzen. Im Englischen spricht man von *Resulting*, wenn man Ergebnisse bewertet, ohne den Prozess davor zu beachten.

Gerade Pokerspieler benutzen den Begriff *Resulting* gerne, weil sie nicht aufs Ergebnis schauen, sondern nur bewerten, ob sie eine richtige Entscheidung getroffen haben oder nicht. Poker ist als Glücksspiel verschrien, dabei geht es um Strategie und Mathematik. Wer immer die Wahrscheinlichkeit auf seiner Seite hat, sollte langfristig öfter gewinnen, als verlieren. Pokerprofis wissen genau, wie hoch die Chance in den meisten Situationen ausfällt. Stell dir folgende Szene vor: Du hältst zwei Asse auf der Hand, und dein Gegner schiebt alle Chips in die Mitte. Du musst mitgehen, weil du die bestmögliche Starthand hältst. Du schließt also eine Wette ab, bei der du sicher eine größere Siegchance hast als dein Gegner. Im schlechtesten Fall hält er ebenfalls zwei Asse und es läuft zu 95,60 Prozent auf ein Unentschieden hinaus. Du schiebst also ebenfalls alles in die Mitte, es kommt zum Showdown, und dein Gegner zeigt zwei Könige. Du hast eine Sieg-Wahrscheinlichkeit von 82,4 Prozent, doch trotzdem wirst du diese Hand ab und zu verlieren, eben in 17,1 Prozent der Fälle. Es bleibt noch eine minimale Rest-Wahrscheinlichkeit dafür übrig, dass das Duell unentschieden endet (0,5 Prozent). Aber war deine Entscheidung deswegen falsch, wenn du mal den Kürzeren ziehst? Nein, es wäre ein Fall von *Resulting*, wenn du wegen einer verlorenen Hand deine richtige Entscheidung schlecht reden würdest. Es wäre ja auch absurd, denn das würde bedeuten, dass du beim nächsten Mal die beiden Asse wegwerfen müsstest, obwohl du mit einer Wahrscheinlichkeit von 82,4 Prozent gewinnst.

Es sind noch wenige Sekunden zu spielen im Etihad Stadium und Manchester City braucht dringend ein Tor im Champions-League-Viertelfinale gegen die Tottenham Hotspur. Die Mannschaft von Trainer Pep Guardiola liegt in den Schlussminuten zwar mit 4:3 Toren in Front, aber das Hinspiel hat sie in London mit 0:1 verloren und kommt deswegen nur mit einem 5:3 ins Halbfinale. Dann kommt die entscheidende Szene: Tottenham-Spieler Christian Eriksen verändelt den Ball, Citys Bernardo Silva kommt an den Ball, spielt Aguero an, der in den Strafraum eindringt, verzögert und Raheem Sterling anspielt. Der verzögert auch und schießt den Ball ins Netz. Tor! Es ist die dritte Minute der Nachspielzeit, und Manchester City steht in diesem Moment im Halbfinale. In letzter Sekunde scheint der Triumph zu gelingen, die Fans im Stadion rasten aus, Guardiola springt jubelnd an der Seitenlinie entlang. Er hatte kurz zuvor den deutschen Nationalspieler Leroy Sané eingewechselt, die beiden Stürmer Gabriel Jesus und Riyad Mahrez aber auf der Bank gelassen, er scheint alles richtig gemacht zu haben. Aber dann kommt der Schock: Der Video-Schiedsrichter schaltet sich ein, und in der Wiederholung ist zu erkennen, dass Aguero vor dem Tor um Haaresbreite im Abseits stand. Wenige Zentimeter entschieden also über Sieg und Niederlage. Ist Guardiola nun ein guter oder ein schlechter Trainer? Wer das Ergebnis beurteilt, muss ihn für einen schlechteren Trainer als seinen Konkurrenten Mauricio Pochettino halten, aber so einfach sollten wir uns das Leben nicht machen. Sieg und Niederlage lassen im Nachhinein eine Entscheidung genial oder fatal erscheinen, und wir schließen nur zu gerne von guten Ergebnissen auf schlaues Verhalten und wollen es kopieren. Es können aber auch Dummköpfe reich werden und Affen Aktien besser auswählen als Menschen. Aber setzen wir uns jetzt einen Affen für unsere Finanzplanung hinter den Schreibtisch? Natürlich nicht.

Wenn wir nur auf die Ergebnisse schauen, verwechseln wir auch oft Ursache und Wirkung. Schuld daran ist das sogenannte *Undersampling of Failure*, also die zu geringe Berücksichtigung von Fehlschlägen in der Stichprobe.[74] Nehmen wir an, du stellst dir ein Aktiendepot zusammen, und bei der Recherche fällt dir auf, dass in den letzten Jahren jene Konzerne am besten abgeschnitten haben, die besonders viel in Digitalisierung investiert haben und damit mindestens 50 Prozent über dem Branchenschnitt lagen. Aber jetzt überleg mal, wie viele Firmen es gibt, die auch viel investiert haben, aber trotzdem schlecht performt haben an der Börse. Das Ergebnis alleine rechtfertigt nicht die Handlung und dient auch nicht zum Nachahmen.

Der Champagner kam durch eine Fehlleistung zustande, eine falsche Gärung machte den Wein zu sauer. Auch die Tarte Tatin entstand durch ein Missgeschick: Einer der beiden Schwestern Tatin fiel ein Apfelkuchen aus den Händen und landete auf der Apfelseite. Daraufhin packten sie ihn mit der Fruchtseite nach unten wieder in die Form, bedeckten ihn mit frischem Teig und backten ihn einfach nochmal. Mark Zuckerberg hat die Uni geschmissen, und am Ende schaffte er mit Facebook doch den Durchbruch. Falsche Gärung bringt uns also neuen Champagner? Und wer die Uni schmeißt, hat am Ende mehr Erfolg? Vorsicht, *Resulting*! Und hier kommt auch noch der *Survivorship Bias* ins Spiel: Wir konzentrieren uns lieber auf die Überlebenden und feiern sie als Helden, die Opfer vergessen wir gerne. Überleg mal, wie viele Kelterer einen Wein versaut haben, wie viele Köche einen neuen Kuchen ausprobiert haben und am Ende gefeuert wurden. In der Presse tauchen aber nur die Wunder auf. Natürlich kannst du erfolgreich werden, wenn du dein Studium schmeißt, aber in den Medien stechen nur die Zuckerbergs heraus, von arbeitslosen Studienabbrechern liest man eher selten.[75]

»Ich lasse mir doch nichts sagen von jemandem, der selbst nicht reich ist«, sagt mir ein Interviewgast bei Mission Money, nachdem die Kameras ausgeschaltet sind. Unser Gast schwört auf Menschen, die es in seinen Augen schon geschafft haben. Menschen, die auf einer Bühne stehen und die besten Strategien für den Vertrieb anpreisen. Er schwärmt mir von Seminaren vor, die er besucht hatte, um sich weiterzubilden. Auf die Frage, was er von seinen Vorbildern gelernt habe, kann er aber nur mit Phrasen antworten. Ich habe mich vor allem gefragt, ob unser Gast auch bei jedem seiner Vorbilder den angeblichen Reichtum überprüft hat. Das erinnert mich an einen Post bei Instagram von einer dieser unzähligen Erfolgsseiten, die regelmäßig wissen wollen: Wofür würdest du dich entscheiden?

A: 1 Million Dollar.
B: Ein Leben lang kostenlos reisen.
C: Eine 50-prozentige Chance auf 100 Millionen Dollar.
D: Ein Jahr lang mit dem reichsten Menschen der Welt verbringen.

Ich habe die Frage in meine Instagram-Story gepackt und meiner Community gestellt. Überraschenderweise haben sich viele für Antwort D entschieden. Grundsätzlich finde ich es auch reizvoll von den Besten zu lernen. Aber ich weiß in diesem Fall nicht mal, wer der reichste Mensch der Welt sein soll und vor allem, warum er reich geworden ist. Hat er vielleicht einfach geerbt und liegt den ganzen Tag mit Dom Perignon im Glas und Cohiba in der Hand am Strand einer Privatinsel in der Karibik? Und warum soll man sich für einen Mentor entscheiden, wenn man ganz viele haben kann und sich von jedem das Beste raussuchen kann?

Wer erfolgreich werden will, sollte niemals auf die Erfolgslüge hereinfallen! An ihren Taten sollt ihr sie messen, nicht an ihren Ergebnissen. Sherlock hat mir mal von der Hemingway-Legende erzählt. Es soll einen Mann gegeben haben, der wollte so schreiben wie Ernest Hemingway. Dafür analysierte er den Schriftsteller genau: Der Nobelpreisträger gilt als einer der größten Trinker unter den Literaten, er mochte besonders Wein und Daiquiri und auch Zigarren. Also fing unser Freund schon mittags an zu saufen und zu rauchen. Er ließ sich auch einen Bart wachsen wie Hemingway und ging auf Safari in Afrika. Ob er sich am Ende erschossen hat wie Hemingway, ist leider nicht überliefert, aber schreiben konnte er definitiv nie wie sein Idol. Wenn du ein Start-up gründen willst, musst du auch keinen Hoodie tragen. Nur weil die Form stimmt, muss noch lange nicht der Inhalt passen. Und auf den kommt es nun mal an. Der Rahmen für deinen Inhalt muss natürlich auch stimmen – sei dir dessen bewusst. Du kannst die besten Inhalte der Welt haben, wenn niemand davon erfährt und du sie nicht präsentierst, dann wirst du genauso scheitern wie unser Hemingway-Fan. Aber der Rahmen muss zu dir passen und zum Inhalt. Wer sich einen zu großen Rahmen überstülpt, wird als Blender auffliegen, und wer gar keinen Rahmen hat, wird nicht existieren in dieser Welt. Sei du selbst und versuche nicht, den Hemingway zu spielen, weil dir andere erzählen, so würdest du erfolgreich. Wer auf solche Erfolgslügen reinfällt, hat vielleicht eines dieser Bücher gelesen, die die Geheimnisse der Schönen und Reichen entschlüsseln wollen. Nimm einfach ein bisschen Leidenschaft, pack Disziplin und Authentizität dazu und schon bist du der neue Star! Mich erinnert es daran, wie ich mir früher als Kind dieselbe Frisur gemacht habe wie meine Fußballidole. Erst war es die Frisur von Christian Ziege und später von Carsten Jancker. Ich habe mir auch immer dieselben Schuhe gekauft wie Mehmet Scholl, zum Profi hat es bei mir leider trotzdem nicht gereicht.

Oft spielt auch das Schicksal eine Rolle beim Erfolg und gerade bei Sportlern das Alter. Mitte der 1980er-Jahre stieß der kanadische Psychologe Roger Barnsley zum ersten Mal auf das Phänomen des relativen Alters. Tatsächlich brachte ihn seine Frau darauf, dieses Phänomen genauer zu untersuchen. Barnsley war mit der Familie gemeinsam bei einem Eishockeyspiel der Lethbridge Broncos im südlichen Alberta, als seiner Frau beim Blick auf den Spielerkader auffiel, dass praktisch alle im Januar, Februar oder März Geburtstag hatten. Barnsley wollte es genauer wissen und untersuchte sämtliche Eishockeykader von den Junioren bis zur höchsten Spielklasse NHL. Das Ergebnis: 40 Prozent der Spieler waren zwischen Januar und März geboren, 30 Prozent zwischen April und Juni, 20 Prozent zwischen Juli und September und nur 10 Prozent zwischen Oktober und Dezember. Was steckt nun hinter den Geburtstagen? Wer Anfang des Jahres geboren wird, hat einen Vorteil, weil er immer zu den Älteren zählen wird. Der Stichtag für die Unterteilung in Altersklassen ist beim kanadischen Eishockey nämlich der 1. Januar. Wer beispielsweise am 5. Januar zehn Jahre alt wird, kann mit einem anderen Jungen im Team spielen, der erst ganz am Jahresende dasselbe Alter erreicht. Dieser Vorsprung beim Alter kann massive Vorteile bei der Physis mit sich bringen.[76]

Zwei der bekanntesten Eishockeyspieler sind tatsächlich auch im ersten Quartal geboren: Jaromír Jágr und Wayne Gretzky. Auch die Fußballer Cristiano Ronaldo, Luis Suárez und Sergio Ramos sind Beispiele für das relative Alter. Im Fußballverein hatte ich früher auch große Probleme, wenn es eine Altersklasse nach oben ging und ich unter den Jüngeren war. Sich als Leichtgewicht gegen Jungs durchzusetzen, die mit 14 Jahren schon 1,80 Meter maßen und 80 Kilo wogen, war mit bescheidenem Talent unmöglich. Die Erfolgslüge hat also viele Facetten, aber am Ende gibt es nur eine Lösung: Wir müssen Erfolg für unser selber definieren und können ihn nicht kopieren.

Und nochmal zurück zur Frage auf Instagram: Ich würde übrigens A nehmen, also die Million Dollar, den Großteil in Aktien investieren, dann könnte ich das lebenslange Reisen aus Dividenden finanzieren.

SEI NICHT WIKIPEDIA, SEI EIN FREAK!

Eine blonde Lego-Figur blickt mir entgegen, sie trägt einen giftgrünen Frack, Applaus ertönt, und im Hintergrund zeichnet sich unscharf ein Schloss ab. Aus dem Off kommt eine Stimme: »Guten Tag, meine Damen und Herren, ich freue mich, dass sie da sind, denn ich glaube an das Gute in jedem Einzelnen von ihnen. Kann ich irgendwas für Sie tun? Brauchen Sie was? Brauchen Sie Geld vielleicht?« Dann bricht die Stimme ab, eine menschliche Hand greift ins Bild, schiebt die Lego-Figur nach hinten und kommentiert die Aktion mit: »Vielen Dank erst mal, Fürst Myschkin. Man muss ihn immer ein bisschen bremsen. Denn um ihn geht es heute, in: der Idiot von Fjodor Dostojewski.«[77] In diesem Moment schaue ich den YouTube-Kanal »Sommers Weltliteratur to go« auf meinem iPhone. Sommer hat bereits mehr als 320 Videos hochgeladen, mehr als 90.000 Abonnenten und mehr als 13 Millionen Aufrufe.[78] Das Konzept ist einfach, aber trotzdem einzigartig: Sommer spielt mit Lego-Figuren in wenigen Minuten die Plots von Klassikern nach wie Faust und Madame Bovary. Jetzt stell dir mal vor, jemand hätte dir vor 20 Jahren gesagt: Nimm ein paar Lego-Figuren, zieh ihnen Kostüme an, spiel damit Klassiker der Weltliteratur nach, film dich dabei und zeig es möglichst vielen Menschen und das auch noch gratis! Dann hättest du ihn wohl für irre erklärt. Aber genau solche Freaks brauchen wir heute und nicht noch 100 Wikipedias!

Wir leben in einer Kreativwirtschaft, sie ändert sich immer schneller, und Aufmerksamkeit schenken wir nur noch denjenigen, die sich am besten präsentieren. Einstein wusste schon, dass Wissen begrenzt ist, doch unsere Kreativität nicht. Also musst du ein Freak werden! Freak mag negativ klingen, aber damit hast du in dieser Welt Vorteile, und die werde ich dir gleich zeigen. Leider werden wir in der Schule zum Gegenteil erzogen: zu angepassten Allgemeinwissensmaschinen. »Lernen bedeutet nicht, Fässer zu füllen, sondern Fackeln zu entzünden«, sagte Heraklit bereits vor 2500 Jahren. Allgemeinbildung muss sein, aber heutzutage sollte sich niemand mehr auf seine Schulbildung verlassen. Sonst gehst du der Erfolgslüge auf den Leim: In der Schule geht es nämlich meistens nur um einen Weg zum Erfolg. Fehler werden bestraft, mit *Growth Mindset* hat das nichts zu tun. Da gefällt mir das finnische Bildungssystem schon viel besser! Die Klassen sind kleiner, die Individualität ist größer. Erst ab dem elften Lebensjahr gibt es Noten, Hauptfächer spielen eine geringere Rolle, das Lernen wird individuell auf die Schüler zugeschnitten. Das Ergebnis: Finnland zählt als Zwerg mit 5,5 Millionen Einwohnern zu einem der innovativsten Ländern der Welt: Nur in Japan, Südkorea und Israel melden die Einwohner mehr Patente pro Kopf an.[79] Bei der Pisa-Studie landen die finnischen Schüler meistens ganz vorne.[80] Und auch das Bruttoinlandsprodukt (BIP) pro Kopf fällt für ein so kleines Land wie Finnland sehr hoch aus, – beispielsweise landen die Finnen vor Deutschland, Großbritannien und Frankreich.[81]

Was steckt hinter solchen Erfolgen? In dieser Welt triumphieren nicht die Menschen ohne Schwächen, sondern die Menschen mit Stärken. Ich liebe die Idee, dass wir alle Experten werden, eben ein Freak für jene Dinge, die wir gut können und deswegen lieben. Freaks fallen auf! Und das wird immer wichtiger. Wie du dich möglichst teuer verkaufst, dazu kommen wir gleich im nächsten Kapitel, der richtige Rahmen klang ja bereits im letzten Kapitel an. Aber schauen wir uns erst mal das Problem an: Wir passen alle immer weniger auf. Laut einer Microsoft-Studie haben sogar Goldfische mittlerweile eine höhere Aufmerksamkeitsspanne – sie hält neun Sekunden, beim Menschen nur noch acht.[82]

Jeder produziert heute Content, auf YouTube, Instagram, Twitter, seinem Blog oder sogar auf WhatsApp. Content ist aber nicht gleich Content. In dieser Welt zählt, wie du kommunizierst, wie du sprichst, wie du Design beherrscht. Am besten kannst du noch selber Videos produzieren oder professionelle Texte schreiben. Denn egal, ob du Lego-Figuren schauspielern lässt oder das beste Craft-Beer der Welt braust, die Welt sollte davon erfahren. Aber dafür musst du aus der Masse herausstechen! Der beste Tipp, den ich jemals dafür bekommen habe: Sei extrem, und geh dann noch einen Schritt weiter! Du erinnerst dich daran, dass eine gute Geschichte unseren Horizont überschreiten sollte. Es geht nicht darum, möglichst verrückt zu sein. Als Freak geht es darum, möglichst gut in einer Sache zu werden. Denn Freaks sind Experten! Von Zuckerberg und Co. kannst du also nicht lernen, die Uni zu schmeißen, sondern richtig gut in deinem Spiel zu werden. Eine ehemalige Kollegin von mir liebt Bier und hat ihre Leidenschaft zum Beruf gemacht. Sie wurde die erste Craft-Beer-Bloggerin Deutschlands und reist seit Jahren um die Welt, um neue Biere zu testen und als Jury-Mitglied die besten Craft-Biere zu beurteilen. Am besten spielst du dein Spiel so gut und individuell, dass gar kein anderer mehr mitspielen kann. Die anderen bleiben dann höchstens die billige Kopie von dir!

In dieser Welt zählt einzigartige Arbeit immer mehr. Dafür müssen wir aber erst mal verstehen, welche Arbeit wir ausführen können. Verhaltensforscher unterscheiden zwischen algorithmischer und heuristischer Arbeit. Ein Algorithmus funktioniert in der Regel wie eine Handlungsanweisung mit mehreren Schritten, die vorab genau definiert sind und sich wiederholen: Deswegen verstehen wir darunter monotone Arbeit, beispielsweise am Fließband. Ein Beispiel für einen Algorithmus ist auch ein simples Kochrezept. Das Gegenteil ist die Heuristik. Dabei geht es ums Suchen und Finden. Ein bekanntes Beispiel ist das Prinzip *trial and error*, etwa eine Marketing-Kampagne auf Facebook. Sie lässt sich nicht stur für verschiedene Marken und Zielgruppen gleich umsetzen, sondern sie muss jeweils maßgeschneidert, getestet und angepasst werden. Genau diese Heuristik, das Experimentieren, zählt.

Wir leben in einer Welt, in der algorithmische Jobs überflüssiger werden. An manchen Kassen zahlst du schon selber ohne Personal, und auch am Flughafen checkst du dein Gepäck oft selber ein. Roboter und Maschinen nehmen uns Arbeit ab. Jeden Tag kommen neue Studien heraus, die uns die Wahrscheinlichkeiten dafür vorrechnen, wann uns ein Roboter ersetzen wird. Aber ich erinnere dich nur an die ewige Story der Crash-Propheten: Es muss irgendwie weitergehen, – und es wird weitergehen. Also überlegen wir uns, wie wir unsere heuristische Heldenstory schreiben.

Helden sind einzigartig, und Freaks sind eine Marke! Lass uns diese beiden Stärken vereinen, und du wirst unverzichtbar. An erster Stelle muss deine Stärke stehen: Was begeistert dich? Und worin kannst du besser werden als alle anderen? Bist du ein Freak in Sachen klassischer Musik, für Überraschungseier-Figuren oder Craft-Beer? Dann spiel dein Spiel, und du wirst der Experte in deiner Nische. Dabei hilft uns ein Tool aus dem strategischen Management von Michael Porter: Entweder besetzt du einen Nischenmarkt und verlangst dafür hohe Preise, oder du besetzt einen sehr breiten Markt und kannst die Preise dominieren.[83] Einen extremen Nischenmarkt besetzt du beispielsweise, wenn du der einzige Online-Händler in Deutschland für exklusiven Übersee-Rum bist. Dann kannst du auch höhere Preise verlangen. Das andere Extrem wäre Amazon. Dann bist du der Kostenführer und setzt auf einen hohen Marktanteil. Der größte Fehler bei diesem Modell ist, wenn du dich in der Mitte positionierst – dann bist du *stuck in the middle* – man könnte auch sagen: weder Fisch noch Fleisch. Diese Idee sollten wir für unser Wissen adaptieren. Wir können nicht alles wissen, und wenn wir von allem ein bisschen was können, dann braucht uns auch keiner so wirklich, denn dafür gibt es schon Wikipedia und Google. Das Ziel muss sein, »Google-proof« zu werden. Stell dir vor, du bist der Einzige in deinem Unternehmen, der jede Frage zu chinesischen Aktien oder Palladium beantworten kann. Google wäre damit schnell überfragt. Aber als Freak wirst du mit deinem Fachwissen unverzichtbar. Der ultimative Freak kombiniert sein Fachwissen dann noch mit einem Erlebnis und präsentiert sein Wissen einzigartig.

Erzähle mir eine gute Geschichte und ich kaufe dein Produkt. Und schon sind wir wieder bei unserem Freund mit den Lego-Figuren. Die entscheidende Frage ist nicht, wie viel du weißt, sondern was du weißt.

Und vielleicht ist es der größte Erfolg im Leben, seine Rolle in dieser Welt zu finden und sein eigenes Spiel zu spielen. Sei extrem – und geh dann noch einen Schritt weiter.

• • • • • • • • • • • • •

Test yourself! Schreibe dir drei Themen auf, in welchen du dich richtig gut auskennst. Worin könntest du Experte werden? Je spezieller, desto besser.

1. _____
2. _____
3. _____

• • • • • • • • • • • • • • • • • • •

VERKAUFE DEINE SEELE – UND ZWAR SO TEUER WIE MÖGLICH

Stell dir vor, du hättest zwei Dates an einem Abend und müsstest dich danach entscheiden, welche Frau du heiraten wirst. Darf ich dir Kate vorstellen, sie ist 28 Jahre alt und erfolgreiche Ärztin, spezialisiert auf Gehirnchirurgie. Du fragst Kate, warum sie Ärztin geworden ist. Ihre Antwort: »Ich wollte schon immer anderen Menschen helfen. Es gibt doch nichts Vernünftigeres, was man der Gesellschaft zurückgeben kann, oder? Mich macht es besonders stolz, dass meine Eltern so glücklich damit sind, dass ihre Tochter etwas Anständiges gelernt hat! Gerade bei der Chirurgie hat man eine immense Verantwortung. Es ist ein unbeschreibliches Gefühl, die Macht zu haben, sogar den Tod aufzuhalten.«

Und jetzt stelle ich dir die zweite Dame vor: Sandra. Sie ist 30, ebenfalls Ärztin, und sie holt nach der Frage nach ihrem Warum erst mal ein Foto aus ihrer Handtasche: Darauf ist sie zu sehen, wie sie ein kleines schwarzes Kind im Arm hält und in die Kamera lächelt, und dann erzählt sie dir ihre Geschichte: »Das auf dem Foto ist die kleine Nala, das Bild ist in Namibia entstanden. Ich habe dort für ein halbes Jahr gearbeitet, und es war die beste Erfahrung meines Lebens. Man kann so viel helfen, selbst mit den einfachsten Mitteln. Du kannst dir nicht vorstellen, wie glücklich es mich macht, wenn ich in die strahlenden Augen dieser Kinder blicke. Das erinnert mich immer wieder daran, warum ich überhaupt Ärztin geworden bin. Damals war meine beste Freundin mit 14 Jahren an Leukämie erkrankt. Ihr konnte ich leider nicht mehr helfen, aber es gibt so viele Menschen auf der Welt, denen ich noch helfen kann.«

Beide haben sich verkauft, aber für wen würdest du dich entscheiden? Kate hat uns erzählt, dass für sie Prestige zählt, ohne dass sie es gesagt hat. Sandra hat uns dagegen erzählt, dass sie die Welt zu einem besseren Ort machen will, ohne dass sie es gesagt hat. Kate hätte uns jetzt auch noch zehnmal versichern können, dass sie eine fürsorgliche Freundin wäre und eine verantwortungsbewusste Mutter, aber hättest du es ihr geglaubt? Sandra hat uns dagegen gezeigt, warum sie liebenswert ist, weil sie eine Geschichte erzählt hat.

Springen wir kurz ins Jahr 2009: Ich träume in diesen Tagen davon, einen Krimi zu schreiben und arbeite wie besessen neben meinem Studium daran. In der Früh bin ich spätestens um 5 Uhr wach und schreibe Kapitel um Kapitel. Zu der Zeit hatte ich noch nicht mal ein Praktikum bei einer Regionalzeitung gemacht, aber man soll sich ja immer große Ziele setzen. Ich merke schnell, dass das Ziel noch zu groß ist und mir noch einiges fehlt zum neuen Grisham. Ich melde mich deswegen zu einem einwöchigen Krimi-Schreibkurs an. Kurz darauf sitze ich am Schreibtisch in einem Ferienhaus in Farnese, ein Dorf mit 1500 Einwohnern in der italienischen Region Latium, auf halber Strecke zwischen Rom und Florenz. Wir sollen eine Kurzgeschichte schreiben, die dann von einem Lektor und einem erfahrenen Krimiautoren auseinandergenommen wird. Ich schreibe mir einen Wolf und will zeigen, wie gut ich Szenen darstellen kann. Ausführlich, lebendig und emotional soll es sein. Deswegen beschreibe ich alles detailliert und schmücke viel mit Adjektiven aus, aber ich weiß damals noch nichts über das Schreiben. Um es kurz zu machen: Aus dem Krimi wurde bislang nichts, aber ich lerne in Farnese bei der Manöverkritik einen der wichtigsten Sätze meines Lebens: Don't tell it, show it! Merk dir diesen Satz am besten für alles, was du in diesem Leben machst. Denn jeder, der Geschichten erzählt und sich verkaufen muss, sollte nach diesem Motto handeln. Was bedeutet es genau? Ein Beispiel dazu aus der Literatur: Du kannst entweder beschreiben, welchen Charakter eine Figur besitzt oder du zeigst es, indem du Bilder im Kopf des Lesers erzeugst.

Tell it: Johnny Bloed war ein richtig harter Kerl, sehr gefährlich, alle hatten Angst vor ihm. Und sein Mut war unbeschreiblich.

Show it: Johnny Bloed nahm einen Schluck von seinem Bourbon, stellte das Glas an der Bar ab und ballte die Hand zur Faust. Dann drehte er sich um und streckte den Typen mit einem Schlag nieder, der ihn zuvor blöd angemacht hatte.

Wir sind wieder beim alten Problem: An ihren Taten sollt ihr sie messen. In der Theorie sind alle mutig, aber Mut lässt sich eben nur beweisen, indem du handelst. In der Spieltheorie gibt es das sogenannte *Chicken Game*, auch Feiglingsspiel genannt: Es geht darum, wer zuerst zurückzieht beim Spiel mit dem Untergang. Am besten lässt es sich mit dem Szenario einer Mutprobe beschreiben. Stellen wir uns folgende Szene vor: Zwei Autos fahren aufeinander zu. Die Spielregeln lauten: Wer zuerst ausweicht, beweist damit seine Angst und verliert. Ein Unternehmensberater hat mir mal verraten, dass er bei Bewerbungsgesprächen gerne dieses Szenario anführt und die Frage stellt, wie man dem Gegenüber bei diesem *Chicken Game* beweisen kann, dass man keine Angst hat. Denk an das Motto: Don't tell it, show it. Also wird es nicht reichen, dem Rivalen zu sagen, dass man niemals ausweichen würde. Was würdest du also tun? Dir einen ernsten Blick aufsetzen und deinen Gegner fixieren? Dich aufplustern? Ganz nett, aber ich verrate dir jetzt die Antwort: Wirf am besten dein Lenkrad aus dem Fenster, mehr »show it« geht nicht.

Manche Menschen können sich gut verkaufen, indem sie sich hinter verschachtelten Sätzen verstecken und Kompetenz oder Leidenschaft vortäuschen. Aber sie werden irgendwann auffliegen. Es gibt das Sprichwort: »Deine Taten sprechen so laut, ich kann dich nicht hören!« Wenn gesprochenes Wort und Tat nicht zusammenpassen, wird es peinlich. Es geht immer um Glaubwürdigkeit. Kant hat sich auf den guten Willen des Menschen berufen, aber Sartre hat es aus meiner Sicht besser auf den Punkt gebracht in seinem Aufsatz »Der Existenzialismus ist ein Humanismus«, indem er erklärt, dass der Mensch das ist, wozu er sich macht. Wir sind also die Summe unserer Handlungen.[84] Kann ein Chef von seinen Mitarbeitern Leistung einfordern, wenn er jeden Tag um 14 Uhr nach Hause geht? Du kannst einer Frau auch leicht erzählen, dass du ein mutiger Kerl bist, aber zeig ihr lieber, dass du sie beschützen kannst. Show it, don't tell it. Hast du schon mal darüber nachgedacht, warum Männer ihren Frauen Blumen kaufen und bei der Hochzeit einen teuren Ring anstecken? Weil Taten Liebe eben besser beweisen als Worte.

Wir verkaufen uns ständig selber in dieser vernetzten Welt: auf Tinder, bei LinkedIn, Instagram oder bei einer Konferenz im Büro. Aber wie erzählen wir unsere Geschichten? Der größte Fehler in dieser Welt der Reizüberflutung ist es, den Leuten etwas verkaufen zu wollen. Du hast bestimmt auch schon diese Werbungen auf YouTube und Instagram gesehen, in denen es heißt: »Ich zeige dir, wie du mit dem perfekten System 3000 Euro Umsatz pro Monat machst.« Jeder erkennt, dass es sich um Marionetten handelt. Gute Geschäftsmänner verkaufen dagegen ihre Seele, und zwar teuer. Steve Jobs hat seinen Fans mit dem iPhone ein kleines Stück »anders sein« in die Hand gegeben. Wer sich ein iPhone kauft, der zeigt der Welt: Ich lege Wert auf Design und gebe dafür auch gerne Geld aus. Jobs hat es geschafft, mit seinem Motto »Think Different« zu zeigen, warum Apple das Leben verändert.

Ein zweites Beispiel für den Verkauf mit Seele ist Elon Musk. Er verkauft mit Tesla Autos, aber eigentlich verkörpert diese Marke etwas ganz anderes: Pioniergeist und den Traum davon, die Welt zu verändern. Was Tesla und Musk wollen, steht schon von Anfang an auf Papier geschrieben: Tesla will die Welt von fossilen Brennstoffen befreien. Und genau das überzeugt so viele Menschen, sich für Musk zu begeistern. Er lebt seine Vision, war bereits pleite, hat aber immer wieder sein ganzes Geld in seine Projekte gesteckt. Würde es ihm nur ums Geld gehen, hätte er niemals so gehandelt.

Was können wir uns von Musk und Jobs abschauen? Wenn du dein Warum kennst, geht es darum, die richtige Erzählstimme zu finden. Dabei helfen dir die Archetypen von C. G. Jung weiter (s. Abbildung auf der nächsten Seite).[85] Der Psychologe ging davon aus, dass wir uns alle in diesen Typen wiederfinden. Die Grafik zeigt dir die zwölf wichtigsten Typen im Überblick, die Autorin Carol S. Pearson hat die Arbeit von Jung vereinfacht.[86]

Die Archetypen in Anlehnung an C. G. Jung

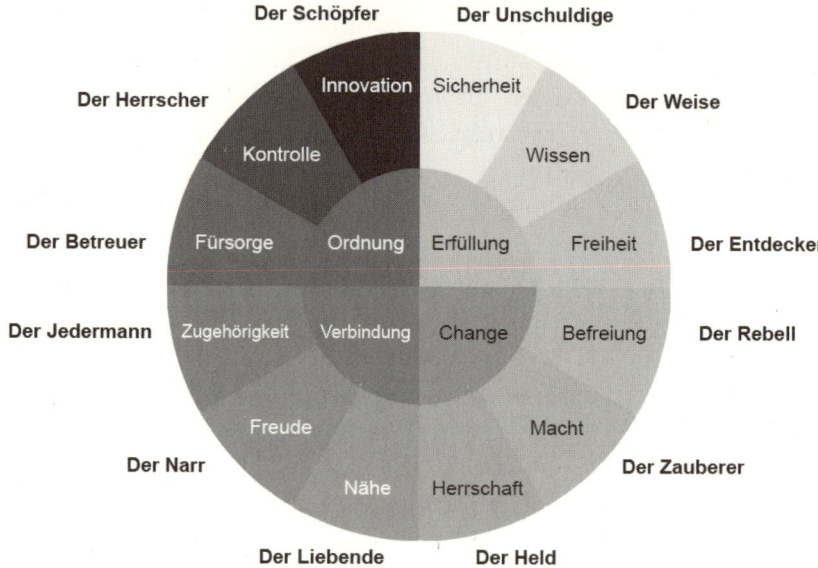

Abbildung 5: Eigene Darstellung in Anlehnung an C. G. Jung und Carol S. Pearson

Für einen Comedy-Kanal auf YouTube müsstest du wahrscheinlich den Narren spielen, und es ginge dir darum, Freude zu verbreiten. Ein bekanntes Beispiel für eine Marke, die den Narren verkörpert, ist Media Markt. Nehmen wir an, du berichtest jeden Tag auf Twitter über Tech-Aktien, dann wäre Innovation wahrscheinlich der richtige Typ für dich, und du würdest dich in die Rolle des Schöpfers begeben. Damit wärst du in bester Gesellschaft mit Musk und Jobs. Aber sie würden auch als Helden, Zauberer und Rebellen durchgehen. Du musst dich nicht für einen Typ entscheiden, es können auch zwei oder drei sein. Vielleicht mögen Rollen befremdlich auf dich wirken, weil es ja darum geht, möglichst echt zu sein. Aber wir wollen unsere persönliche Geschichte schreiben und uns gut verkaufen. Beispielsweise helfen dir solche Typen auch bei einem Bewerbungsgespräch. Dein künftiger Chef möchte wissen, wer du bist. Wenn du bei Musk vorsprechen würdest, wäre es klug, dich als Rebell zu verkaufen und zu erklären, dass du beim alten Arbeitnehmer nicht genug Innovationen umsetzen konntest. Wenn du dich dagegen bei der Sparkasse vorstellst, solltest du dich lieber als Jedermann und Betreuer präsentieren. Egal welche Rolle du ausfüllst in deiner Erfolgsgeschichte, der gute Wille mag die Ehre retten, aber es zählen am Ende nur die Handlungen. Also sei bitte kein Kant, sondern Sartre.

• • • • • • • • • • • •

Test yourself! Überlege dir für ein Projekt, das du schon umsetzt oder umsetzen willst, wie du es mit einer Tonalität verbessern kannst. Nutze dazu am besten eine oder bis zu drei Erzählstimmen, du kannst dich dabei an den Archetypen orientieren. Du kannst es auch für deinen privaten Instagram-Account oder dein LinkedIn-Profil übernehmen, um es zu testen und ein Gefühl dafür zu bekommen. Denn denk dran: Egal, was wir machen, wir verkaufen uns immer.

• • • • • • • • • • • • • • • • •

ERWARTE NICHT, DASS DIE ANDEREN DICH VERSTEHEN

Die Sonne strahlt über München, ich sitze mit Sherlock auf dem Oktoberfest am Tag des Anstichs und habe mal wieder einen besonderen Test mit ihm vor: »Ich werde dir jetzt gleich drei bekannte Lieder auf dem Biertisch vortrommeln, und du musst sie erraten. Für wie wahrscheinlich hältst du es, dass du alle drei erkennst?«, frage ich.

»Wenn sie wirklich bekannt sind, traue ich mir alle drei zu, aber mir ist wohl bewusst, dass die Musik während des Trommelns in deinem Kopf abläuft und in meinem nicht«, antwortet Sherlock.

Ich entscheide mich für »Last Christmas«, »Billy Jean« und die fünfte Sinfonie von Ludwig van Beethoven. Dann fange ich an zu trommeln und blicke auf Sherlock, er hält sich an seinem Maßkrug fest und fixiert meine Finger. Das Ende vom Lied: Sherlock erkennt nur eine der drei Melodien und wahrscheinlich auch nur, weil die erste Sequenz von Beethovens fünfter Sinfonie so markant ist. Das klingt nach einer mäßigen Erfolgsquote von 33 Prozent, aber urteilen wir nicht voreilig. Dieses Experiment wurde auch für eine Studie in Stanford durchgeführt. Die Teilnehmer hielten es für eine leichte Aufgabe und gingen davon aus, dass die Zuhörer die Melodien zu 50 Prozent erkennen würden, aber: Tatsächlich lag die Erfolgsquote gerade mal bei 2,5 Prozent. Also nur jedes vierzigste Getrommel identifizierten die Testpersonen korrekt.[87] Also überschätzten sich die Trommler mit einem Faktor von 20. Was lernen wir daraus? Wir erwarten, dass die anderen uns verstehen. Aber mit dieser Prämisse solltest du niemals durch diese Welt gehen.

Du kennst bestimmt auch diese peinlichen Momente, wenn man sich mit jemandem unterhält, und es fühlt sich an, als würde man zwei verschiedene Sprachen sprechen. Und dann hat man auch noch einen anderen Humor. Sowas kann sehr unangenehm sein, vor allem, wenn du vor einer solchen Person deine Idee für ein Projekt pitchen musst. Da sind wir wieder beim Storytelling und beim Verkaufen. Wir müssen auf der einen Seite ein starkes Warum haben und unsere Persönlichkeit transportieren, aber wir sollten auch niemals die Zielgruppe aus den Augen lassen. Wir können uns in dem Moment, in dem wir auf dem Tisch trommeln, nicht vorstellen, wie es sich für den anderen anhört, der gerade nicht die Melodie von »Billy Jean« im Kopf hört. Und genauso wenig können wir uns vorstellen, wie jemand unsere Ideen nicht toll finden kann. Aber erfolgreich wird nur, wer diesen Transfer schafft. Ganz einfach auf den Punkt gebracht hat es Jeff Bezos mit seinem Motto: »Put the costumer first!« Beim Journalismus spricht man auch gerne vom Nutzwert. Also was hat der Leser oder Zuschauer davon? Wenn ich diese Zeilen schreibe, dann gefallen sie mir selber, aber in erster Linie geht es darum, was du mitnehmen kannst, sonst wäre es als Tagebuch besser geeignet.

Gerade bei meiner Arbeit für YouTube habe ich gelernt: Manchmal springe ich bei meinen Gedanken zu schnell und ich verkürze Aussagen, ohne sie nochmal in den Kontext einzuordnen. Das funktioniert zwar in meinem Kopf, aber manche Menschen können nicht folgen, gerade wenn sie die Hintergründe nicht kennen. Also konnte es nur besser werden, indem ich mich immer mehr auf den Nutzwert konzentriert habe. Die einfachste Regel hierzu lautet: Wenn du es einfach erklären kannst, dann hast du es auch verstanden. Und das macht wahrscheinlich den Unterschied aus. Es geht darum zu verstehen, was die Zielgruppe wirklich will und dann muss man es ihr in guter Qualität und ansprechender Form aufbereiten. Das Problem in Zeiten von Social Media: Viele versuchen sich als Content-Produzenten, aber kaum jemand transportiert eigene Ideen, es wird einfach etwas wiederholt, was tausend andere auch schon gesagt haben. Und das soll dann Erfolg bringen. Aber erwarte nicht, dass andere dich verstehen, wenn du schlecht kommunizierst. Das gilt nicht nur für Sprache, sondern auch für das Produkt an sich.

Ein schönes Beispiel ist die Erfolgsgeschichte von Warby Parker: 2010 gründeten vier Studenten in Philadelphia das Unternehmen. Die Idee: Brillen über das Internet verkaufen, und zwar viel billiger als die Konkurrenz. Klingt nach einer klugen Idee, heute lässt sich eigentlich alles übers Internet verkaufen. Aber es gab ein Problem: Die Kunden konnten die Brillen natürlich nicht probieren wie im Geschäft. Und wer bestellt sich online eine Brille, die er noch nie auf der Nase hatte? Ein Umtausch wäre auch nur schwer möglich, denn wenn die Brillen erst mal mit den speziellen Gläsern für den jeweiligen Kunden angefertigt sind, lassen sie sich nicht mehr weiterverkaufen. Also wie schaffte Warby Parker den Durchbruch? Die Lösung des Problems war: Sie schickten den Kunden die Brillen, bevor die Gläser eingesetzt wurden. Man konnte sich also bequem mehrere Modelle nach Hause senden lassen, in Ruhe probieren und dann kostenlos zurückschicken. So gelang der Durchbruch. Die Jungs von Warby Parker hätten auch die Kunden verfluchen und ihnen die Schuld geben können, aber sie haben sich darauf konzentriert, besser verstanden zu werden und den Nutzwert zu steigern.[88]

Es geht darum, die Gegenseite zu verstehen und darauf einzugehen. Als Rambo bringt es niemand zu nachhaltigem Erfolg. Trotzdem wird heute immer wieder die Erfolgsformel »Sei authentisch, trete ein paar Ärsche und erobere die Welt« gepriesen, frei nach dem Motto: »Die einen kennen mich, die anderen können mich.« Klingt selbstbewusst und entschlossen, aber du wirst damit vor die Wand fahren. Denn wer sich aufspielen möchte, der muss sich das auch leisten können. Der Status macht den Unterschied. Deswegen solltest du auch vorsichtig sein, wenn du erfolgreich werden willst, aber noch ein Vorgesetzter im Weg steht. Stell dir vor, du bist hochmotiviert und voller Ideen. Solltest du deinen Chef dann forsch damit überfallen? Bitte nicht! Denn du solltest nicht erwarten, dass er darauf wartet und dich auf Anhieb versteht. Angestellte, die unbekümmert ihre Ideen vertreten und auch widersprechen, können deutlich seltener mit einer

Beförderung oder Gehaltserhöhung rechnen.[89] Den Rambo solltest du nur spielen, wenn du es dir auch erlauben kannst. Ein Experiment von Alison Fragale, Professorin an der University of North Carolina, ergab: Leute werden bestraft, wenn sie versuchen, Macht ohne Status auszuüben. Solche Menschen, die Einfluss nehmen wollen, ohne sich Respekt verdient zu haben, werden als schwierig, aufdringlich und egoistisch beurteilt. Wen wir nicht achten, von dem lassen wir uns also auch nicht rumkommandieren.[90] Das ist ein sehr wichtiges Learning, gerade wenn dich eine Vision motiviert und du Mitstreiter suchst, solltest du auf den persönlichen Umgang achten.

Die Rolle des Status vergessen viele auch bei den Erfolgreichen dieser Welt. Wir schauen gerne, was sie machen und was wir daraus lernen können. Wir bewundern beispielsweise Richard Branson dafür, dass er so ausgeflippt und authentisch ist, er scheint auf sämtliche Konventionen zu pfeifen. Wir feiern einen Zlatan Ibrahimovic, weil er über sich selbst sagt, er sei der Größte, und dieses Versprechen bei jeder Gelegenheit erneuert. Aber jetzt überleg mal, würden diese Persönlichkeiten auch für ihr Verhalten gefeiert werden, wenn sie durchschnittliche Leistungen ablieferten oder gar von Sozialhilfe lebten? Es dreht sich alles um den Status.

Der Unternehmer und Autor Vishen Lakhiani beschreibt in seinem Buch *Lebe nach deinen eigenen Regeln*, wie er auf Necker Island zu Gast war bei Richard Branson. Bei einem Dinner versuchten die meisten anderen Unternehmer, die anwesend waren, die heitere Stimmung ins Seriöse zu verschieben, sie wollten etwas lernen von Branson und stellten ihm Fragen zur Betriebswirtschaft. Es ging um Business-Tipps und mögliche Investments. Aber Branson schien keine Lust darauf zu haben und überraschte die Tafel: Er unterbrach höflich das Gespräch, kletterte in Flip-Flops auf den Tisch und fing an zu tanzen.[91] Natürlich steckt sowas an und wir haben sofort einen Gedanken: Wow, Richard Branson ist reich und trotzdem so bodenständig und sympathisch! Er hat einfach Spaß am Leben. Ich bewundere jeden Menschen, der sein Leben liebt und andere damit ansteckt. Aber ich finde es unlogisch, von solchem Verhalten auf Erfolg zu schließen. Denn jetzt stell dir mal vor, du sitzt in einem Restaurant und neben dir springt jemand auf den Tisch, der nicht Richard Branson ist. Wahrscheinlich würdest du ihn einfach nur für einen Vollidioten halten. Der Status macht eben den Unterschied. Und wir sollten niemals Ursache und Wirkung verwechseln. Sind Milliardäre reich geworden, weil sie gut gelaunt sind? Oder sind sie gut gelaunt, weil sie Milliardäre sind? Beide Versionen werden dem Erfolg nicht gerecht. Mir ist selber schon aufgefallen, dass ich überrascht war, wie nett Menschen sind, die sehr erfolgreich oder reich sind, die früher Konzerne führten und Millionen-Villen in Saint Tropez besaßen. Aber eigentlich ist es doch selbstverständlich, dass jemand höflich ist, oder? Daraus lässt sich keine Erfolgsformel ableiten.

Kommen wir nochmal auf das vorherige Kapitel zu sprechen: Da hatte ich dir geraten, ein Freak zu sein, und jetzt sollst du auf einmal nicht erwarten, dass dich die anderen verstehen? Das sollte doch eigentlich egal sein. Selbstbewusstsein und eine gesunde Ignoranz gehören dazu, du solltest dich nicht zu stark von anderen beeinflussen lassen, schon gar nicht von Hatern. Aber bitte versuche nicht, mit dem Kopf durch die Wand zu kommen! Du sollst ein Freak sein, aber bezogen auf das, was du machst und wie du es machst. Freak heißt für mich Experte und nicht Clown. Du brauchst kein Freak sein in der Außendarstellung, es bringt dir nichts, bescheuerte Klamotten anzuziehen und dir die Haare grün zu färben oder ein Idol wie Hemingway zu kopieren. Wenn es dein innerster Wunsch ist, dann lass ihm freien Lauf. Aber konzentriere dich lieber auf deine Mission, und Normalität ist dann wohl der beste Rat. Dazu gehört auch, mal Schwäche zu zeigen. Du sollst deine Seele so teuer verkaufen wie möglich, also mit Leidenschaft Geschichten erzählen. Aber in ihnen gibt es auch das retardierende Moment, es gibt wie bei der Heldenreise Widerstände und Bösewichte und selbst der mutigste Held kämpft mit Zweifeln. Dafür sollten wir uns nicht schämen. Im Gegenteil, stell dir vor, du müsstest deine geniale Idee morgen tatsächlich vor einer Jury pitchen, sagen wir mal, vor zehn potenziellen Investoren. Würdest du dann auf den Putz hauen oder deine Idee differenziert und reflektiert darstellen?

Bevor du antwortest, erzähle ich dir die Geschichte von Rufus Griscom, er ist der Gründer von Babble, einem Online-Magazin für Eltern. Er schaffte den Durchbruch mit einer unkonventionellen Taktik: Als er seine Idee verkaufte, führte er für Investoren fünf Gründe an, warum sie NICHT in sein Unternehmen investieren sollten.[92] Was bescheuert klingt, brachte ihm schließlich 3,3 Millionen Dollar Gründungskapital ein. Später schaffte es Griscom mit derselben NICHT-Taktik sogar, Babble für 40 Millionen Dollar an Disney zu verkaufen. In beiden Fällen präsentierte Griscom seine Idee für Leute mit höherem Status. Dominant auftreten sollte man nur, wenn man sich sicher sein kann, dass einen das Publikum bereits unterstützt. Als Newcomer sollte man demütig vorgehen. Der größte Fehler beim Verkaufen ist eben immer noch, etwas zu verkaufen: Dann fühlt sich das Publikum schnell so, als hätte es einen Staubsaugervertreter als Gegenüber. Deswegen raten die besten Verkäufer auch dazu, eher den Kunden reden zu lassen und nicht auf den Kunden einzureden.

Wer dagegen auftritt wie Rambo, kann sich schnell den eigenen Erfolg verbauen. Erwarte nicht, dass die anderen dich verstehen. Und tritt bitte nicht so auf, als wäre jeder ein Idiot, der nicht sofort auf deiner Seite steht.

• • • • • • • • • • • •

Test yourself! Mach den Musik-Test mit einem Freund oder einer Freundin und überzeuge dich davon, wie schwer es ist.

• • • • • • • • • • • • • • • • •

TRAUE NIEMANDEM – VOR ALLEM NICHT DIR SELBST

Ich sitze mit Sherlock an der Theke in einem Irish Pub im Münchner Stadtteil Neuhausen, und heute ist ein besonderer Tag für mich. Ich freue mich, der Wissenschaft einen Dienst zu erweisen und Sherlock seine Grenzen aufzuzeigen. Aber zuerst muss das Experiment klappen, das ich mir vorgenommen habe. Ich hatte mal von einem Versuch gehört, der uns vor Augen führt, wie wenig wir unseren Augen trauen können, und genau das werde ich gleich an Sherlock testen. Der Versuchsaufbau beim Original ging so: Die Testpersonen saßen an einer Bar und bestellten ein Getränk bei einer blonden Bedienung. Die Bedienung bückte sich kurz, um etwas unter der Theke hervorzuholen und tauchte dann wieder auf. Aber war da was? Die meisten Testpersonen merkten es nicht, doch die Bedienung wurde in diesem kurzen Moment ausgetauscht. Auf einmal stand eine dunkelhaarige Bedienung vor ihnen, die natürlich komplett anders aussah. Und das Ergebnis? Die meisten Testpersonen bemerkten es tatsächlich nicht.

Und jetzt zu Sherlock: Ich habe mich vor dem Experiment mit zwei Bedienungen abgesprochen, und sie fanden die Idee witzig. Als Sherlock sein Kilkenny trinkt, frage ich ihn, ob er sich für rational halte.

»Natürlich! Wenn die ganze Welt verrückt spielt, dann hilft nur die Vernunft«, sagt Sherlock.

Ich grinse innerlich und zücke mein Smartphone: Den Rollentausch der Bedienungen muss ich filmen, damit ich Sherlock schließlich den Spiegel vorhalten kann. Ich drücke auf die rote Aufnahmetaste und fordere Sherlock zum Zahlen auf. Tatsächlich schaffen die Bedienungen den Rollentausch ohne Probleme, und Sherlock merkt nichts davon.

»*Quod erat demonstrandum*«, sage ich zu Sherlock und grinse, »ist dir nichts aufgefallen?«

Als Sherlock verneint, zeige ich ihm das Video. Er schüttelt ungläubig den Kopf, bis ihm die Erleuchtung kommt. Natürlich seien wir nicht ständig rational, sagt er und schüttelt dabei immer noch leicht den Kopf. Und dann erzählt er mir eine Geschichte aus der Spieltheorie.

Stell dir folgendes Szenario vor: Wir haben 10 Euro auf zwei Personen zu verteilen. Der Haken daran: Beide müssen sich auf eine Verteilung einigen. Dabei gibt es einen Frager und einen Beantworter. Der Frager schlägt dem Beantworter beispielsweise 4 Euro vor, also würde er selber 6 Euro behalten. Der Beantworter kann annehmen oder ablehnen. Können sich die beiden nicht einigen, bekommt keiner das Geld. Was wäre rational? Der Beantworter sollte jedes Angebot annehmen, da es immer noch besser ist, 1 Euro zu kassieren als gar kein Geld. Aber handelt der Mensch so rational? Dieses Ultimatumspiel spielten 19 Teilnehmer im Rahmen einer Studie. Tatsächlich lehnten die Beantworter rund 50 Prozent der Vorschläge ab. Der Grund: Sie waren beleidigt, weil die angebotene Summe so niedrig war. Sie wollten lieber die Vorschlagenden für die lächerliche angebotene Summe bestrafen, als selber dabei Geld zu verdienen.[93]

Im Studium lernen wir die Theorie vom Homo oeconomicus. Er handelt als rationaler Agent immer so, dass er seinen Nutzen maximiert. Aber vergiss diese Theorie besser! Viel sinnvoller erscheint die sogenannte *Prospect Theory*, auch neue Erwartungstheorie genannt. Sie ersetzt das strikt rationale Modell durch ein Modell, in dem die Rationalität unter anderem durch kognitive Verzerrungen modifiziert wird. Die Psychologen Daniel Kahneman und Amos Tversky präsentierten sie 1979 als realistische Alternative zum Homo oeconomicus.[94]

Hältst du dich immer noch für rational? Hier kommt ein Test für dich, er nennt sich *Cognitive Reflection Test* und besteht nur aus drei Fragen:[95]

1. Ein Schläger und ein Ball kosten 1,10 Euro. Der Schläger kostet 1 Euro mehr als der Ball. Wie viel kostet der Ball?
2. Fünf Maschinen benötigen für die Produktion von fünf Produkten fünf Minuten. Wie lange benötigen 100 Maschinen für die Produktion von 100 Produkten?
3. Die Seerosen in einem Teich verdoppeln ihre Fläche jeden Tag. Wenn der See nach 48 Tagen komplett mit Seerosen bedeckt ist, wie lange hat es gebraucht, bis er zur Hälfte bedeckt war?

Ganz einfach, oder? Wer sich rational verhält, kommt auf folgende Antworten:

1. 10 Cent
2. 100 Minuten
3. 24 Tage

Doch das ist leider falsch. Die richtigen Antworten verrate ich dir am Ende des Kapitels. Aber kommen wir erst mal zum Aktienmarkt. Denn nirgendwo tummeln sich mehr Menschen, die sich für besonders rational halten, aber doch an ihrem Kopf scheitern. In der Theorie geht das Reichwerden einfach. Warren Buffett hat die Theorie geprägt, immer dann gierig zu sein, wenn die anderen Angst haben, und umgekehrt Angst zu haben, wenn die anderen gierig sind. Rationaler geht es kaum. Ist ja auch logisch. Wann willst du etwas kaufen? Wenn es teuer ist oder günstig? Eigentlich eine dumme Frage, aber bei Aktien geht das Spiel meistens andersherum: Wenn die Börsen Höchststände markieren, werden die Menschen gierig und haben Angst, dass sie weitere Gewinne verpassen. Dann berichten die Medien über den Börsenboom und viele steigen ein, obwohl die Aktien zu teuer sind. Aber wehe der Aktienmarkt liegt am Boden, dann will niemand kaufen. Ein Absurdum! Aber es lässt sich mit der sogenannten Empathie-Lücke erklären. Wir unterschätzen, wie sich unsere Instinkte auf unser Verhalten auswirken. Hunger, Schmerz oder starke Emotionen lassen uns die Rationalität vergessen. Wenn Chaos ausbricht, funkt es in unserem

Hirn. Aus der Vorzeit haben wir Leitungsbahnen, die uns blitzartig in Alarmbereitschaft versetzen, so wie früher, als wir noch auf Bäumen lebten und uns permanent vor Schlangen in Acht nehmen mussten.[96] Sind wir zum Beispiel aufgeregt, also in einem *Hot State*, können wir es uns kaum vorstellen, besonnen zu agieren, also wie in einem *Cold State*. Denn meistens ist uns im aufgeregten Zustand überhaupt nicht bewusst, wie stark unser Verhalten allein dadurch beeinflusst wird. Das kann schnell dazu führen, dass wir kurzfristig Entscheidungen treffen, die wir dann langfristig bereuen. Das beste Beispiel: Du verlierst Geld, ärgerst dich darüber und versuchst sofort, es dir wiederzuholen. Glücksspiel zeigt am besten, wie der Mensch tickt. Hast du schon mal jemanden gesehen, der verzweifelt am Roulette-Tisch versucht, sein Geld zurückzugewinnen? Wenn sein Hirn heiß läuft, handelt er wie ein Besessener. In einem emotional kühlen Zustand würde sowas niemals passieren.

An den Aktienmärkten weiß jeder, dass irgendwann ein Crash kommen wird, und in der Theorie sind alle darauf vorbereitet. Aber ich kann dir eines versichern: Wenn es crasht, setzt die Vernunft aus. Ich kann mich noch gut an den August 2007 erinnern. Damals machte ich ein Praktikum bei der Bayerischen Landesbank und erlebte die Anfänge der Finanzkrise mit. Damals verstand ich zwar nur die Hälfte, aber es reichte mir als Information, wenn erfahrene Banker wie aufgescheucht durch die Gegend rannten und davon sprachen, dass es noch nie so schlimm gewesen wäre. Ich reagierte darauf, indem ich in der Mittagspause panisch bei meiner Hausbank anrief und zwei Fonds verkaufte, die ich erst ein paar Monate davor gekauft hatte. Die Verluste hielten sich mit 15 Prozent noch in Grenzen. Aber war das rational? Natürlich nicht, im Alter von 20 Jahren hätte ich davon ausgehen müssen, dass ich langfristig ins Plus rutschen würde, wenn ich die Fonds nur lange genug gehalten hätte. Damals war ich überzeugt davon, dass sich ein Fonds für nachhaltige Wasseraufbereitung langfristig lohnen würde. Heute hätte ich mit dem Fonds tatsächlich ein Plus von 143 Prozent gemacht, obwohl ich zu einem katastrophalen Zeitpunkt eingestiegen war. Das wären in zwölf Jahren immerhin noch 4,5 Prozent Verzinsung pro Jahr gewesen (wir reden hier von der Bruttorendite wohlgemerkt!). In der Theorie eine einfache Sache, aber wenn wir spüren, dass eine Lawine ins Rutschen kommt, dann können uns die Emotionen an den Rand des Wahnsinns befördern.

Unsere Emotion dominiert unsere Meinung. Das beste Beispiel sind Politiker wie der Republikaner Donald Trump. Polarisierende Figuren wie er können Stimmungen beeinflussen, ohne dass sie dafür nur ein Gesetz verabschieden müssen. Das zeigt die Entwicklung des Indikators für die Konsumerwartung der University of Michigan zwischen Juni und Dezember 2016, also vor und nach dem Wahlsieg Trumps. Vor der Wahl waren die Befragten mit Vorliebe für die Republikaner noch vorsichtig gewesen, nach Trumps Sieg änderte sich die Stimmung bei den Republikanern schlagartig. Auf einmal zeigten sie sich euphorisch, und das Konsumbarometer kletterte um 40 Prozentpunkte nach oben. Bei den Demokraten sackte die Konsumerwartung dagegen um fast 13 Prozentpunkte ab. Aber was hatte sich in diesem Moment geändert? Unter dem Strich noch nichts, aber die Emotion sorgte bei den Republikanern für Euphorie und bei den Demokraten für Untergangsstimmung.[97]

Und hier kommen noch die Antworten auf die Fragen, die ich zu Beginn des Kapitels gestellt habe ...

1. Der Schläger soll ja nicht nur 1 Euro kosten, sondern 1 Euro mehr als der Ball. Das heißt: Schläger + Ball = 1,10 Euro. Daraus folgt, Schläger und Ball müssen sich die restlichen 10 Cent teilen. Erst wenn der Schläger also 1,05 Euro und der Ball 5 Cent kosten, dann ist der Schläger auch wirklich diesen 1 Euro teurer.
2. Die Maschinen brauchen nicht 100, sondern nur fünf Minuten, weil jede ein Gerät produziert.
3. Der See ist nicht schon nach 24 Tagen zur Hälfte mit Seerosen bedeckt, sondern erst nach 47 Tagen. Am folgenden Tag hat sich die Seerosenfläche dann verdoppelt, und der See ist ganz bedeckt.

DU SOLLTEST DICH NIE FÜR EIN GENIE HALTEN

Die Geschichte von Narziss beginnt wie ein Erfolg: Er war schön und wählerisch, brach Mädchen und Jungen das Herz, aber einer der Jungen, Ameinios, war ihm etwas zu aufdringlich. Narziss lehnte ihn ab und ließ ihm ein Schwert zukommen. Ameinios beging Selbstmord, rief vorher aber die Götter um Rache an. Die Göttin Nemesis hörte diesen Ruf und strafte Narziss mit unstillbarer Selbstliebe: Als Narziss sich in idyllischer Natur an eine Wasserquelle setzte, verliebte er sich in sein eigenes Spiegelbild. Wie ging es mit Narziss weiter? Dazu gibt es viele Versionen. Der römische Dichter Ovid erzählte, dass sich Narziss selbst das Leben nahm, als er die Unerfüllbarkeit seiner Liebe erkannte. Dem griechischen Reiseschriftsteller Pausanias zufolge starb Narziss, als ein Blatt sein Spiegelbild trübte und er erkannte, dass er hässlich war. Wiederum eine andere Quelle besagt, dass Narziss ertrank, als er sich mit seinem Ebenbild vereinigen wollte.[98]

Soll dieses Kapitel ein Plädoyer gegen Selbstliebe werden? Nein, wir brauchen sie, aber wir sollten es nicht übertreiben mit dem Phänomen der Überlegenheitsillusion. Es bestimmt, wie wir unser Leben wahrnehmen. Jeder hält sich für ein bisschen schlauer und interessanter als die anderen und natürlich auch für beliebter und attraktiver. Diese Illusion schützt unser Selbstbild und motiviert uns. Aber wir sollten es nie übertreiben mit der Selbstliebe. Denn wer sich selbst für den Größten hält oder wie ein Narzisst dafür lebt, anderen seine Überlegenheit zu demonstrieren, der wird nie glücklich. Unser Ego kann unseren Erfolg gefährden! Hier kommt das *Self-Serving-Bias* ins Spiel.

Durch diese Verzerrung schreiben wir uns alles Positive zu und das Negative den anderen.[99] Deine Aktien steigen, weil du sie überragend analysiert hast. Wenn sie aber fallen, dann schiebst du die Schuld auf den Markt. Wir schützen uns damit selbst, und unseren Wert. Wir machen uns die Welt also, wie sie unserem Ego gefällt. Aber was bringt es uns, wenn wir nur glauben, gut zu sein? Positives Denken muss sein, aber die Realität sollte mitwachsen. Und wir sollten uns nicht ständig vor anderen profilieren. Sonst treibt uns das Ego-Rennen zu Sachen, die wir nicht mal wollen, und wir gehen dumme Risiken ein.

»My name is ego and I will scare you to death«, lese ich, und in diesem Moment rutscht mir die Kinnlade runter. Das verändert alles, denke ich. Ich stehe in einem dunklen Raum im Museum für Moderne Kunst in Stockholm und sehe diesen irren Film auf der Leinwand. Ein Film von Nathalie Djurberg und Hans Berg. Der Synthesizer dröhnt und spielt einen psychodelischen Sound. Auf der Leinwand sind zwei Figuren zu sehen: eine Mutter und ihr Baby. Dargestellt sind sie als Knetfiguren. Die Mutter verendet während des Films und verwandelt sich am Ende in einen Skorpion. Das Kind macht ihr Vorwürfe und fürchtet sich in seinen Windeln zu Tode. *Scared to Death*. Aber was soll das Ganze? Ich interpretiere das Werk so: Wir sind eine Person, aber unser Ego steht immer hinter uns, neben uns, über uns. Mal ist es das einsame Kind, das um Hilfe schreit, und dann die strenge Mutter, die uns bestraft. Wahrscheinlich hast du manchmal auch dieses Gefühl, wenn dir dein Ego den Weg versperrt. Du kannst einfach nicht anders, denkst du. Als mir die Kinnlade im Museum runtergefallen ist, war mein erster Reflex: Du musst dieses Ego umbringen. Durch diese Visualisierung wurde mir zum ersten Mal bewusst, was unser Ego mit uns anstellen kann.

Aber was ist dieses Ego überhaupt? Freud verglich das Ego mit dem Reiter auf einem Pferd, der zu steuern versucht, während das Tier unser Unterbewusstsein symbolisiert und in eine andere Richtung ausbricht. Wir sollten das Ego nicht verteufeln. Aus meiner Sicht schadet es uns nur, wenn es zu groß oder zu klein ausfällt. Mach es genau da groß, wo es dir hilft, wenn es dich stark macht. Dann kann das Ego wie ein mächtiger Schatten wirken, der hinter dir steht, und es wird zu einer Aura, zu Selbstvertrauen. Wie groß musst du es beispielsweise machen, damit du genug Vertrauen hast, um auf eine Bühne zu gehen oder deine Start-up-Idee selbstbewusst zu pitchen? Wir sollten unser Ego im Griff haben und es nicht ins Rennen schicken. Wer sich ständig vergleicht und es den anderen zeigen will, der beeindruckt am Ende niemanden, nicht mal sich selbst. Der Vergleich ist sogar der größte Unglücksfaktor. Denn dieses Wettrennen endet nie. Stell dir vor, du verdienst 5000 Euro netto im Monat. Wäre ok, oder? Aber dann erfährst du, dass der Kollege, den du nicht leiden kannst, 5500 Euro verdient. Deine Zufriedenheit dürfte sinken. Dein Ego maßregelt dich. Selbst hochbezahlte Profisportler wie Cristiano Ronaldo pokern mit ihren Vereinen um mehr Gehalt. Wer Hunderte Millionen verdient hat, dem sollte das Geld eigentlich egal sein. Aber wer den Wettbewerb liebt, der kämpft nicht um das Geld an sich, er kämpft darum, mehr zu haben als der andere. »Vergleiche dich mit dem, der du gestern warst, nicht mit irgendwem von heute«, schreibt der Psychologe Jordan B. Peterson.[100] Das Problem des Vergleichs hört nicht mal beim Menschen auf. Es gibt ein Experiment mit zwei Affen. Der eine kriegt eine Gurke und ist zufrieden damit. Als er aber sieht, dass ein anderer Affe eine Weintraube bekommt und er daraufhin wieder nur eine Gurke, wird er wütend. Du kannst dich bei YouTube selber davon überzeugen.[101]

Wir sollten das Ego in den Griff kriegen. Gerade wenn es ums Geld geht, kann Selbstüberschätzung gefährlich werden. Ich habe es mit den Sportwetten am eigenen Leib erfahren. Besonders das Anfängerglück war der größte Fluch, weil sich der Rausch des Sieges wie Unbesiegbarkeit anfühlte. Psychologen reden auch vom Hot-Hand-Phänomen. Kennst du diese Menschen, die sich am Roulette-Tisch für übermächtig halten, weil sie dreimal hintereinander die richtige Farbe erraten haben? Sie unterliegen der Fehlannahme, dass sie Ereignisse vorhersehen können. Ähnlich verhält es sich beim Spielerfehlschluss, auch *Gambler's Fallacy* genannt. Man hat die falsche Vorstellung davon, ein zufälliges Ereignis werde wahrscheinlicher, wenn es längere Zeit nicht eingetreten ist, oder unwahrscheinlicher, wenn es gehäuft eingetreten ist.[102] Das Phänomen der heißen Hand tritt auch im Sport auf, Spieler sind *on fire*, wenn sie beim Fußball viele Tore schießen oder beim Basketball jeden Korb treffen. Solch ein Momentum kannst du für dein Selbstvertrauen nutzen, aber bitte überschätze das Momentum nie, wenn du Sachen nicht beeinflussen kannst, beispielsweise Glücksspiel oder die kurzfristigen Ausschläge an der Börse.

Es gibt diese Anekdote von einem alten Mann, der in einem Pariser Bistro saß und auf seiner Papierserviette ein Portrait skizzierte. Er war so vertieft in seine Kunst, dass er nicht bemerkte, wie sich ihm eine ältere Dame näherte und wie hypnotisiert auf das Kunstwerk starrte.

»Entschuldigen Sie, kann ich Ihnen die Skizze abkaufen?«, fragte die Dame.

»Sehr gerne«, erwiderte der alte Mann, »das macht dann 50.000 Franc!«

»Wie bitte? Sie haben doch nur fünf Minuten gebraucht für die Skizze!«

»Nein, meine Dame, ich habe 70 Jahre dafür gebraucht«, antwortete der ältere Mann. Sein Name soll Pablo Picasso gewesen sein.

Selbst die größten Künstler sind nicht als Genies auf die Welt gekommen, sondern mussten hart dafür arbeiten. Wer sich für ein Genie hält, verfällt entweder in ein statisches Selbstbild und lernt nichts mehr dazu oder er überschätzt sich so massiv, dass er viel zu große Risiken eingeht. Ich erinnere mich an ein Gespräch mit einem Abonnenten, der uns vor dem Videodreh stolz verkündete, dass er mindestens 30 Prozent Rendite pro Jahr machen wolle. Es klang wie selbstverständlich, und ich dachte zuerst, er wolle scherzen. Aber er meinte es ernst, obwohl er in Sachen Kompetenz definitiv als Anfänger einzustufen war und uns auch verriet, dass er weder viel Kapital noch Einkommen zur Verfügung habe. Also müsste er schon sein ganzes Geld riskieren, um auf solche Renditen zu kommen, und so riskant waren seine Anlageideen auch. Wer so agiert und wenig Erfahrung mitbringt, landet schnell in der Privatinsolvenz. Warum trauen wir uns, schnell reich zu werden? Wir würden uns niemals selber operieren oder vor Gericht verteidigen. Eine Rolle spielt möglicherweise der *Dunning-Kruger-Effekt*: Er bezeichnet die Tendenz von Personen mit geringem Können auf einem gegebenen Feld ihr Können zu überschätzen, während Personen mit hohem Können ihr Können tendenziell unterschätzen.[103] In Umfragen geben regelmäßig mehr als 90 Prozent der Befragten an, dass sie überdurchschnittlich gute Autofahrer wären. Ohne den sogenannten *Overconfidence-Effekt*[104] müssten es aber 50 Prozent sein, was eigentlich logisch ist, denn überdurchschnittlich heißt nichts anderes, als dass 50 Prozent darüber und 50 darunter liegen.

In der Finanzwelt gilt das Gesetz, dass den Markt in einem Jahr jeder Depp schlagen kann. Wir haben ja bereits gelernt, dass selbst Affen dank des Zufalls Erfolg an der Börse haben können. Bei einem Daueraufschwung wie seit 2009 hebt die Flut sowieso alle Boote. Aber lohnt es sich, davon zu träumen, als normaler Anleger den Markt dauerhaft zu schlagen? Schauen wir uns die Besten der Branche an: Warren Buffett gilt als Value-Investor schlechthin, er identifiziert herausragende Geschäftsmodelle und kauft Unternehmen zu einem attraktiven Preis. Intelligenz und Talent mögen dazu gehören, allerdings gilt Buffett auch als Arbeitstier, beispielsweise liest er jeden Tag mehrere Stunden. Ray Dalio liest aus Daten Dinge heraus, die andere nicht sehen. Aber Experten wie Dalio haben Erfahrung, Teams, Algorithmen, mehr Zeit und mehr Geld in Form eines milliardenschweren Hedgefonds. Als Standard in der Finanzbranche gilt der sogenannte Bloomberg-Terminal. Mit dieser Software lassen sich alle verfügbaren Daten zu Unternehmen rund um den Globus abrufen. Vom Gewinn je Aktie, DuPont-Analyse, bis hin zu Dividenden-Diskont-Modellen und Studien der Analysten. Aber für Berechnungen braucht es eben Zeit und Expertise. Während ich diese Zeilen schreibe, kostet ein Terminal von Bloomberg bis zu 25.000 Dollar pro Jahr.[105] Jetzt rechne mal nach, wie viel Outperformance du als Otto Normalanleger erzielen müsstest, um alleine deinen Bloomberg-Terminal zu erwirtschaften. Wer die fixe Idee vom schnellen Reichtum hat, der sollte sich immer das *Genie-Bias* vor Augen führen. Hinter großen Erfolgen steckt sehr selten Genie oder Glück, sondern viel Arbeit.

Also lohnt sich der Traum vom genialen Investor wirklich? Bevor du dich entscheidest, erzähle ich dir die Geschichte der Antiproduktivität. Vergleichen wir einfach mal die Geschwindigkeit eines Fußgängers mit der eines Autos. Im Schnitt spazieren wir mit 6 km/h dahin, aber wie schnell fährt ein Auto im Schnitt? Auf Autobahnen fahren wir mindestens 120 km/h, selbst in Ortschaften mit 50 km/h. Also was würdest du schätzen? Wahrscheinlich überschlägst du jetzt grob im Kopf oder du läufst schnell in die Garage und schaust nach, wie viele Kilometer du gefahren bist und schätzt, wie viele Stunden du im Auto verbracht hast. Gefahrene Kilometer geteilt durch die Betriebsstunden – klingt logisch, so rechnet auch der Bordcomputer, aber es lässt sich auch ganz anders rechnen. Denn das Auto kostet eine Stange Geld im Vergleich zu deinen beiden Füßen: Berechne doch mal, wie viele Stunden du arbeiten musst, um dein Auto zu finanzieren, und dann noch, wie lange du im Büro ackerst für Benzin, Versicherung und Co. Alleine um ins Büro zu kommen, musst du schon wieder Hunderte Stunden das Auto benutzen und stehst noch stundenlang im Stau. Ivan Illich wollte es genau wissen und hat nachgerechnet. Sein Ergebnis für die USA war, dass ein Auto im Schnitt gerade mal eine Geschwindigkeit von 6 km/h erreicht. Also könntest du theoretisch auch zu Fuß gehen. Und Illich berechnete das Ganze in den 1970er-Jahren, damals hatten die USA rund 40 Prozent weniger Einwohner als heute. Zu Fuß gehen dürfte heute also noch schneller gehen als fahren. Illich nannte dieses Phänomen Antiproduktivität. Technologie erscheint also auf den ersten Blick als genialer Trick, um Zeit zu sparen. Wer bei den Vollkosten nachrechnet, wird schnell nüchtern.[106]

Wahrscheinlich hast du schon mal was von Opportunitätskosten gehört. Es handelt sich um Verzichtkosten, also entgangene Erlöse, die dadurch entstehen, dass andere Möglichkeiten nicht wahrgenommen werden. Wenn wir Geld verdienen wollen, sollten wir diese Kosten und die Antiproduktivität im Blick haben. Nehmen wir mal an, die jährliche Rendite an den weltweiten Aktienmärkten beträgt 5 Prozent und stellen wir uns zwei Szenarien vor: Im ersten willst du es allen zeigen und peilst eine Rendite von 10 Prozent an, du schuftest jeden Tag und investierst pro Jahr 1000 Stunden. Im zweiten Szenario automatisierst du deine Finanzen und fährst mit Sparplänen bequem 5 Prozent ein. Dafür investierst du 20 Stunden pro Jahr. Rechne dir doch dann mal deine Rendite pro Stunde aus. Wer sich für ein Genie hält, wird spätestens beim Ergebnis zusammenzucken wie Narziss beim Anblick seines Spiegelbildes.

Test yourself!

• • • • • • • • • • • •

> Es gibt eine *Inner Scorecard* und eine *Outer Scorecard*.[107] Überlege dir, was dir wichtiger ist: Wie du dich selber einschätzt oder wie dich die Außenwelt einschätzt? Stelle dir vor, du hast zwei Optionen: Entweder bist du der reichste Mensch der Welt, aber niemand bekommt etwas davon mit. Du hast zwar Milliarden und ein schönes Leben, aber niemand weiß etwas davon. Es gibt keine Hochglanzbilder auf Instagram und dein Gesicht ist auch nicht auf Illustrierten abgebildet. Klingt das gut für dich? Bevor du dich entscheidest, stelle ich dir noch die zweite Option vor: Du bist ein absoluter Durchschnittsmensch und verdienst auch so, allerdings denkt die ganze Welt, dass du reich wärst. Du führst einen tollen Instagram-Account, zeigst dich gerne in teuren Autos, und dein Gesicht wird in den Medien mit Reichtum gleichgesetzt. Doch Geld hast du kaum. Was wäre dir lieber? Es ist entscheidend für deinen Erfolg, dass du dir klarmachst, was du für andere machst und was du wirklich für dich selber machst. Schreibe dir drei Dinge auf, die du für dich selbst tust und bei denen du dich ständig verbessern willst. Und schreibe dir drei Dinge auf, die du nur tust, um deine Kollegen oder Nachbarn zu beeindrucken.

Inner Scorecard – diese drei Dinge machst du für dein persönliches Glück:
1. _____
2. _____
3. _____

Outer Scorecard – diese drei Dinge machst du, um andere Menschen zu beeindrucken:
1. _____
2. _____
3. _____

• • • • • • • • • • • • • • • • • •

GAME OF CHANCE! WARUM NICHT ALLES AUS EINEM GRUND PASSIERT

Der Schauspieler Anthony Hopkins sollte 1972 in einem Film die Hauptrolle spielen, der auf dem Roman *Das Mädchen von Petrovka* basiert. Um sich auf die Rolle vorzubereiten, klapperte er alle Buchläden Londons ab. Er wollte sich ein Exemplar des Buches besorgen, doch keine Buchhandlung hatte eines vorrätig. Er machte sich auf den Heimweg und wartete an der U-Bahn-Station Leicester Square. Da stach ihm plötzlich auf einer Bank ein zerfleddertes Buch ins Auge: Es war tatsächlich *Das Mädchen von Petrovka*. Das klingt jetzt schon nach dem schlechten Ende einer Romanze, aber es kommt noch besser. Nach den Dreharbeiten lernte er den Autor des Romans kennen, George Feifer. Und der klagte darüber, dass sein eigenes Exemplar des Buches verloren gegangen war. Er hatte es einem Freund im November 1971 geliehen und der hatte es irgendwo im Londoner Stadtteil Bayswater verloren. Ein großer Verlust, denn Feifer hatte überall an den Rand Anmerkungen geschrieben. Hopkins zog sein U-Bahn-Fundstück aus der Tasche, überprüfte die Notizen, und tatsächlich: Es war das Original, das der Freund des Autors verloren hatte.[108]

Im Film *Weil es dich gibt* greifen Sara und Jonathan gleichzeitig nach einem schwarzen Paar Kaschmir-Handschuhe in einem Kaufhaus. Sie brauchen beide ein Last-Minute-Weihnachtsgeschenk für ihren Partner, aber in diesem Moment funkt es zwischen den beiden, und sie haben danach ein spontanes Date in einem Café namens »Serendipity«. Es funkt immer heftiger, aber die Vernunft hält vor allem Sara zurück. Sie findet den Zeitpunkt falsch, vertraut aufs Schicksal, steigt ins nächste Taxi und verschwindet. Der Ruf ans Schicksal sieht am Ende so aus: Jonathan schreibt seine Nummer auf einen Fünf-Dollar-Schein, sollte er Sara jemals wieder in die Hände fallen, dann kann sie ihn anrufen. Und Sara schreibt ihre Nummer in ein Exemplar von *Die Liebe in den Zeiten der Cholera* von Gabriel García Márquez. Am Ende fällt Jonathan das Buch mit Saras Nachnamen und ihrer Nummer in die Hände, so wie Hopkins *Das Mädchen von Petrovka*. *Weil es dich gibt* heißt im Original *Serendipity*. Das Wort steht für einen glücklichen Zufall, und davon gab es schon mehrere in der Geschichte. Der bekannteste ist wohl die Entdeckung Amerikas durch Christopher Kolumbus. Eigentlich hatte er einen Seeweg nach Indien gesucht, der Zufall machte ihn zum berühmtesten Entdecker der Geschichte. Viagra sollte eigentlich gegen Angina Pectoris helfen, heute hilft es bei der Erektion. Und Champagner entstand durch die verfehlte Gärung. In der Bibel steht: »Der Mensch wirft das Los; aber es fällt, wie der HERR will.«[109] Hatte Gott am Ende die Hand im Spiel bei Viagra? Wollte er der Menschheit besseren Sex verschaffen? Und spielte beim Champagner eine höhere Macht mit? Nassim Taleb beschreibt es in seinem Buch *Das Risiko und sein Preis* so: »Nicht alles, was geschieht, geschieht aus einem bestimmten Grund; aber alles, was überlebt, überlebt aus einem bestimmten Grund.«[110] In dieser Welt dominieren Naturgesetze. Deswegen überleben Fische im Wasser, und Wasser gefriert wiederum bei null Grad Celsius. Aber es gibt keine Bedienungsanleitung für Glück oder die Liebe und auch nicht für die Börse. Willkommen beim Game of Chance!

Doch gerade am Aktienmarkt glauben wir nie an Zufall. Unser Gehirn funktioniert wie eine Bedeutungsmaschine und deswegen suchen wir nach einem Grund. Ich habe selber die Erfahrung mit Kryptowährungen gemacht. Im Dezember 2017 gipfelte der Hype um Bitcoin und Co. in immer höheren Kursen und ich hatte das Gefühl, die Kurse einschätzen zu können. Es ließen sich kurzfristig Muster ausmachen. Doch das war ein Trugschluss! Wenige Wochen später war es vorbei mit den Mustern: Der Zufall schlug zurück, und die Kurse sprangen hin und her wie nie zuvor. Im dritten Teil dieses Buches werde ich dir noch genauer erklären, warum scheinbare Muster so gefährlich für dein Geld sein können. Das Problem ist, dass im Nachhinein Gründe dafür gesucht werden. Wir Menschen sind süchtig nach Erklärungen. Dein Instagram-Feed würde dir darauf so antworten: EHFAR. Dieses Akronym steht für den Slogan »Everything happens for a reason«. Und dieser Slogan scheint das Mantra einer digitalen Generation geworden zu sein. Aber hat alles einen Grund? Es wird schon einen Grund haben, warum jemand single, übergewichtig und unbeliebt ist. Aber macht es uns erfolgreicher, wenn wir immer einen Grund für unser Scheitern suchen? Nein! Damit verschaffen wir uns nur ein Alibi und riskieren die Selbstaufgabe, dann scheiterst du schon im Kopf, bevor du etwas versucht hast.

Hast du auch diese Freundin, die einfach keinen Mann findet, weil sie angeblich zu uncool ist, zu klein, zu groß, zu dick oder zu rothaarig? Aber eigentlich verlässt sie nicht mal das Haus und sitzt jeden Abend gemeinsam neben ihrem Selbstmitleid auf der Couch. Es passiert für sie alles aus einem Grund. Aber das Schicksal dient nur als Ausrede, und sie gerät in die Spirale der erlernten Hilflosigkeit. Das ist eine Katastrophe! Denn eine solche Hilflosigkeit gefährdet alle Grundlagen, die Motivation und Erfolg ausmachen. Dann spukt auch noch der Attributionsfehler durchs Gehirn. Demnach wird einem Ergebnis ein Verhalten zugeschrieben.[111] Wer beispielsweise durch eine Prüfung fällt, ist per se faul. Und weil das der Grund sein soll, rasselt er beim nächsten Mal wieder durch – so erzählt es ihm sein Gehirn – weil alles aus einem Grund passiert. Und diesen Grund erzählt das Gehirn dir jeden Tag, bis du es als Wahrheit akzeptierst. Und genau das darf nicht passieren! Wer ein *Growth Mindset* will, der akzeptiert den Zufall, konzentriert sich auf die nächste Chance und bemitleidet sich nicht selbst. Wer für alles einen Grund sucht, der lebt in der Vergangenheit und verpasst die Zukunft.

Wie sehr unser Hirn den Zufall verdrängt, zeigt die Wissenschaft. Der Psychologe Fritz Heider führte am Smith College mit seiner Studentin Marianne Simmel ein Experiment durch und veröffentliche 1944 zwei berühmte Aufsätze dazu, wie sich der Zufall mit Bedeutung aufladen lässt. Für ihre Studie drehten die beiden einen Film. Darin bewegen sich geometrische Formen: zwei Dreiecke, ein Rechteck und ein Kreis. Diesen Film zeigten sie Probanden und ließen sich die Bewegungen beschreiben. Nur ein Proband beschrieb das Szenario so, wie es sich tatsächlich abspielte: als geometrische Figuren, die sich auf einer Fläche bewegen. Alle anderen erkannten soziale Interaktion. Sie schrieben den Dreiecken Emotionen und Absichten zu. Sie sahen ein unschuldiges kleines Dreieck und ein großes Dreieck, blind vor Wut.[112] Und genauso laden wir Geld mit Emotionen und Sinn auf.

Hast du schon mal was vom sogenannten Superbowl-Indikator gehört? Anfang Februar kommt er meistens zum Einsatz, in den USA spielen dann zwei Teams das Finale um die Vince Lombardi Trophy. Die Fans fiebern beim Superbowl für ihr Team, aber die Investoren haben immer einen Favoriten: den Vertreter der NFC. Die National Football League (NFL) besteht aus zwei Teilen: der National Football Conference (NFC) und der American Football Conference (AFC). Der Clou ist, dass der Sportreporter Leonard Koppett Mitte der 1970er-Jahre feststellte, dass der Aktienindex S&P 500 immer dann stieg, wenn ein Team der NFC gewann. Triumphierte dagegen ein Team der AFC wie beispielsweise die Denver Broncos, dann fiel der Markt. Die Statistik belegt: In 40 von 51 Fällen lag der Indikator richtig![113] Aber wie wahrscheinlich ist es, dass die Börse sich nach einem Sportergebnis richtet? Wir finden für alles einen Grund, aber unser Schicksal können wir trotzdem beeinflussen.

WARUM DU REIFEN MUSST WIE EIN GUTER WHISKY

»Ich erkläre dir mein Leben anhand von vier Gläsern. Probiere bitte zuerst diesen Whisky«, sagt Rick zu mir, schenkt goldgelben Single Pot in ein Nosing-Glas und streckt es mir hin, es ist geformt wie eine kleine Tulpe.

Ich sitze mitten in Dublin an der Theke von Ricks Bar und rieche an der Tulpe, in meine Nase steigen Aromen von Vanille und süßlichem Rauch. Ich nehme einen Schluck, behalte den Whisky für fünf Sekunden auf der Zunge, und ich mag ihn. Er schmeckt komplex und hat einen guten Abgang. Rick grinst zufrieden und stellt mir jetzt einen Tumbler mit demselben Single Pot hin.

»Schmeckt er jetzt anders?«, fragt Rick.

Tatsächlich riecht der Whisky schon beim Schwenken anders, und als ich ihn trinke, merke ich, wie ich die Nase rümpfe. Das Aroma ist verflogen, und ich will sofort meine Tulpe zurück. »Aus dem schmalen Glas schmeckt er viel besser«, finde ich.

»Jetzt zeige ich dir meinen Lieblingswhisky«, sagt Rick und schenkt diesmal in ein bauchiges Glas ein, das größer und runder kaum sein könnte. Darin schimmert der irische Whisky in der Farbe von Bernstein.

»Wie schmeckt er dir?«, fragt Rick, während ich den Whisky im Mund jongliere. Er schmeckt süß nach Vanille, leicht scharf nach Pfeffer und duftet nach Blumen.

»Wie flüssiges Gold«, sage ich und bin mir in diesem Moment sicher, dass ich noch nie was Besseres getrunken habe.

»Und jetzt probierst du ihn in deinem Lieblingsglas«, sagt Rick und streckt mir die Tulpe hin, gefüllt mit dem flüssigen Gold.

Und wieder bin ich enttäuscht. Das Gold schmeckt höchstens noch nach Bronze und Rick grinst wieder zufrieden.

»Ein hochwertiger Whisky braucht einfach viel mehr Platz, um sich zu entfalten«, erklärt Rick. Dann erzählt er mir, dass er früher eine Kneipe betrieben hatte in Donegal, ein Dorf im Nordwesten Irlands mit 2600 Einwohnern. Whisky war schon immer seine Leidenschaft gewesen, er probierte sie alle, führte Tabellen mit Ratings und Geschmacksrichtungen, machte Tastings mit seinen Freunden. Aber er wurde schnell zu groß für sein Heimatdorf, als Experte reichte ihm Donegal nicht mehr. Er konnte seine Expertise nicht ausspielen, und seine Kumpels wollten gar nichts von den teuren Whiskys wissen, sie wollten sich einfach jeden Abend an der Bar mit demselben Whisky besaufen und ihre Ruhe haben. Rick reichte das nicht, also wagte er den Schritt nach Dublin. Heute betreibt er drei Bars in der Hauptstadt und arbeitet bereits daran, seinen eigenen Whisky zu brennen. Rick hätte sein ganzes Leben in einem kleinen Whiskyglas, also in seinem Heimatdorf, verbringen können. Aber wäre er damit glücklich geworden? Wahrscheinlich nicht, aber er hat sich nicht seinem Umfeld angepasst, sondern sich ein neues gesucht, ein Glas, das genug Platz bietet für seine Ambition und seine Kompetenz.

Wenn wir wachsen, müssen die Dinge um uns herum mitwachsen, sonst wird das Umfeld zur Zwangsjacke. Ich habe Rick zufällig bei meiner Reise nach Dublin kennengelernt, wir kamen ins Gespräch, weil im Fernseher hinter seiner Bar ein Fußballspiel zwischen England und den Niederlanden lief. Und dann endete es in einer kleinen Whisky-Probe. Warum ich dir diese Anekdote erzähle? Weil Umfeld alles bedeutet. Es beginnt bei der Erziehung, die können wir uns nicht aussuchen. Aber spätestens bei Freunden können wir entscheiden, wie wir beeinflusst werden und welche Werte und Interessen wir teilen wollen. Jeder, der sich mit Erfolg und Wachstum beschäftigt, zitiert gerne folgenden Satz: Du bist die Summe derjenigen fünf Personen, mit denen du am meisten Zeit verbringst. Da ist sicher viel dran, aber mir geht es darum, die Psychologie und die Gefahren des Umfelds zu verstehen.

Die größte Gefahr besteht darin, dass wir ein negatives Mindset von klein an auf den Weg bekommen. Wie wahrscheinlich findest du es, reich zu werden? Und wie wahrscheinlich fandest du es als Kind? Ich bin in einer klassischen Mittelstandsfamilie groß geworden. Mir ging es gut, aber mit Reichtum und Erfolg bin ich weder in der Familie noch auf dem Gymnasium in Kontakt gekommen. Herausragende Leistungen wurden eher beneidet und spöttisch kommentiert. In der Schule tut man die Leistungsträger gerne selber als Streber ab, statt sich auf den Hintern zu hocken und besser zu werden. Wir haben über den Philosophen und Sophisten Kallikles schon in den vorherigen Kapiteln gesprochen. Er plädiert für das Mehr-Wollen und warnt davor, unsere Wünsche zu begrenzen. Viele werden dir ausreden wollen, dass du mehr wollen darfst. Aber sei dir sicher. Es wird dich nie jemand kritisieren, der mehr arbeitet als du, nur jemand, der weniger tut. Aber es gibt genug Menschen, die den Weg vom kleinen ins große Glas suchen. Ich habe mir Schritt für Schritt Freunde gesucht, die meine Interessen und mein Mindset teilen. Visionen und Träume sind nie verboten. Es geht nicht darum, sich gegenseitig zu feiern. Aber wenn du das Gefühl hast, dass Freunde alles zerreden, was du liebst, dann pass sehr gut auf. Denn diese Menschen können dein Mindset und damit dein ganzes Leben versauen. Denn unser Gehirn ist mit sogenannten Spiegelneuronen ausgestattet, einem Resonanzsystem für Gefühle und Stimmungen anderer Menschen. Spiegelneuronen sind vermutlich dafür verantwortlich, dass wir Menschen imitieren und mit ihnen fühlen können. Das Spiegelneuron zeigt als eine Nervenzelle bei der Betrachtung einer Aktion dieselbe Aktivität, als würde sie von der Person selber ausgeführt werden. Wir spiegeln also das Verhalten der anderen. So lernen wir auch als Kinder, wenn wir beispielsweise die Eltern nachahmen. Und jetzt stell dir mal vor, du gibst dich den ganzen Tag mit Stinkstiefeln ab, die ihr Leben hassen und alle anderen dafür verantwortlich machen. Doch das muss man erst mal erkennen, und selbst dann fällt es uns oft noch schwer, Schluss mit solchen Menschen zu machen.

Aber welches Phänomen steckt dahinter, dass wir oft gefangen sind im Umfeld wie in einem zu kleinen Whisky-Glas? Das Problem heißt *Social Proof*.[114] Wir machen uns ungern unbeliebt und was die anderen für normal halten, das übernehmen wir dann. Ich habe folgenden Satz sehr oft gehört in meinem Leben: »Ich kann mich in meinem Freundeskreis mit niemandem über Aktien unterhalten.« Über Politik und Wirtschaft reden die Leute meistens auch nicht gerne. Ich hatte das Glück, dass ich bereits mit meinen Eltern viel darüber diskutieren konnte und für mich eine solche Kultur normal erscheint. Aber es gibt auch genug Menschen, die sich privat für Geld, Business, Motivation und Aktien begeistern. Wir müssen sie nur finden. Wer sich dagegen ins falsche Umfeld zwängt, der kann sogar seinen Alltag gefährden. Wir alle kennen diese Kandidaten, die es witzig finden, dass am Ende des Geldes immer noch so viel Monat übrig ist. Aber es gibt ja immer einen guten Grund zum Feiern. Hauptsache die Freunde sind am Start. Wir alleine gegen den Rest der Welt, denn »Crewlove is true Love«. Das kann mir alles Geld der Welt nicht bringen. Solche Menschen sind oft chronisch pleite und vorwärts kommen sie auch nicht, weil sie besoffen sind, verkatert oder ihren Frust gerade durch Shopping ersticken. Es ist menschlich, dass wir uns Menschen suchen, die die eigenen Schwächen teilen, weil wir uns verstanden fühlen. Aber es löst leider keine Probleme. Es braucht immer erst Schmerz, und dann kommt das Gute. Beispiele dafür sind Sport und Geld. Erst kommt die Arbeit und dann die Rendite. Du musst trainieren, um fit zu werden, und du musst sparen und investieren, um reich zu werden. Viele Menschen entscheiden sich jedoch für kurzfristiges Glück und stürzen sich damit langfristig ins Unglück.

Dein Umfeld sollte stets mit deinen Ambitionen mitwachsen. Und du solltest reifen wie ein Whisky. Warren Buffett hat ein einfaches Credo für sein Umfeld: Du sollst dich mit Leuten umgeben, die tatsächlich besser sind als du selber. Such dir Menschen, die so sind, wie du gerne wärst.[115] Das beste Beispiel ist sein Geschäftspartner Charlie Munger, den er auch als einen seiner besten Freunde sieht. Gemeinsam haben sie ein Imperium aufgebaut, das an der Börse mehr als 500 Milliarden

US-Dollar wert ist. Berkshire Hathaway ist der beste Beweis dafür, wie erfolgreich dich das richtige Umfeld machen kann und dass du niemals in einem zu kleinen Glas stecken bleiben solltest.

• • • • • • • • • • • •

Test yourself! Schreib die wichtigsten Menschen in deinem Umfeld auf und notiere dir das Erste, was dir bei ihnen in den Sinn kommt. Am besten schreibst du dir noch die Aktivitäten auf, die ihr gemeinsam am meisten ausführt. Dann überlegst du dir genau, ob es zu dir und deinen Zielen passt. Trage hier bitte die fünf wichtigsten Personen in deinem Leben ein und schreibe jeweils den Begriff und die Aktivität auf, die du mit ihnen verbindest:

	Name	Schlagwort	Aktivität
1	_____	_____	_____
2	_____	_____	_____
3	_____	_____	_____
4	_____	_____	_____
5.	_____	_____	_____

• • • • • • • • • • • • • • • • • • •

WARUM DER TOD DICH ERFOLGREICHER MACHT

In fünf Sekunden sind wir tot. Dann höre ich nur noch Sarahs Schrei. Reifen quietschen, Äste brechen und wir fallen. Immer weiter. Ich weiß nicht, was ich in diesem Moment denke. Aber ich weiß, dass es kein Zurück gibt. Und dann kommt der Knall, der alles verändert. Ich warte auf den Schock, auf Blut, das über mein Gesicht läuft, auf Schmerz, der durch mein Schienbein sticht. Aber nichts! Wir sitzen in einem weißen Isuzu-Pick-up und sind gerade 10 Meter in einen Urwald in Thailand gestürzt, bis endlich ein Baum den Fall gestoppt hat. Als Sarah ihr iPhone aus der Tasche zieht und die Scheibe mit den Rissen von innen filmt, spüre ich, dass wir eine Chance haben. Auch Sarah hat keinen Kratzer abbekommen. »Mir ist nur grade schlecht«, sagt sie.

Mein erster Gedanke: Wir müssen hier raus! Die rechte Tür geht nicht auf, ein Baum klemmt sie ein. Die linke Tür klemmt auch, aber ich kann sie auftreten und krieche zuerst aus dem Pick-up. Als ich nach oben schaue zum Straßenrand, blickt mir ein Thai entgegen und ruft mir fragend zu, ob ich ok sei. Aber seine Augen sagen: Das gibt es nicht, dass dieser blonde Typ einfach aus dem Auto steigt, als wäre nichts gewesen.

Eigentlich wollten wir zum Khao-Sok-Nationalpark fahren und unvergessliche Bilder auf einem Privatboot schießen. Und jetzt stehe ich mit meiner Freundin um 8:30 Uhr morgens umringt von Thailändern im Nirwana und versuche, die Nerven zu behalten. Was ist passiert? Wir waren auf einer Landstraße über eine Anhöhe gefahren und plötzlich sah die Straße vor uns so aus: Rechts auf der Gegenfahrbahn ein Lkw links auf unserer Seite ein Auto, das den Lkw überholen will, aber nicht vorbeikommt. Ich zögerte kurz und wartete auf eine Reaktion des Überholers, aber nichts passierte. Dann bremste ich, vielleicht zu früh, ich weiß es nicht. Das Auto brach aus und ich sah nur noch die Chance, dem Crash zu entkommen, indem wir im Urwald verschwanden und ich das Auto ins Nichts lenkte.

Der Thriller verläuft im Zeitraffer so: Die Thailänder sind so hilfsbereit, wie ich es selten erlebt habe. Mit Händen, Füßen und schlechtem Englisch schaffen wir es, einen Krankenwagen zu rufen und die Mietwagenfirma zu informieren. Dann werden wir zur Polizeistation in Phanom gebracht. Wir versuchen zu erklären, was passiert ist, aber der Polizist will unsere Worte nicht verstehen. Er erinnert uns an Chief Wiggum von den *Simpsons*. Wiggum scheint sich nur um sich selbst zu kümmern und stellt eher eine Witzfigur dar als eine Autorität. Wiggum lacht ein lautes Lachen. Menschen kommen und gehen. Alte Thailänder mit Schrotflinten betreten das Revier, wir warten und beobachten das Schauspiel, Wiggum lacht, und wir warten weiter, bis nach sechs Stunden endlich zwei junge Mitarbeiter von der Mietwagenfirma vor uns stehen und uns die Autoschlüssel für den neuen Mietwagen in die Hand drücken. Gott sei Dank haben wir die beste Versicherung abgeschlossen und selbst der Totalschaden ist abgedeckt. Aber der neue Wagen ist leider wieder ein Isuzu, sogar dasselbe Modell wie der Unfallwagen. Soll ich tatsächlich am selben Tag nochmal in diesen Wagen steigen? Als der Mitarbeiter uns zur Verabschiedung die Hand schüttelt und uns mit leiser Stimme sagt, dass wir gut auf uns aufpassen sollen, wird mir schlecht. Seine Augen sagen: Ich kann nicht glauben, dass die beiden noch leben, und dann spricht er es auch noch aus und macht diese Geste mit seiner Hand an seinem Hals. Sein ausgestreckter Zeigefinger wischt über seinen Kehlkopf. Als er unseren Unfallwagen gesehen habe, dachte er, dass wir tot sein müssten.

Dieser Unfall ist im Frühjahr 2019 passiert, und er hat den Blick auf mein Leben geschärft. Bedenke, dass du sterben musst. Dieses Motto ist auch bekannt als *Memento mori*, es stammt aus dem mittelalterlichen Mönchslatein.[116] Aber es geht dabei nicht um Totenkult oder Esoterik, sondern aus meiner Sicht nur um eines: Wir haben keine Zeit zu verschenken. Du hast 700.000 Stunden Zeit im Leben, vorausgesetzt du wirst 80 Jahre alt. Nutze diese Stunden und genieße sie! Der Tod lehrt uns: Alles hat ein Ende, und das ist auch gut so. Niemand will sterben, aber letztendlich werden wir es dennoch alle tun. »Und so soll es auch sein, weil der Tod sehr wahrscheinlich die beste Erfindung des Lebens ist«, sagte Steve Jobs einst.[117]

Ich erlebe die Stunden nach dem Unfall in Thailand so intensiv wie selten zuvor in meinem Leben. Wir wollten in den Nationalpark fahren, und wir haben es nach dem Unfall auch durchgezogen. Nach dem Warten geht die Reise weiter. Als ich schließlich mit dem Boot durch den Nationalpark von Khao Sok fahre, spüre ich nur Glück. Weil ich keine Angst mehr habe, ich bin ja gerade schon gestorben. Ich nehme alles intensiver wahr, fast wie ein kleines Kind, das zum ersten Mal die Welt sieht. Ich bin erstaunt, wie hoch die Berge sind, wie blau das Wasser. Ich bin dankbar. Wir können den Moment nicht leben, denn jeder Moment, auf den wir uns konzentrieren, ist in diesem Moment schon wieder Geschichte. Wir können nichts festhalten, weil alles vergänglich ist, aber wir können uns auf die Dinge konzentrieren, die wir lieben. Feier den Tod täglich, denn er macht dir bewusst, was wirklich zählt. Merke dir vor allem einen Satz: Kill your Darlings! Dieser Spruch kommt aus der Literatur und bedeutet, dass Autoren manchmal ihre Lieblingsfiguren opfern müssen, wenn es der Spannung dient. Für dieses Buch musste ich auch einige Passagen streichen, die mir am Herzen lagen, aber wir können nicht alles haben. Wer alles behalten will im Leben, der hat am Ende nichts! Entscheide dich!

Andre Agassi gewann 1999 zum ersten Mal die French Open und beschreibt in seiner Biografie *Open,* wie gut sich der Sieg für ihn angefühlt hatte, obwohl er ihm eigentlich niemals so viel hätte bedeuten sollen, und wie glücklich und dankbar er all den Menschen in seinem Umfeld in diesem Moment gewesen ist. Er schreibt: »Ich habe sogar ein bisschen Dankbarkeit für mich selber übrig, für all die guten und schlechten Entscheidungen, die hierher führten.«[118] Agassi bedeutete dieser Sieg so viel, weil er für ihn sterben musste. Der Sieg war das Comeback und somit die Wiedergeburt. Mitte der 1990er-Jahre war Agassi abgestürzt, konsumierte Drogen und fiel in Depressionen. Er stellte sogar seine Tenniskarriere in Frage, verfluchte seinen Vater, der ihn stark unter Druck gesetzt hatte und seinen früheren Trainer Nick Bolletierie, der ihn triezte. Auch in seinem Privatleben lief alles schief, und er ließ sich von seiner damaligen Frau Brooke Shields scheiden. Was brachte die Wende? Die Tochter seines besten Freundes Gil Reyes wurde von einem Auto erfasst und schwebte zwischen Leben und Tod. Agassi war schockiert und fuhr nach einer Drogennacht ins Krankenhaus. Als er den blassen Gil antraf, fand er für sich den Sinn des Lebens. Er wollte den Menschen, die er liebt, etwas zurückgeben. Gils Tochter überlebte, und Agassi wurde neu geboren. Er erkannte jetzt auch Sinn im Tennis. Früher hatte er nur den Wunsch seines ehrgeizigen Vaters umgesetzt, der ihn zum Profisport trieb, jetzt wollte er eine Stiftung für benachteiligte Kinder gründen. Und dafür musste er wieder Turniere gewinnen. Dafür trainierte er hart und kämpfte sich von ganz unten zurück an die Weltspitze.[119]

Du kannst immer neu starten, selbst wenn du am Boden liegst. Das Leben hat ein Ende, aber alles andere kann auch ein Ende finden. Ich finde diesen Gedanken so wertvoll, dass ich das Leben in viele kleine Leben einteile. Wir können tausendmal sterben und neu geboren werden. Wir verlieren und stehen wieder auf. Wir streifen alte Denkmuster ab und entwickeln uns weiter. Wir werden erfolgreicher. Aber was ist Erfolg überhaupt? Es geht um das richtige Urteilsvermögen und die Veränderung. Dabei erinnere ich mich an eine Geschichte von Sherlock. Er erzählte mir von einer Frau, die einen Schinken für das Abendessen zubereitete und beide Enden abschnitt. Ihr Ehemann fragte, warum sie denn beide Enden abschneide. »So hat das meine Mutter gemacht«, antwortete sie. Am Abend kam dann die Mutter der Frau und sie erklärte, dass ihre Mutter den Schinken auch schon an beiden Enden abgeschnitten hätte. Dann wollten sie es genauer wissen, riefen die Großmutter an und fragten nach dem Schinken. »Ich habe immer beide Enden abgeschnitten, weil meine Pfanne zu klein war«, sagte sie. Leben heißt nicht, an eine ewige Wahrheit zu glauben, wir müssen unsere Zukunft selbst erkämpfen. Denk an die Genie-Falle: Wer immer Recht hat, lernt nie etwas dazu! Wir unterliegen sonst schnell dem *Confirmation Bias*: Unser Hirn liebt Sachen, mit denen wir übereinstimmen.[120] Gerade in dieser Welt voller Algorithmen, drohen wir in der Filterblase zu ersticken. Wir konsumieren dann nur noch Inhalte, die unsere Meinung bestätigen.

Selbst wenn du schon Erfolg hast, stell dich immer wieder auf den Prüfstand. Rafael Nadal gewann 2005 ebenfalls zum ersten Mal in seinem Leben die French Open. Nach dem Spiel kam sein Onkel und Trainer Toni Nadal in die Kabine und machte ihm klar, dass er damit nicht zufrieden sein darf. Toni Nadal hatte zuvor bei Carlos Moya und Juan Carlos Ferrero nach deren ersten Siegen bei den French Open gedacht, dass noch weitere dazukommen würden. Aber er hatte sich getäuscht. Viele, die einen Titel gewonnen haben, dachten, es wäre das erste Mal. Aber es war das letzte Mal. Das sagte er auch seinem Schützling und forderte von Rafael, dass er sich jedes Jahr verbessern muss.[121] Nadal scheint die Mahnung verstanden zu haben. Er gewann die French Open danach noch elfmal. Der Ökonom Joseph Schumpeter hat es kreative Zerstörung genannt. Erfolg besteht darin, ihn dauerhaft zu haben, und dafür müssen wir uns neu erfinden. Niemand hat etwas davon, einmal zu gewinnen. Erfolg drückt uns manchmal gegen die Wand wie ein unsichtbarer Finger. Das gilt auch fürs Geld. Wenn einmal etwas funktioniert hat, dann wiederholen wir diese Erfolge blind. Viele trauen sich nicht, ihre Meinung zu ändern, weil die anderen einem dann ja Wankelmütigkeit vorwerfen könnten. Aber wer ist am Ende der Dumme? Der, der seine Meinung den Fakten anpasst oder derjenige, der die Wahrheit zurechtbiegt, damit sie zu seiner Meinung passt?

Wir sollten den *Endowment-Effekt*, auch Besitztumseffekt, im Blick haben: Was wir besitzen, schätzen wir wertvoller ein.[122] Überleg mal, wie viel du für eine Kuckucksuhr verlangen würdest, die du selbst gebaut hast. Und jetzt überleg dir, was du im Gegenzug für eine Kuckucksuhr bezahlen würdest, die dir auf einem Flohmarkt unterkommt. Wahrscheinlich würde der Unterschied gravierend ausfallen. Dieses Phänomen wurde bei diversen Untersuchungen bewiesen. Man nennt es auch Ikea-Effekt: Wir hängen am meisten an jenen Dingen, die wir selbst gebaut haben. Du wirfst ungern ein Ikea-Regal aus der Wohnung, für das du stundenlang geschuftet hast, noch schwerer trennst du dich von einem Regal, das du komplett selbst erschaffen hast. Und so kann es dir auch bei deinem Aktiendepot gehen. Du hast viel Arbeit investiert und mit manchen Aktien schon einen Crash durchgestanden, aber du solltest dich nie in eine Aktie oder Idee verlieben. Ich habe mein Depot auch schon oft umstrukturiert. Wer sich nie an die Realität anpasst, dem geht es wie Kodak und Nokia. Sie waren einst erfolgreich, aber dann erlagen sie dem *Streetlight-Effekt*. Sie haben nur noch dorthin geschaut, wo es am bequemsten war, also dort, wo die Straßenlaterne leuchtet. Aber Schätze verstecken sich im Dunkeln und wir müssen uns quälen dafür. Disruption wird immer wichtiger, wenn sich die Welt schneller dreht. Die Lebensdauer von Unternehmen verkürzt sich. Wenn es nach der Forschung der Babson School of Business geht, werden viele Top-Konzerne in wenigen Jahren nicht mehr existieren.[123]

Weißt du, wie Google sich vor Disruption feit? Der Konzern setzt auf die sogenannte 70-20-10 Regel. 70 Prozent investiert Google in sein Kerngeschäft, 20 Prozent in angrenzende Geschäfte und 10 Prozent in die sogenannten *Moonshots*. Diese Projekte sind neu und hochriskant wie Google Glass oder Project Loon (Internetdienste über Ballone in der Stratosphäre), Google scheitert dabei auch, aber bleibt durch diese Strategie stets innovativ. Kill your Darlings. Liebe die Unsicherheit, und lass jeden Tag etwas sterben, das deinem Erfolg im Weg steht.

• • • • • • • • • • • • •

Test yourself! Schreib dir 25 Sachen auf, die du gerne machen würdest, streiche die letzten 20 und denk nie wieder drüber nach! Hier kommen nur die fünf rein, die übrig geblieben sind …

1. _____
2. _____
3. _____
4. _____
5. _____

DIE DILOGIE VOM NEIN – WARUM ES DAS GOLDENE WORT IST

Via Negativa: Wenig Schlechtes ist meistens das Beste

Hast du schon mal von Sturgeons Gesetz gehört? Es ist benannt nach dem Science-Fiction-Autor Theodore Sturgeon, er war einer der produktivsten Autoren des Genres in den 1950er- und 1960er-Jahren und verlieh ihm Ansehen. Trotzdem musste er sich immer mit einem Stereotyp herumschlagen: Scifi-Romane seien alle Schund. Und er antwortete darauf so: 90 Prozent aller Sachen seien Schrott. 90 Prozent aller Bücher oder Filme auf dem Markt. Auch die meisten Scifi-Romane wären Mist, aber seine eben nicht![124] Du musst dich also nicht wundern, wenn dich die meisten Sachen enttäuschen. Wie viele geniale Aktien, Bücher oder Schauspieler gibt es? Eben nur wenige! Charlie Munger hat den Satz geprägt: »Es ist schwierig, etwas Hervorragendes zu finden. Wenn Sie also in 90 Prozent der Fälle Nein sagen, werden Sie kaum etwas (...) verpassen.«[125]

Dass wir uns per Ausschlussverfahren unseren Wünschen nähern, ist eine bemerkenswerte Vorstellung. Dieses Prinzip nennt sich *Via Negativa* oder auch negative Theologie. Wir müssen also nicht blind dem Glück nachjagen, wir können unser Leben erfolgreich gestalten, wenn wir das Schlechte vermeiden. Warren Buffett beispielsweise studiert das Scheitern der anderen. Wenn du reich werden willst, dann schau dir an, warum Menschen kein Geld haben. Weil sie Schulden machen für Konsum und sich Autos kaufen, die sie sich nicht leisten können. Weil sie hässliche Klamotten kaufen, die sie nie anziehen. Weil sie sich fürs Fitness-Studio anmelden, sich iPhones finanzieren und damit Berge von Fixkosten anhäufen, die jeden Monat anfallen. Weil sie dann nichts sparen und jeden Monat ihr Konto überziehen. Weil sie Anlageprodukte kaufen, die sie nicht verstehen. Weil sie zu große oder gar keine Risiken eingehen. Und weil sie meistens keinen Plan für ihr Geld haben. Mag simpel klingen, aber wenn du diese Fehler vermeidest, hast du schon mehr von Geld verstanden als 95 Prozent aller Menschen. Es gibt tausend Wege, wie wir nicht reich werden. Manche müssen wir selber gehen, viele sind die anderen schon für uns gegangen und wir müssen sie nicht nochmal laufen.

Schauen wir uns an, wie die erfolgreichsten Geschichten der Welt geschrieben werden: Pixar produziert am laufenden Band Blockbuster wie *Ratatouille*, *Findet Nemo* oder die *Monster AG* und setzt dabei auf *Via Negativa*. Eine Regel bei Pixar lautet: Wenn du nicht weißt, wie sich deine Story weiterentwickelt, dann mach dir eine Liste, von jenen Sachen, die du nicht als Nächstes in deiner Handlung haben willst.[126] Wenn ich nicht weiß, welchen Titel ich über eine Geschichte schreiben will, dann kritzle ich erst mal sehr schlechte Überschriften auf einen Zettel. Einer der Sätze, die ich von Sherlock am häufigsten gehört habe: »Wissen lässt sich nur falsifizieren.« Es fällt uns leichter, Mist zu identifizieren, als ein Juwel zu finden. Und glaub mir, das meiste ist Mist. Früher dachte ich manchmal, ich wäre ein Stinkstiefel, weil mich 90 Prozent aller Small Talks langweilen, weil mich viele Filme nach zehn Minuten langweilen und weil ich mich selbst bei den meisten Dates in meinem Leben selber unterhalten musste. Freunde und gute Beziehungen liegen nicht auf der Straße. Wissen wir mit 20 Jahren, wie unsere Traumfrau tickt? Schön soll sie sein, klug und lustig. Klar, aber ich musste mich über gescheiterte Beziehungen herantasten und weiß heute vor allem, was ich nicht in meinem Leben brauchen kann. Und wenn dieser Mist wegfällt, kommt man dem Optimum schon sehr nah. Viele Menschen werden dir einreden, dass du zu anspruchsvoll bist, schwierig, gar arrogant. Nein! Du weißt, was du willst, und vor allem, was du nicht willst. Lass dir niemals von anderen Menschen einreden, dass du zu eigensinnig bist. Wenn es dich nicht überzeugt, dann lass es!

Überleg mal, wie viel Mist täglich in die Welt hinausgeblasen wird. Im Zeitalter von Social Media schreibt jeder, fotografiert oder posted. Mehr als 8000 Tweets pro Sekunde, 928 Fotos bei Instagram kommen jede Sekunde dazu, und bei YouTube werden pro Sekunde knapp 80.000 Videos angeschaut.[127] Wer braucht das alles? Die Mehrheit dieser Masse braucht niemand. Das gilt auch für Aktien: Nach den Untersuchungen einer Studie sind die meisten Mist. Vier Forscher der Arizona State University und der Hong Kong Polytechnic University fanden für ihre Studie »Do Global Stocks Outperform US treasury Bills?« heraus, dass im Zeitraum von 1990 bis 2018 viele Aktien alt aussahen. 56 Prozent der US-Aktien und 61 Prozent der Nicht-US-Aktien schnitten tatsächlich schlechter ab als einmonatige US-Staatsanleihen.[128] Deswegen solltest du auch Nein zu Hypes sagen am Aktienmarkt. Denn sonst bezahlst du wahrscheinlich einen zu hohen Preis für eine Aktie, gerade wenn du sie langfristig halten willst. Es gilt immer noch die Weisheit: Man sollte nie einer Straßenbahn nachlaufen und einer Aktie erst recht nicht!

Die Evolution ist mal wieder daran schuld, dass wir alles für wichtig halten. Wenn es früher raschelte im Busch, war es vielleicht ein Säbelzahntiger. Ignorieren konnte in der Steinzeit den Tod bedeuten. Heute bringt uns der Überfluss um, deswegen müssen wir dagegen ankämpfen. Am besten orientierst du dich an der 90-Prozent-Regel. Wenn du dich entscheiden musst, dann stell dir im Kopf eine fiktive Punktzahl von 100 vor. Freunde wollen mit dir einen draufmachen? Aber du würdest lieber zum Sport und noch dieses Buch lesen über Geld, Motivation und Erfolg. Also wie viel Lust hast du wirklich auf einen Barbesuch? Würdest du 80 Punkte geben oder nur 60? Alles, was sich nach weniger als 90 Punkten anfühlt, sollte nur eine Antwort kriegen: NEIN! Mach keine Kompromisse. Sonst verschwendest du Zeit und Energie, und zwar nicht nur deine, sondern auch die der anderen! Erinnerst du dich an die Ärztin aus dem Seelenkapitel? Wenn ein Date sich unmöglich benimmt, dann solltest du aufstehen und gehen. Eine klare Antwort ist immer besser als ein falsches Versprechen. Sprich klare Sprache! Sei nicht wie diese Vielleicht-und-eigentlich-Menschen. So wirst du niemals erfolgreich! Und mache dir eines klar: Wenn du Ja sagst, gibst du anderen Menschen Macht. Sie kriegen Macht über deine Zeit und möglicherweise sogar über deine Meinung. Und je öfter du Ja zu Dingen sagst, die dir nicht passen, umso mehr tanzt du nach der Pfeife der anderen.

»Was würdest du tun, wenn die Zombie-Apokalypse ausbricht?« Diese Frage stellt mir mein Coach Markus bei einem Persönlichkeitstest. Es geht darum herauszufinden, was meine Motive sind und wie ich meinen Charakter besser vor der Kamera und auf der Bühne für Mission Money einbringen kann. Was hat das jetzt mit Zombies zu tun? Genau das frage ich mich in diesem Moment auch. Aber ich versuchte mein Bestes für den Test: Ich stelle mir vor, wie ich in meiner Wohnung aus dem Fenster schaue und Zombies durch die Münchner Straßen ziehen. Was würde ich als Erstes tun? Ich weiß es nicht! Aber ich weiß, was ich nicht tun würde: auf die Straße laufen, die Tür unverriegelt lassen und unbewaffnet bleiben. Mir wird erst danach klar, dass ich zuerst nur Sachen aufzähle, die ich nicht tun würde und dadurch langsam einen Plan kriege. Dann kommen mir Ideen, wie ich Freundin, Freunden und Familie helfen kann. *Via Negativa* bringt Sicherheit in unsicheren Situationen. Was kam bei der Auswertung des Tests heraus? Mir ist es wichtig, vorbereitet zu sein und mich sicher zu fühlen. Und dann lässt es sich auch ins Risiko gehen.

Ich liebe den Gedanken, in meiner eigenen Welt zu leben. Mir fällt eine Szene am Flughafen von Stockholm ein: Der Rückflug nach München verzögert sich um eine Stunde und nach der Durchsage sitzen die anderen Passagiere zusammengesackt auf ihren Sitzen, als würden sie nie wieder nach Hause kommen. Manche fluchen, andere starren in die Leere. Ich ärgere mich auch kurz, aber ich habe mir angewöhnt, Nein zum Gejammer der anderen zu sagen. Ich höre die Stimme von Arnold Schwarzenegger in meinem Kopf: »Say no to the Naysayers« und setze meinen Kopfhörer auf, natürlich mit Noise Cancelling, schalte klassische Musik von Gabriel Fauré an und fange an zu schreiben, und zwar Notizen und Gedankenfetzen für dieses Buch!

Spiel immer dein Spiel: Lies ein Buch, denk einfach nur mal nach, meditiere, beantworte E-Mails oder führe ein Kreativitätstagebuch und schreib dir in solchen Situationen neue Ideen auf. Der britische Unternehmer und Fondsmanager Sir John Templeton soll immer ein Buch dabeigehabt haben. Du musst immer Nein sagen können zu externen Einflüssen, die dir dein Mindset versauen. Deine Spiele müssen so einzigartig und individuell sein, dass die anderen am besten gar nicht mehr mitspielen können. Nein kann die entscheidende Waffe für den Erfolg sein. Sei bitte kein Ja-Sager.

Es geht um Time – nicht um Timing

Was ist der wertvollste Rohstoff? Gold? Öl? Bitcoin? Oder doch Daten? Warte einen Moment mit der Antwort, ich will erst ein Gedankenexperiment mit dir machen: Stell dir vor, du hast 86.400 Euro in deinem Geldbeutel. Dann klaut dir jemand 10 Euro davon. Würdest du die restlichen 86.390 Euro riskieren, um die 10 Euro zurückzubekommen? Oder würdest du einfach auf die 10 Euro pfeifen? Wahrscheinlich wären dir die 10 Euro egal. Jetzt drehen wir die ganze Sache um: Wir alle haben pro Tag 86.400 Sekunden. Jetzt stell dir vor, jemand klaut dir 10 Sekunden des Tages, weil er dich verärgert. Würdest du die restlichen 86.390 Sekunden vergeuden, um dich darüber aufzuregen? Leider passiert uns das viel zu oft! Dabei ist Zeit wertvoller als alles Geld der Welt. Denn selbst wenn wir es hätten, könnten wir uns nicht mehr Zeit kaufen. Wir schuften Sekunde für Sekunde, aber wir kriegen sie nie wieder zurück. Aber warum verschwenden wir sie dann so oft?

»Ich habe keine Zeit!« Hast du auch diese Freunde und Kollegen, die immer im Stress sind? Mir kommt es so vor, als wäre nur derjenige wichtig, der beschäftigt ist und den ganzen Tag zu tun hat. Aber bitte lass dich nicht anstecken von diesen Stressoholikern. Meistens machen sie sich nur wichtig. Manche suchen sogar den Stress. Hast du schon mal was von *Planshopping* gehört? Ein Beispiel: Peter lädt Stefanie zum Dinner ein. Stefanie hat eigentlich Lust. Aber sie will vorher lieber noch abchecken, was ihre Freundinnen heute abends vorhaben. Und ob nicht vielleicht doch Mike Zeit hat für ein Date. Stressoholiker machen sich wichtig, aber sind sie es auch? Ich habe vielmehr die Erfahrung gemacht, dass erfolgreiche Menschen sich immer Zeit für wichtige Dinge nehmen. Wir müssen smart sein, nicht busy. Bei den alten Griechen war körperliche Arbeit verpönt. Und in der Bibel wird Arbeit auch als Strafe Gottes erwähnt. Grundsätzlich sollten wir viel öfters Nein sagen, wie wir es im letzten Kapitel schon gelernt haben. Wir sollten uns auf jene Dinge fokussieren, die uns glücklicher, besser und reicher machen. Nein zu negativen Menschen. Nein zu schlechten Aktien.

Aber ein Nein alleine reicht noch nicht: Wer Nein zu anderen sagt, muss unbedingt Ja zu sich selbst sagen. Wer Freunden absagt für den Abend in der Bar und dann auf der Couch liegt und TV schaut, der hat das Nein-Sagen nicht verstanden. Wenn wir unseren Tag und unsere Woche planen, brauchen wir also eine Taktik. Sie bildet die Basis für den kurzfristigen Erfolg. Aber gerade die Time-Taktik fällt schwer in der digitalen Welt. Wir sind ständig unter Beschuss! Links bimmelt WhatsApp und rechts die E-Mail, und wir versuchen, alles zu beantworten. Aber warum? Die Evolution und unsere Hormone geben die Antwort. Wenn wir E-Mails abarbeiten, schüttet unser Körper Serotonin als Belohnung für das kleine Erfolgserlebnis aus. Und wenn das iPhone klingelt, schüttet er das Kuschelhormon Oxytocin aus. Es reicht schon zu wissen, dass jemand an uns denkt, und es fühlt sich an, als würde uns diese Person umarmen. Und diese Person können wir doch nicht warten lassen, oder? Denk nochmal an die Frage: Was würdest du tun, wenn du schon reich wärst? Jene Dinge, die wir uns am meisten wünschen, haben keinen Stichtag. Reisen, Sprachen lernen und endlich die Wampe wegtrainieren. Deswegen verschieben wir solche Wünsche gerne in die Zukunft und schreiben stattdessen die nächste E-Mail. Aber genau das sollte uns nicht passieren! Wir sollten Nein zu den unwichtigen Dingen sagen und konsequent an jenen arbeiten, die unser Leben besser machen und uns glücklich.

Das Problem ist nur, dass die Dinge, die uns glücklich machen, sich nicht mit wenigen Klicks erreichen lassen. Glück ist Arbeit. Glück erfordert Disziplin und Beharrlichkeit. Nur wer sich quält und wie ein Freak brennt für seine Leidenschaften, der wird erfolgreich. Also sag Ja zu einem Plan im Leben und Nein zur Zeitverschwendung. Klingt noch sehr abstrakt, deswegen habe ich eine konkrete Aufgabe für dich: Mach dein Leben messbar und schreib dir für eine Woche genau auf, was du den ganzen Tag machst. Und damit meine ich alles! Schreib dir jede Minute auf, egal ob du arbeitest, auf dem WC sitzt oder Netflix schaust. Und dann optimierst du dein Zeitmanagement und machst dir jeden Tag Termine für dich selbst und die Dinge, die dir wichtig sind. Plane Zeit ein für Sport, Lesen, Meditieren und konkrete Aktivitäten wie Ausflüge. Wir fühlen uns oft schuldig, wenn wir keine Zeit für Freunde haben oder eine E-Mail liegen lassen, aber schuldig sollten wir uns vor allem fühlen, wenn wir uns keine Zeit für uns selber nehmen.

Wenn du deine Taktik im Griff hast, brauchst du noch eine Vision, also eine Idee davon, was du in 10 oder 30 Jahren schaffst. Auch Steve Jobs hat Apple nicht über Nacht zum Weltkonzern gemacht. Wie schaffen es nun die Besten der Welt, Sport, Beziehung und Business erfolgreich zu verbinden? Manche Menschen werden dir einreden, dass du dich nur auf eine Sache konzentrieren darfst. Wer also ein Business aufbauen will, kann sich keine Freundin leisten. Aber meine Erfahrung sagt: Wenn es im Job läuft, dann läuft es auch privat. Siegen macht süchtig und Siegen macht besser. Und diese Siege lassen sich nicht über Nacht einfahren. Tage meistern wir erfolgreich mit Taktik, aber für das Leben brauchen wir eine Strategie. Erfolgreiche Menschen haben einen langen Horizont und arbeiten für ein Ziel. Denk an die 1-Prozent-Regel aus dem Gamification-Kapitel. Und denk an den alten Mann im Bistro, der 70 Jahre lang gezeichnet hat. Nimm dir jeden Tag Zeit für die wichtigsten Dinge in deinem Leben, und du wirst in nur wenigen Jahren viel bewegen.

Es geht immer um Zeit. Erfolg kommt nie über Nacht. Time not Timing: Es ist wahrscheinlich der Satz, der bei Mission Money am häufigsten gefallen ist. Ich habe im Vorwort geschrieben, dass ich dir Abkürzungen zeigen möchte. Denn wir denken immer, dass es schon zu spät wäre. Als ich 18 war, kam mir der Dax teuer vor, und ich sah kein Potenzial für steigende Kurse, weil ich viel zu kurzfristig dachte. Obwohl ich so jung war, dachte ich nur an die kommenden Monate. Hätte ich doch damals nur 10.000 Euro investiert und liegen gelassen, denke ich heute. Wenn ich früher mehr Zeit in meine persönliche Entwicklung gesteckt hätte, wäre mir dieser Fehler vielleicht nicht passiert. Also nutze deine Zeit! Beim Investieren gewinnt derjenige, der den Faktor Zeit nutzt. Hoffentlich bist du erst 20 oder jünger, wenn du diese Zeilen liest. Denn jeder Tag zählt. Dazu vergleichen wir zwei Sparer. Tom fängt schon mit 16 Jahren an zu investieren. Er hat ein Startkapital von 5000 Euro und bespart monatlich einen ETF auf den Weltaktienindex mit 100 Euro. Wenn er die monatliche Rate alle fünf Jahre um 20 Prozent steigert, dann kommt er nach 50 Jahren bei einer jährlichen Verzinsung von 7 Prozent auf knapp 1 Million – nämlich 969.982,06 Euro (ohne Gebühren und Steuern). Hans fängt erst mit 35 Jahren an, dafür aber mit doppeltem Startkapital (10.000 Euro) und doppelter Sparrate (200 Euro). Bei derselben Dynamisierung und Verzinsung kommt er mit 66 Jahren gerade mal auf ein Endkapital von 403.306,88 Euro. Die Differenz beträgt: 566.675,18 Euro!

Was ich gerne noch früher gewusst hätte: Lass dich nicht für deine Zeit bezahlen, sondern für deine Fähigkeiten. Ein Arbeitnehmer tauscht zum Beispiel seine Zeit immer gegen einen Stundenlohn. Zeit ist aber ein limitierender Faktor. Der Arbeitnehmer kann also nur mehr verdienen, wenn der Chef ihm mehr Gehalt zahlt. Ein Unternehmer investiert dagegen seine Zeit und baut ein Produkt oder er macht sich selber dazu. Also nutze die Digitalisierung, und verkaufe deine Seele so teuer wie möglich. Sei ein Freak wie unser Lego-Literat. Mach dein Ding und starte einen YouTube-Kanal, produziere einmal ein Video und erreiche damit Hunderttausende Menschen. So geht Skalierung. Stellen wir uns das Beispiel an einem YouTube-Video vor: Du produzierst es einmal und wendest dafür wenige Stunden auf. Wenn es dann online gegangen ist, läuft es für mehrere Jahre, und immer mehr Menschen klicken darauf. Während du schläfst, schauen andere Menschen dein Video, und durch die Werbeanzeigen verdienst du mit jedem Aufruf sogar im Schlaf Geld. Erfolgreiche Unternehmen versuchen deswegen, möglichst viel aus der Zeit ihrer Mitarbeiter herauszuholen. Es lässt sich am Umsatz je Mitarbeiter festmachen. Apple hat einen so erfolgreichen Kosmos erschaffen, dass es besonders hohe Margen erwirtschaftet. Plattformen wie Airbnb verdienen Milliarden und binden dabei wenig Kapital. Früher brauchte es Raffinerien und Maschinen. Heute reicht eine App oder eine Cloud. Und es lassen sich Milliarden-Umsätze auf wenige Köpfe verteilen.

Und noch eine persönliche Anekdote zum Nein. Ich hatte selbst schon öfters das Problem, einer Frau nach einem Date abzusagen, wenn ich sie nicht nochmal sehen wollte. Es ist mir sehr unangenehm, deswegen habe ich mich meistens gar nicht mehr gemeldet oder mich so blöd benommen, dass die Frau mich garantiert nicht nochmal sehen wollte. Das habe ich auch mal mit Sherlock besprochen ...

»Frag dich doch nicht, was sie sich denkt, sondern was deine Interessen sind«, sagt er.

»Aber ich kann ihr doch nicht schreiben, dass ich lieber Fifa spiele, als sie nochmal zu treffen«, sage ich.

»Vielleicht solltest du genau das schreiben«, sagt er.

Ich habe es höflicher geschrieben, aber Sherlock hatte Recht. Einfach raus damit. Ich habe mich danach besser gefühlt. Vielleicht habe ich ihr mehr als zehn Sekunden des Tages gestohlen. Aber es wären sonst Tausende Sekunden in den nächsten Wochen geworden. Wir sollten uns und allen anderen weniger Zeit stehlen. Und du solltest niemals Zeit mit Menschen verschwenden, die dich hinhalten. Wenn sie keine Zeit für dich haben, dann lohnt es sich nicht!

• • • • • • • • • • • • •

Test yourself! Arbeite smarter mit den Parkinsonschen Gesetzen![129] Wenn du eine Aufgabe zu erledigen hast, dann lass dir nicht ewig Zeit damit, sondern versuche es möglichst schnell durchzuziehen. Wenn du also drei Monate für eine Facharbeit Zeit hast, dann zieh sie in zwei Monaten durch. Nicht alles, was lange dauert, wird zwingend besser. Als Journalist habe ich ständig Deadlines, und das erleichtert mir sogar den Job. Wer Geschichten schreibt, setzt sich der Gefahr aus, sie tot zu recherchieren. Viele Infos sind gut, aber zu viele Infos machen die Story nicht besser, und man verschwendet Zeit.

• • • • • • • • • • • • • • • • • •

DIE FOKUS-LÜGE – WARUM DU NICHT ALL IN GEHEN MUSST

Bist du schon mal *All In* gegangen? Es ist dieser Kick, wenn du beim Pokern alle deine Chips in die Mitte schiebst. Vor allem der Showdown reizt so viele: Wenn beide alle Chips riskieren und es kein Zurück mehr gibt. Beim Spielen macht das Spaß, aber im Leben sollten wir solche Showdowns vermeiden. Aber Moment mal, Instagram und Erfolgsbücher predigen doch etwas anderes: Finde deine Leidenschaft und dann setze alles auf eine Karte. Ich habe dir auch schon in diesem Buch erzählt, dass du deine Mission finden musst, aber du solltest dich von der Idee verabschieden, dass es nur dieses eine Ding gibt und alles andere in deinem Leben nichts mehr zählen darf. Es wird mittlerweile glorifiziert, dass sich erfolgreiche Leute angeblich für Monate in ihrem Keller einschließen und an ihrem neuen Business arbeiten. Es gibt diese Menschen, die dir einreden wollen: Mach nur noch eine Sache. Der Gedanke stimmt auch grundsätzlich, aber wie so oft müssen wir das Bild differenzierter betrachten. Denn Fokus ist eine mächtige Waffe, aber er muss richtig eingestellt sein! Instagram ist voll von diesen Motivationssprüchen: Hell yeah oder Nein. Warum Nein so ein mächtiges Wort ist, habe ich dir gerade erklärt. Und du kannst es gar nicht oft genug gebrauchen. Das gilt besonders bei Themen wie der Liebe oder einer geschäftlichen Partnerschaft. In beiden Fällen solltest du von einer Person begeistert und nicht aus Vernunft mit jemandem zusammen sein. Im Business kann es sich schnell rächen, wenn du dich auf ein Ja versteifst. Es hatten schon viele eine vermeintlich geniale Geschäftsidee und scheiterten, weil sie alles auf eine Karte setzten.

Gerade bei Geld und Erfolg geht es nicht darum, es anderen zu beweisen, sondern um Strategie. Diversifikation ist ein Schlüsselwort, wenn es um Reichtum geht. Wir werden im dritten Teil dieses Buches noch tiefer darauf eingehen. Aber um eines vorwegzunehmen: Diversifikation heißt nichts anderes, als deine Risiken zu streuen und damit das Gesamtrisiko des Scheiterns zu minimieren. Trotzdem wird uns ständig diese Alles-oder-nichts-Mentalität eingebläut: Es gibt angeblich nur noch erfolgreiche Konzerne, wenn sie sich auf ein Produkt konzentrieren. Die Zeit großer Mischkonzerne wie General Electric mag vorbei sein, aber es führt nicht ausschließlich der Coca-Cola-Lifestyle zum Erfolg. Facebook erlebte seinen zweiten Frühling beispielsweise mit dem Zukauf von Instagram. Apple wird auch gerne auf sein iPhone reduziert, und es heißt, dass es nur dieses eine Produkt habe und davon abhängig sei. Aber das stimmt aus meiner Sicht nicht: Apple hat einen Kosmos um eine geniale Marke herum erschaffen und deswegen verdient der Konzern immer mehr mit dem Service-Geschäft. Es wird also mit Diensten wie Apple Music Geld verdient. Das läuft zwar über das iPhone, aber eigentlich ist es nur der Multiplikator und nicht der Ursprung. Zuerst brachte Jobs den iPod auf den Markt, seit Jahren dominiert nun das iPhone und in Zukunft wird es ein anderes Produkt geben. Es kann alles sein: ein digitaler Ohrring, eine Brille oder ein Chip unter der Haut. Eigentlich spielt es keine Rolle. Apple verkauft eine Idee und fokussiert sich nicht zwingend auf ein Produkt. Apple selbst ist das Produkt. Apple hat die Mission, die Welt zu verändern, anders zu denken und Design zu revolutionieren. Apple hat nicht die Mission, für die kommenden Jahrhunderte iPhones zu bauen.

Fokus auf die Mission ist genau das Richtige, aber ein zu enger Fokus kann schnell in Engstirnigkeit enden und den Erfolg torpedieren. Um es noch mehr zu verdeutlichen: Kodak war einst der größte Player bei der Fotografie. Aber dann folgte der Absturz, weil der Konzern es verpasste, die Digitalisierung zu meistern. Der Fokus war falsch eingestellt. Es ging nicht um die Fotografie an sich, Kodak versuchte sich sogar an digitalen Produkten und entwickelte gar die erste Digitalkamera: Steven J. Sasson konstruierte sie im Jahr 1974.[130] Aber was lief danach schief? Kodak schaffte es nicht, das alte Image loszuwerden. Aus Kundensicht war Kodak immer nur ein Fotofilmunternehmen, das nebenbei Digitalkameras angeboten hat. Heute dominieren Apple, Canon und Co. bei der digitalen Fotografie. Die Qualität der Fotografie hat sicher nicht darunter gelitten, aber Kodak hat darunter gelitten, dass der Konzern All In mit dem falschen Fokus ging.

Ähnlich könnte es den Autobauern in Zukunft ergehen. In den letzten Jahrzehnten ging es stets darum, das beste Auto zu bauen und gerade die deutschen Konzerne sind sehr gut damit gefahren und haben Milliarden verdient. Aber was passiert, wenn das Auto auf einmal gar nicht mehr das Produkt ist? Die Mobilität an sich könnte das neue Produkt werden und das Auto nur noch das Mittel zum Zweck sein. Stellen wir uns eine Zukunft vor, in der die meisten Autos autonom fahren und sich damit alles verändert. Wenn wir nicht mehr selber fahren müssen, gewinnen wir Tausende Stunden von Lebenszeit dazu. Wer sich auf eine Reise mit dem Auto von München nach Berlin macht, kann auf einmal sechs Stunden lesen, an seinem Businessplan arbeiten oder Schlaf nachholen. Der Trend könnte sich in Richtung autonomer Zukunft entwickeln, in der Flotten ohne Fahrer durch die Städte steuern und wir wie heute bei Uber unser Smartphone zücken und uns eine Fahrt buchen. Sollte es so kommen, erscheint der Kauf eines Autos viel unvernünftiger als heute. Die Fortbewegung würde also das Fahrzeug als Produkt ablösen. Das Fahren könnte zum Erlebnis werden und ganz neue Player in Stellung bringen. Stell dir vor, dich würde morgens ein fahrendes Fitness-Studio abholen und du könntest auf dem Weg ins Büro noch schnell pumpen und dich dann auf dem Parkplatz vor dem Büro duschen. Vielleicht mischen dabei Sportkonzerne wie Adidas oder Nike mit, oder vielleicht bieten Konzerne wie Alphabet die Fahrten sogar umsonst an und finanzieren das Ganze über Werbung, die im fahrenden Fitness-Studio auf einem Bildschirm läuft. Wir wissen es nicht. Vielleicht wird es auch fahrende Bars, Yoga-Studios und Hotels geben. Nur eines ist sicher: Selbst wenn du heute das beste Auto der Welt baust, kannst du morgen schon zu den Verlierern zählen.

Amazon und Alphabet machen es dagegen besser vor: Sie haben ein erfolgreiches Kerngeschäft und darum einen Kosmos aufgebaut. Dabei macht sie vor allem die Innovation aus. Stell dir mal vor, Jeff Bezos hätte seinen Fokus nicht geändert, dann würde er heute noch in seiner Garage stehen und Bücher verkaufen. Wenn du also eine Idee hast und dich selbstständig machen willst, dann musst du nicht deinen Job schmeißen und alles auf eine Karte setzen. Am einfachsten baust du dir dein Business nebenbei in deiner Freizeit auf. Wenn du es wirklich willst, dann dürfte es kein Problem sein, dir ein paar Abende in der Woche freizuschaufeln oder mal am Wochenende zu arbeiten. Ich habe dieses Buch auch nebenbei geschrieben, obwohl ich einen Vollzeitjob habe. Es geht alles, wenn wir unsere Zeit sinnvoll nutzen. Wenn du dein Business schneller hochziehen willst, dann setz dich am besten mit deinem Chef zusammen und versuche, dir mehr Zeit rauszuschlagen. Möglicherweise kannst du einen Tag oder mehrere Tage Home Office in der Woche erreichen. Du solltest deinem Chef natürlich gute Gründe dafür liefern und deine Leistung steigern, andernfalls wäre es frech und egoistisch. Aber du wirst sehen, wenn du dich anstrengst und organisierst, dann schaffst du deine Arbeit auch in vier statt fünf Tagen und gewinnst jede Woche einen ganzen Tag, um an deinem Imperium zu arbeiten. Und wenn es dir dein Arbeitsumfeld ermöglicht, dann könntest du deine Geschäftsidee sogar deinem Chef vorstellen. Vielleicht zeigt er sich so begeistert, dass er dich zu einem Sub-Unternehmer macht und dir Kapital zur Verfügung stellt.

Du wirst jetzt denken, dass sich das alles nach Hobby anhört und man von Anfang an viel größer denken müsse. Das Ziel darf auch groß sein, aber es beginnt immer im Kleinen und nicht mit einem großen Knall. Mindvalley-Gründer Vishen Lakhiani erklärt es sehr schön in seinem Buch, wie er sich in den ersten Jahren mit seinem Blog nur ein paar Dollar pro Jahr dazuverdient hat. Er sah das Projekt eher als Spaß und wollte anderen Menschen die Themen Persönlichkeitsentwicklung und Spiritualität näherbringen. 2003 war er ganz klein gestartet mit einem Kapital von nicht mehr als 700 Dollar. Zwölf Jahre später hatte das Unternehmen schon 200 Mitarbeiter und eine halbe Million zahlende Kunde und das alles ohne Bankkredite oder Beteiligungskapital.[131]

Setze deine Ideen in Bewegung, das ist das Wichtigste. Veränderung funktioniert nicht wie eine Explosion, es geht darum, ein Feuer zu legen und die Flamme wachsen zu lassen. Wir kommen wieder zum Felsen: Stell dich drauf und betrachte die Welt von oben. Was wollen die Kunden? Was gibt es für Konkurrenten? Oder was gibt es schon, was du besser oder anders machen kannst? Es ist fast alles schon mal da gewesen. Es gilt, die Dinge neu zu verbinden. Die erfolgreichsten Menschen der Welt haben das sogar teilweise neben ihrer normalen Arbeit geschafft und ihren Brotberuf noch lange behalten. Phil Knight, der Mitgründer von Nike, begann beispielsweise 1964, Schuhe aus dem Kofferraum seines Autos zu verkaufen, war aber noch bis 1969 als Wirtschaftsprüfer aktiv. Ihm ging es in erster Linie darum, Schuhe zu verkaufen, die richtige Plattform kam später. Der Unternehmer und Social-Media-Gigant Gary Vaynerchuk beschreibt sehr schön in seinem Buch *Crushing it*, wie wichtig es ist, sich nicht nur auf ein Thema oder eine Plattform zu beschränken, sondern stets für Neues offen zu sein: »Es ist eine Frage des Überlebens, über Ihre aktuellen Erfolge hinauszudenken und permanent nach Wegen zu suchen, wie Sie neue schaffen können (...).«[132]

Es geht darum, immer den richtigen Kanal zu finden. Jetzt stell dir mal vor, du hättest vor einigen Jahren alles auf ein kompliziertes Content-Management-System gesetzt, hättest eine eigene Programmiersprache gelernt, aber es vernachlässigt, guten Content in Wort und Bild zu produzieren. Aber dann wurden auf einmal Videos der große Renner. Heute sind noch Instagram und YouTube angesagt, in fünf Jahren sind es dann ganz andere Apps oder es gibt wieder einen Trend zum geschriebenen Wort. Niemand weiß es, aber erfolgreiche Menschen zerbrechen sich nicht den Kopf, sie reagieren darauf und passen sich der Welt an. Du darfst niemals versuchen, die Welt an deine Wünsche anzupassen. Am besten baust du dir eine Kompetenz auf, die sich dann mit vielen Werkzeugen vervielfältigen lässt. Du wirst also unabhängig von einer Plattform. Nehmen wir das Schreiben: Wenn du es beherrschst, dann ist es egal, ob du die Leute auf deinen Blog ziehst, auf die Webseite eines großen Magazins, auf Facebook oder sonst eine Plattform. Es geht um die Fähigkeit an sich. Warren Buffett würde vom Kompetenzkreis sprechen. Dieses Konzept stellte er zum ersten Mal 1996 in seinem Brief an die Aktionäre von Berkshire Hathaway vor. Er beschränkte sich dabei aufs Investieren. Ein guter Investor ist in seinen Augen jemand, der sich mit einer gewissen Spezies von Konzernen auskennt. Wer reich werden will, muss nicht jede Firma auf dem Planeten einschätzen können. Die Größe des Kompetenzkreises spielt in den Augen von Buffett nicht die entscheidende Rolle, wichtig ist nur, dass du weißt, wo die Grenzen liegen.[133] Der Großmeister hat es auch schon anders auf den Punkt gebracht: Kaufe nur, was du verstehst. Es sind schon Topmanager pleite gegangen, die Hunderte von Millionen auf dem Konto hatten, weil sie beispielsweise die Finanzen in die Hände anderer Menschen gegeben haben und in geschlossene Immobilienfonds oder besonders riskante Aktien investiert wurde. Am Ende war das Geld weg. Ein geniales Beispiel für den Kompetenzkreis aus der Geschäftswelt ist WeChat: Eigentlich kennt man die App als chinesisches Pendant zu WhatsApp, aber dahinter steckt vielmehr ein Betriebssystem. Über WeChat kannst du auch bezahlen oder dir ein Date klarmachen. WeChat hat einen Skill entwickelt und der lässt sich skalieren.

Die Psychologin Bonnie Cramond stieß in den frühen 1990er-Jahren auf eine seltsame Entwicklung, was die Literatur über die Krankheit Aufmerksamkeitsdefizit-Hyperaktivitätsstörung (ADHS) betraf. Die betroffenen Kinder schienen eine Ähnlichkeit mit hochbegabten Kindern aufzuweisen. Sie waren leicht abzulenken und hatten großen Hunger nach Aktivität. Das klingt negativ, aber Cramond wollte das so nicht hinnehmen und meinte, dass diese Eigenschaften sogar vorteilhaft für das Denken sein könnten. Aber hilft ADHS wirklich dabei, kreativ zu sein, ambitioniert und produktiver zu arbeiten? Cramond wollte es herausfinden und machte einen Test für elastisches Denken mit Kindern, die ADHS diagnostiziert bekommen hatten. Und mit Kindern, die ein Stipendiat bekommen hatten, machte sie im Gegenzug einen Test auf ADHS. Es gab erstaunliche Überschneidungen: Ein Drittel der ADHS-Gruppe schnitt gut genug ab, um sich für das Eliteprogramm zu qualifizieren. Und es wird noch besser: Ein Viertel der Eliteschüler bekam eine Diagnose für ADHS. Das veranlasste Cramond, diese Sache genauer zu untersuchen. Nun ist ADHS natürlich mit einigen negativen Klischees behaftet: Wer davon betroffen ist, soll nicht ruhig sitzen können und unfähig sein für Routine-Arbeit. Aber selbst wenn das stimmen sollte, kann man die Sache auch ganz anders sehen: Solche Menschen suchen Kompensation durch neue Stimulation. Wenn ein ADHS-Hirn also auf eine Aufgabe stößt, die es spannend findet, dann erhöht sich der Fokus enorm und funktioniert präzise wie ein Laser. Allerdings machte sich Cramond auch Sorgen wegen einer bekannten Eigenschaft von ADHS: Solche Menschen schweifen gerne ab und produzieren Ideen ohne jeglichen Fokus. Das kann einen völlig aus der Bahn werfen.

Wahrscheinlich kennst du auch diesen Freund, der ständig ein neues Projekt beginnt. Eigentlich fängt er nie mit einem richtig an, aber er hat schon das nächste in Planung. Aber verurteile ihn nicht zu schnell, denn die Gedanken, die ständig in seinen Kopf strömen, können in aus der Bahn werfen, aber sie können ihm auch neue Impulse bringen. Sie können neue Assoziationen liefern, auf die »normale« Menschen nie gekommen wären. Und es ist eine herausragende Eigenschaft von erfolgreichen Leuten, dass sie die Verbindung zwischen Dingen erkennen. Es geht nicht immer darum, Sachen zu erfinden, sondern einen neuen Blick auf jene Dinge zu bekommen, die alle vor uns liegen. Also könnten wir ADHS auch als Qualität ansehen. Cramond sieht ADHS sogar als Vorteil in unserer Zeit des Fortschritts.[134]

Stell dir das mal vor: Eine vermeintliche Schwäche könnte in dieser rasanten Welt zwischen Social Media, Blockchain und künstlicher Intelligenz eine Stärke sein. Ich habe früher andere für ihren messerscharfen Verstand beneidet, gerade in der Schule hätte ich mir gewünscht, dass ich die Konzentration und die Geduld gehabt hätte, um mich fünf Stunden am Stück auf meinen Hintern zu setzen und Mathe zu lernen. Aber spätestens nach einer halben Stunde kam der Drang aufzuspringen und spätestens nach einer Stunde wollte ich etwas anderes machen. Auch heute arbeite ich oft noch dynamisch und habe kein Problem damit, von einer Aufgabe zu einer anderen zu springen. Es ist so wichtig, in dieser Welt Google-proof zu sein und ein Experte zu werden. Aber Konzentration und Arbeitsweise unterscheiden sich stark zwischen Berufsbildern, gerade wenn du ein Experte für kreative Arbeit bist, musst du nicht den ganzen Tag auf Fokus getrimmt sein. Regisseure, Schriftsteller oder Investoren sollten abschweifen können und müssen Ideen bekommen. Ich habe dir bereits beschrieben, dass ich die besten Ideen in Aktion kriege, beispielsweise beim Sport oder wenn ich anderen dabei zusehe, wie sie kreativ sind. Vielmehr geht es um die Basics wie das Storytelling. Genau deswegen erkläre ich dir in diesem Buch, was die Grundlagen für Erfolg sind. Du bekommst die Fähigkeiten an die Hand, die notwendig sind.

Nun soll das Ganze nicht so klingen, als wäre Fokus eine negative Sache. Wir brauchen ihn unbedingt, um erfolgreich zu sein. Der klare Kopf macht den Unterschied in einer Welt der Ablenkungen, und ich will dir jetzt drei Methoden vorstellen, die mir sehr dabei geholfen haben, einen klaren Kopf zu kriegen.

Meditation. Es ist für mich ein ganz sensibles Thema, denn ich bin wirklich nicht der Typ dafür. Ich schaffe es kaum, ruhig zu sitzen und wackle auch gerne mit dem Fuß, wenn ich versuche, mich zu konzentrieren. Aber gerade deshalb ist es so wichtig für mich runterzukommen. Meditieren mag dir wie Hokuspokus vorkommen und auch ich war anfangs skeptisch. Aber nicht umsonst schwören erfolgreiche Menschen wie Ray Dalio drauf und behaupten, dass Meditation ihr Leben verändert hätte. Yuval Noah Harari beschreibt in seinem Bestseller *21 Lektionen für das 21. Jahrhundert* in einem extra Kapitel am Ende des Buches, wie wichtig Meditation für ihn ist. Er behauptet sogar, dass die Erklärung seines Yoga-Lehrers, das Wichtigste sei, was jemals irgendjemand zu ihm gesagt habe. Es ging dabei darum, sich auf seinen Atem zu konzentrieren und den Augenblick wahrzunehmen.[135] Mehr ist es eigentlich auch nicht, aber Meditieren kann man aus meiner Sicht trotzdem nicht so gut in der Theorie erklären.

Jeder muss seinen eigenen Weg finden. Es geht in erster Linie um die Atmung und um Zeit für sich selbst in absoluter Ruhe. Es geht auch nicht darum, nichts zu denken. Denn du wirst merken, dass das nicht funktioniert. Du kannst Gedanken nicht verbieten, in deinen Kopf zu gelangen. Es geht mehr darum, sie vorbeiziehen zu lassen. Mir hat ein Vergleich dabei geholfen, es besser zu verstehen: Du setzt dich an den Straßenrand und beobachtest die Autos, die vorbeifahren. Die Autos sind deine Gedanken. Sie kommen und gehen und das ist in Ordnung. Du bekommst aber Abstand dazu und beobachtest, wie sie wieder verschwinden. Am besten lädst du dir Apps herunter und lässt dich führen. Sich einfach hinzusetzen und auf eigene Faust loszulegen, geht aus meiner Erfahrung schief. Es gibt mittlerweile besonders für den Start viele Apps, die einen führen, und dann findet man sich auch schnell selber zurecht. Harari schreibt in seinem Buch, dass er sich seit dem Jahr 2000 mittlerweile jeden Tag zwei Stunden Zeit nimmt für das Meditieren. Das ist eine sehr ambitionierte Dauer und wird dich wahrscheinlich erst mal erschlagen, aber eigentlich spielt die Dauer auch keine Rolle. Selbst wenn du nur für zehn Minuten am Tag meditierst, wird es dir dabei helfen, einen klaren Kopf zu bekommen.

Sport. Ich gebe es zu, es ist eine Weisheit. Aber bitte nimm dir regelmäßig Zeit dafür, dich in der Natur zu bewegen. Ein Fitness-Studio solltest du auch besuchen, damit du gezielt an deinem Körper arbeiten kannst, aber zur Erholung dient ein solcher Ort eher nicht. Ich kann dort nicht abschalten, weil laute Musik läuft und ich ständig auf andere Leute achten muss, die mein Gerät benutzen wollen. Abschalten und meinen Fokus finden, kann ich nur, wenn ich mich an der frischen Luft bewege. Also geh spazieren, geh laufen, geh in die Berge zum Wandern. Es wird dir eine andere Perspektive eröffnen, wie der Felsen, auf den wir uns mental stellen. Und es wird deinen Körper und dein Bewusstsein positiv beeinflussen.

Schreiben. Es mag simpel klingen, aber schreib es dir auf. Wenn du ein Buch liest, wie dieses hier und du über eine wertvolle Information stolperst, dann streich sie dir an, aber schreib sie dir am besten zusätzlich auf. Gestalte dir ein Notizbuch und halte darin alle wertvollen

Learnings fest. Stell dir das mal vor: Ein Buch, in dem du alle wichtigen Informationen sammelst, die dir begegnen. Und damit meine ich keine Nachrichten aus der Zeitung, sondern Dinge, die dich tief beeindrucken. Wenn ich ein Buch lese, bleiben vielleicht nur ein paar Infos und Sätze hängen, und wenn ich sie mir aufschreibe, werde ich sie nie wieder vergessen. Auch wenn du Ideen hast, dann schreib sie dir sofort auf. Selbst wenn es in der Nacht sein mag, dann schnapp dir dein Smartphone und schreib es dir in die Notizen! Genauso solltest du mit deinen Aufgaben verfahren: Wenn du beispielsweise in der Früh ins Büro kommst, dann mach dir eine altmodische To-do-Liste und streich Punkt für Punkt durch. Du nimmst dadurch so viel Druck von dir, weil du nicht ständig das Gefühl hast, dass du etwas vergessen könntest. Termine solltest du auch alle in einen Kalender packen und du wirst es erstens nicht vergessen und auch nachts nicht hochschrecken, weil es dir plötzlich eingefallen ist. Alles, was ich aufschreibe, erleichtert mein Hirn. Das funktioniert zwar nicht wie ein Fass, das überlaufen kann, aber kommen wir wieder zum Bild mit den Autos, die an uns vorbeifahren. Jeder Gedanke, den du dir aufschreibst, ist wie ein Auto, das du im Parkhaus abstellst. Es fährt dir nicht mehr vor der Nase herum und macht auch keinen Lärm.

• • • • • • • • • • • •

Test yourself! Wenn du deine Mission und deinen Kompetenzkreis immer noch nicht genau umrissen hast oder noch auf der Suche bist, dann will ich dir hier nochmal ein Tool an die Hand geben. Und zwar geht es darum, seine Mission zu finden.
1. Wann warst du zum letzten Mal glücklich? Stell dir diesen Moment vor. Am besten schließt du dafür die Augen und erlebst den Moment nochmal in Gedanken. Was hast du gespürt und gedacht?
2. Und jetzt treibst du das Ganze auf die Spitze: Stell dir den perfekten Tag vor. Was würdest du tun? Würdest du morgens an deinem privaten Strand aufwachen? Würdest du

als CEO in dein eigenes Unternehmen fahren? Oder würdest du wieder einmal an einem fremden Ort aufwachen und wärst ständig auf der Durchreise? Du entscheidest!
3. Und jetzt kommt die entscheidende Frage: Was kannst du in den kommenden Stunden tun, um deinem Traum sofort einen kleinen Schritt näherzukommen?

• • • • • • • • • • • • • • • • •

LERNEN DURCH SCHMERZ – SO WIRST DU UNZERBRECHLICH

»Welche überraschende Frage könnte ich ihr stellen beim ersten Date?«, fragt mich Sherlock.

Er ist jetzt auf Tinder und sucht dort nach der großen Liebe. Sherlock hat wenigstens klare Vorstellungen: Sie sollte sehr schlank sein und aussehen wie ein Model, aber sie sollte auch sehr klug sein und einer Leidenschaft nachgehen. Und darin sollte sie richtig gut sein. Sie sollte Werte haben und eine Meinung. In etwa eine Kreuzung aus Emily Ratajkowski, Michelle Obama und Frida Kahlo. Aber egal, während er noch von seiner Traumfrau träumt, überlegt er, was er Anna-Lisa schreiben soll.

»Du sollst keine Wissenschaft daraus machen. Am besten hörst du ihr einfach zu und fragst dann genau das, was dich auch wirklich interessiert«, antworte ich ihm.

»Aber es muss doch auch wissenschaftliche Evidenz dafür geben, was ein Date erfolgreich macht. Beispielsweise zeigen Studien ganz klar, dass es verbindet, wenn man gemeinsam etwas erlebt, also werde ich mit ihr nicht in eine Bar gehen. Wir brauchen Action! Deswegen schleppe ich sie in einen Freizeitpark, weil es zusammenschweißt, wenn der Körper Adrenalin bei der Achterbahnfahrt ausschüttet.«

»Aber danach wirst du dich trotzdem mit ihr unterhalten müssen. Und du hast jetzt Angst davor, dass dir nichts einfallen könnte?«, frage ich.

»Angst nicht, aber ich will sie ja beeindrucken. Es gibt eine interessante Liste von Fragen, die man stellen soll, wenn man sich verlieben will. Ich finde das fragwürdig, aber vielleicht ist es einen Versuch wert«, sagt Sherlock.

»Was sind das denn für Fragen?«, hake ich nach und wehre mich dagegen, mit den Augen zu rollen.

»Beispielsweise: Mit welchem Promi hättest du gerne ein Dinner? Was ist so ernst, dass man keine Scherze darüber machen darf? Oder was ist deine schlimmste Erinnerung? Die Frage kannst du mir eigentlich gleich mal beantworten ...«

Über diese Frage habe ich schon lange nicht mehr nachgedacht. Aber wer hätte sie mir auch stellen sollen außer Sherlock. Schlimme Erinnerungen habe ich wenige, aber ich erinnere mich daran, was mich damals wirklich getroffen hat: Ich bin bei der praktischen Führerscheinprüfung durchgefallen. Es klingt total lächerlich, aber diese Geschichte erzähle ich dann auch Sherlock. Ich kann mich noch gut daran erinnern. Ich fuhr über einen Zebrastreifen und schaute davor nicht demonstrativ nach links und rechts. Natürlich hatte ich gesehen, dass kein Fußgänger kam, aber der Prüfer wollte an diesem Tag unbedingt, dass ich durchfalle und hat meinen Fauxpas nicht übersehen. Erst war ich sehr wütend auf ihn und hätte ihn am liebsten zur Rede gestellt und ihn angeschrien, später schlug die Wut dann auf mich selber um. Wie kann man nur so dumm sein? Ich erinnere mich noch, dass ich selten so enttäuscht von mir war und ich erzählte es auch niemandem außer meinen Eltern, weil es mir so peinlich war. Warum erzähle ich dir von diesem Erlebnis? Weil dieser erste Schritt schon mal sehr wichtig ist: Ich habe zuerst jemand anderen für mein Scheitern verantwortlich gemacht, dann aber selber die Verantwortung für mein Handeln übernommen. So weit, so gut, aber ich benahm mich trotzdem noch wie ein kleines Kind und war bockig und beleidigt. Ich war damals so sauer, dass mir nichts anderes mehr einfiel, als mich in die Badewanne zu legen und ins Leere zu starren. Ich saß zwar im Wasser, aber eigentlich in meinem Selbstmitleid. Dann kippte die Wut auf einmal: Ich war wütend, dass ich so wütend war und mir wurde bewusst, dass es so nicht weitergehen konnte. Ein paar Stunden konnte ich mich benehmen wie ein Kind und mit dem Fuß aufstampfen, ok, aber jetzt war es auch gut. Vor allem, weil ich am nächsten Tag eine Matheprüfung vor mir hatte. Tatsächlich beschloss ich in diesem

Moment, dass ich nie wieder wegen einer Nichtigkeit aus der Balance geraten würde, und ich schaffte es tatsächlich, mich auf die Matheklausur vorzubereiten und eine gute Note abzustauben. Klingt nach einem Jugendabenteuer, aber für mich war es damals ein wichtiger Schritt zu erkennen, was Mindset und Selbstkontrolle für einen Unterschied machen können.

Hinter der Führerscheinprüfung steckt noch ein größerer Gedanke. Um erfolgreich zu werden, braucht es Durchhaltevermögen. Es wird immer Rückschläge geben. Aber wir dürfen keine Angst davor haben, Fehler zu machen. Und wir müssen lernen, dass der Schmerz der beste Lehrmeister ist. Nassim Taleb nennt es in seinem Buch *Das Risiko und sein Preis* sogar Lernen durch Schmerz – *pathemata mathemata*, wie es bei den Griechen hieß.[136] Als ich in der Badewanne lag, fühlte es sich furchtbar an. Heute bin ich dankbar für solche Erlebnisse. Weil sie mich weitergebracht haben und weil ich es geschafft habe, von einem kindischen zu einem erwachsenen Benehmen zu wechseln. Wenn du harte Zeiten durchmachst, dann lässt sich das von außen immer leicht beurteilen und sagen, dass du es später mal anders sehen wirst. Es klingt selbstgerecht, aber glaub mir, es wird dich stärker machen.

In diesem Zusammenhang wenden wir uns den Begriffen Kenshō und Satori zu. Kenshō kommt aus dem Japanischen und heißt »Erschauen des eigenen Wesens« oder auch »Natur erkennen«.[137] Der Begriff kommt aus der buddhistischen Tradition des Zen und bezeichnet ein initiales Erweckungserlebnis, bei dem der Erweckte seine eigene wahre oder Buddha-Natur erkennt. Sie soll es ihm ermöglichen, im täglichen Leben am Verständnis dieser Erkenntnis zu arbeiten. Das klingt jetzt sehr esoterisch, aber eigentlich lässt es sich einfach in der Praxis umsetzen. Kenshō steht für den schmerzhaften Weg zum Wachstum, es ist ein allmählicher Prozess. Hier sind ein paar Beispiele dazu:

- Dein Partner trennt sich und du hast das Gefühl, dass es dir dein Herz zerreißt. Aber das Ergebnis? Es wird stärker werden.
- Dein Business geht pleite, aber du lernst daraus und setzt die Learnings beim nächsten Anlauf um.

- Du verlierst Geld mit einer Aktie und verlierst dadurch aber auch die Angst davor, Geld zu verlieren.
- Du hast ein grauenvolles Date wie Sherlock und verpatzt es, aber du lernst daraus, was bei Frauen überhaupt nicht zieht und lernst so langfristig deine Traumfrau kennen.
- Du wirst krank und lernst erst dadurch, was dein Körper für Kräfte aufbringen kann.

Drücken wir es anders aus: Das Leben straft uns mit Prüfungen, aber genau dadurch wachsen wir. Der Schmerz lehrt uns. Das Schwierige daran ist, dass wir in diesem Moment nicht dankbar dafür sind, dass wir etwas lernen dürfen. Im Rückblick wirst du erkennen, dass gerade die harten Zeiten dich zu dem gemacht haben, was du heute bist. Ich habe selber eine solche Erfahrung mit Pfeifferschem Drüsenfieber gemacht. Zwei Wochen lang hatte ich keine Kraft mehr, und in einem Moment war ich so ausgelaugt, dass mir alles egal war. Aber diese Tage haben in mir auch den Willen reifen lassen, fitter und gesünder als je zuvor zu werden. Danach habe ich mein Lauftraining intensiviert und bin nur ein halbes Jahr später wieder einen Halbmarathon gelaufen – tatsächlich war es der zweite meines Lebens und ich war 13 Minuten schneller als beim ersten Mal, obwohl ich viel weniger trainiert hatte. Solche Tiefschläge zwingen uns, etwas zu ändern und setzen Kräfte frei, die wir vorher nicht für möglich gehalten hätten.

Satori lässt sich dagegen eher mit dem Schlagwort »Erwachen« beschreiben.[138] Hattest du auch schon mal diesen Moment, in dem dir klar wurde: »Das ist es!«? Wenn du wochenlang überlegst und merkst, dass dein Geist unruhig ist und dann trifft dich die Lösung plötzlich wie ein Blitz. Deswegen heißt Satori auf Deutsch auch »Verstehen«. Natürlich lässt sich sowas durch Meditation forcieren: Gerade wenn wir tief entspannt sind, geben wir unserem Hirn die Chance, auf neue Dinge zu stoßen. Aber Satori kann auch durch totale Ruhe ausgelöst werden. Überlege dir, was dich total entspannt. Ich habe zum Beispiel ein Buddha Board ausprobiert. Dabei malt man mit einem nassen Pinsel auf eine Leinwand. Es geht darum, sich darauf zu konzentrieren, und dann kommt das Entscheidende: Da du nur mit Wasser malst, verschwindet die Zeichnung nach kurzer Zeit wieder. Mich beruhigt eine solche Tätigkeit sehr. Überlege, was auf dich diese Wirkung hat. Du kannst Fische in einem Aquarium beobachten, Gemälde in einem Museum betrachten (Ich liebe es), du kannst in die Sauna gehen oder zum Floating. Es geht um Einsicht und Entspannung. Es geht darum, sich selber besser zu verstehen und warum wir Dinge tun, und es geht darum, sich selber zwischendurch wie von einer Tribüne aus zu betrachten. Stell dir vor, du wärst der Spieler auf einem Feld und würdest manchmal in die Rolle des Trainers wechseln und dich beobachten. Was würdest du dir selber für Tipps geben? Wie würdest du dir Mut machen?

Sherlock hatte eine wichtige Erkenntnis nach dem ersten Date mit Anna-Lisa: Liebe lässt sich nicht planen und schon gar nicht berechnen. Sie hat sich nie wieder bei ihm gemeldet. Warum? Es spielt keine Rolle, vielleicht mochte sie seinen Humor nicht oder keine Freizeitparks. Es passiert nicht alles aus einem Grund, und wir sollten nicht ständig alles mit Bedeutung aufladen, sondern uns lieber auf uns selbst konzentrieren und durch den Schmerz wachsen. So lernte Sherlock dann auch wenige Wochen später eine andere Frau kennen: Lena. Seit dem ersten Treffen sind sie begeistert voneinander, und das alles ohne Achterbahn und Fragenkatalog.

• • • • • • • • • • • •

Test yourself! Hier noch ein paar Beispiele, wie du dich im stressigen Alltag zwischendurch neu fokussieren kannst und dein Gehirn dazu bringst abzuschalten und die Welt und vor allem dich selbst bewusster wahrzunehmen.
- Nimm dir nach dem Aufwachen ein paar Minuten Zeit und werde erst mal wach. Smartphone ist verboten!
- Wenn du dich gestresst oder unkonzentriert fühlst, dann unterbrich deine Tätigkeit sofort und fokussiere dich auf den jetzigen Moment und die Situation. Was denkst du gerade? Sind es positive oder negative Gedanken? Ändere und

bewerte sie nicht, sondern beobachte sie einfach nur und nimm sie wahr.
- Nutze *Wu Wei* (bewusstes Nichtstun), eine wirkungsvolle chinesische Praktik des Taoismus, und tue einfach ml fünf Minuten nichts und entspanne dich.
- Mach eine Atemübung und konzentriere dich darauf: 4 Sekunden tief durch den Mund einatmen – 16 Sekunden die Luft anhalten – und dann 8 Sekunden durch den Mund ausatmen.

TEIL III
GELD

GELD FUNKTIONIERT
WIE EINE KETCHUP-FLASCHE

»Was ist der beste Tipp, den du jemals bekommen hast?«, fragt mich Sherlock.

»Sei extrem und geh dann noch einen Schritt weiter. Dass der Zinseszins das achte Weltwunder ist oder dass man lieber eine Stunde über Geld nachdenken soll, als dafür zu arbeiten ...«, entgegne ich ihm.

„Das ist alles wichtig. Aber am Anfang jeden Reichtums steht für mich dieser Satz: ›Denn wer da hat, dem wird gegeben werden, und er wird die Fülle haben; wer aber nicht hat, dem wird auch, was er hat, genommen werden.‹«[139]

Und dann erzählt mir Sherlock das Gleichnis von den anvertrauten Talenten. Darin schildert Jesus einen Herrn, der seine Knechte reich mit finanziellen Mitteln ausstattet. Er entlohnt sie nach ihren Fähigkeiten. Dem einen gibt er fünf Talente Silbergeld, einem anderen zwei, wieder einem anderen eines. Danach begibt er sich auf Reisen und die Knechte verfügen frei über das Geld: Sofort beginnt der Diener, der fünf Talente erhalten hat, mit ihnen zu wirtschaften, und gewinnt noch fünf dazu. Ebenso gewinnt der, der zwei erhalten hat, noch zwei dazu. Der aber, der das eine Talent erhalten hat, geht und gräbt ein Loch in die Erde und versteckt das Geld seines Herrn. Nach langer Zeit kehrt der Herr von seiner Reise zurück und fordert Rechenschaft ein.

Die beiden Diener, die mit dem geschenkten Geld Gewinn gemacht haben, zeigen ihrem Herrn den hinzugekommenen Verdienst und werden von ihm als tüchtig und treu gelobt, und er verspricht ihnen, neue große Aufgaben. Doch als der dritte Diener ihm sagt, dass er das Geld aus Angst versteckt hat und es ihm zurückgeben will, schimpft der Herr ihn aus, dass er faul sei, weil er das Geld nicht wenigstens zur Bank gebracht hat, wo es ihm Zinsen eingebracht hätte. Der Herr befiehlt daraufhin nicht nur, den faulen Knecht herauszuwerfen, sondern ihm vorher auch das Geld wieder abzunehmen und es demjenigen mit den zehn Talenten zu geben. In diesen Zusammenhang fällt auch Sherlocks weiter oben erwähntes Lieblingszitat.[140]

Der Feigling wird vom Herrn demnach sogar bestraft. Er nimmt ihm das Geld weg und gibt es dem erfolgreichen Knecht! Wenn du dir einen Satz merken solltest aus diesem Buch, dann diesen: Wer hat, dem wird gegeben. Dieses Phänomen ist auch bekannt geworden als Matthäus-Effekt.[141] Denn Erfolg und Geld funktionieren wie eine Ketchup-Flasche. Wenn du lange genug und konstant schüttelst, dann explodiert die Sache irgendwann. Nun halten sich hartnäckig Sprüche wie »Glück im Spiel, Pech in der Liebe!«. Klingt nett, aber Matthäus hätte darüber gelacht. Oder glaubst du wirklich, dass der feige Knecht ohne Geld mehr Frauen abbekommen hat als der erfolgreiche, der von seinem Herrn reich belohnt wurde? Wenn ein Ding klappt, dann kommen meistens die anderen auch ins Lot! Es funktioniert vieles in Wellen, und manche Dinge verhalten sich wie eine Lawine. Es dauert lange, bis sich etwas bewegt, aber wenn es ins Rollen kommt, dann reißt es vieles andere mit sich.

In der Welt der Algorithmen gilt dieses Prinzip noch mehr: beispielsweise bei dem Algorithmus von Instagram. Wenn du ein Bild postest, testet es Instagram bei deinen Followern, und nur wenn es gut ankommt, wird es besser ausgespielt. Bei YouTube habe ich dieselbe Erfahrung gemacht: Nur wenn ein Video am Anfang in Schwung kommt und wenn es viele Likes und Kommentare bekommt, wird es ein Erfolg. Diese Welt ist mehr denn je auf Wellen programmiert und verstärkt diesen Matthäus-Effekt noch mehr.

Dieses Phänomen begegnet uns auch in Sprichwörtern wie »Es regnet immer dorthin, wo es schon nass ist« oder »Der Teufel scheißt immer auf den größten Haufen«. Es herrscht immer öfters der Grundsatz: *The Winner takes it all.* Nicht umsonst besitzt 1 Prozent der Weltbevölkerung 47 Prozent des weltweiten Vermögens.[142] Dieses Prinzip gilt auch für die Wissenschaft: Nur wenige Forscher verfassen den Großteil der Arbeiten. In Talkshows sitzen immer dieselben Experten. Und die erfolgreichsten Bücher werden nur von wenigen Autoren geschrieben: In den USA erscheinen jedes Jahr anderthalb Millionen Titel, aber nur 500 davon schaffen es über die Grenze von 100.000 verkauften Exemplaren.[143]

Du hast bestimmt auch manchmal dieses Gefühl, dass anderen alles zufällt. Es gibt diese Leute, die nicht mal einen Finger rühren müssen, aber trotzdem bekommen sie die hübschen Frauen oder die tollen Männer ab und scheinen alles richtig zu machen. Glaub mir eines: Erfolg kommt nie über Nacht, und solche Menschen mussten wahrscheinlich viele Niederlagen einstecken. Nur wer sich dem *Growth Mindset* verschreibt und sich dank schwieriger Aufgaben verbessert, wird am Ende die Lawine ins Rutschen bringen. Ich will dir in diesem Teil des Buches vor allem ein *Money-Mindset* beibringen! Denn es macht den entscheidenden Unterschied im Leben aus, was du dir leisten kannst, wenn du dein Geld selber in die Hand nimmst. Es bringt uns niemand bei! In der Schule lernen wir es nicht, und unser Gehirn ist nicht auf finanziellen Erfolg programmiert. »Für Finanzentscheidungen haben wir keinen evolutionären Grund«, sagt der Psychologe Dan Ariely in seinem Ted Talk *Are we in control of our own decisions*. »Wir haben keinen spezialisierten Teil im Gehirn dafür und wir tun es nicht viele Stunden am Tag.«[144]

Deswegen solltest du das achte Weltwunder kennen: den Zinseszins-Effekt. Praktisch erklärt funktioniert er so: Wenn du 100 Euro anlegst und 10 Prozent Zinsen bekommst, hast du am Ende des Jahres 110 Euro. Im zweiten Jahr werden daraus aber nicht 120 Euro, sondern 121 Euro. 10 Prozent Zinsen auf 110 Euro bringen dann nämlich 11 Euro Rendite im zweiten Jahr. Es gibt auch die viel zitierte Idee vom Josephspfennig: Das Gedankenexperiment geht zurück auf den britischen Moralphilosophen und Ökonom Richard Price und zeigt, wie sich Zinsen über einen sehr langen Zeitraum bezahlt machen.[145] Die Idee dahinter lautet: Wenn Joseph bei Christi Geburt nur einen Cent angelegt und dafür jedes Jahr nur 1 Prozent Zinsen kassiert hätte, dann wäre bis heute ein unvorstellbarer Betrag daraus geworden: 5.307.055,95 Euro. Der wahre Clou daran ist, dass das Spiel mit den Zinsen erst nach langer Dauer richtig Fahrt aufnimmt. Nach 1000 Jahren waren aus dem Cent erst 209,59 Euro geworden, und dann wurden mehr als 5 Millionen daraus.[146]

Deswegen ist es so wichtig, dass du früh anfängst und dein Geld für dich arbeiten lässt. Geld wird dein Leben verändern, wenn du es selber in die Hand nimmst und mehr draus machst. Wenn du dabei zuschauen kannst, wie du dir ein finanzielles Fundament aufbaust. Glaub mir, dein Kontostand wird deine Körpersprache verändern. Du wirst aufrechter gehen und deine Stimme wird tiefer, wenn du der Boss deiner Finanzen bist, weil Geld Freiheit ist! Es erlaubt dir, Nein zu sagen. Nein zu schlechten Jobs, Nein zu Sorgen und Stress. Und es erlaubt dir, Ja zu sagen zu Dingen, die du liebst. Und glaub mir: Du musst nicht reich sein, um Geld zu sparen. Es hängt alles von deinem Mindset ab. Es gibt viele Menschen, die 10.000 Euro im Monat verdienen und trotzdem kein Geld haben. Den Unterschied machen Money-Mindset und Disziplin! Ich könnte nicht schlafen, wenn ich jeden Monat mein Konto überziehen würde und nicht ein paar Monatsgehälter auf der hohen Kante hätte. Wer vom Dispo lebt, hat die Kontrolle über sein Leben verloren!

Im Vorwort des Buches habe ich das Beispiel mit Monopoly aufgegriffen: Du kannst nicht reich werden, wenn du einmal pro Monat auf dein Gehalt wartest und während dieser Wartezeit an der Seitenlinie stehst. Mach das Leben zu einem Spiel und kauf dir nebenbei viele Häuser und Hotels, nur dass es eben Aktien sind. Du kassierst dann keine Miete, sondern Dividenden und profitierst von steigenden Kursen und einer wachsenden Weltwirtschaft. So werden die Reichen immer reicher. Und damit kannst auch du heute noch anfangen. Dir wird es erst mal lächerlich vorkommen, wenn ich dir erzähle, dass du schon als 16-Jähriger mit 50 Euro pro Monat starten kannst. Aber es geht um Time und nicht um Timing. Das beste Beispiel für passives Einkommen ist Warren Buffett: Er kassierte im Jahr 2017 pro Minute 6700 Dollar, ohne einen Finger zu rühren.[147] Mit seinem Imperium Berkshire Hathaway verwaltet er mittlerweile ein Vermögen von mehr als 200 Milliarden US-Dollar und ist beteiligt an den Gewinnen von Coca-Cola, American Express und Wells Fargo.[148] Natürlich werden wir niemals ein Aktienvermögen aufbauen wie er, aber es zeigt, wie mächtig ein Portfolio werden kann. Dazu eine Beispielrechnung: Nehmen wir an, du würdest 100.000 Euro in die Aktie der Münchner Rück stecken. Dann hättest du im August 2019 ungefähr 460 Aktien bekommen. Die Dividende hätte pro Stück bei knapp 10 Euro gelegen. Also wären jährlich alleine 4500 Euro auf dein Konto geflossen. Es geht jetzt nicht um Beträge, sondern darum, dass die Idee in deinem Kopf erscheint. Du setzt einen Kreislauf in Bewegung: Wenn du von den Dividenden, die du kassierst, wieder neue Aktien kaufst, wird die Lawine immer größer. Das Geniale daran: Irgendwann hast du deine Aktien quasi gratis bekommen und kannst deinen Einsatz theoretisch sogar herausziehen.

Jeder Euro, den du sparst, verleiht dir mehr Freiheit. Und jeder Euro, den du investierst, wird die Lawine beschleunigen. Denn wer hat, dem wird gegeben ...

AKTIEN SIND NICHT RISKANT ODER WARUM UNSICHERHEIT DIE WAHRE STABILITÄT IST

Ich biete dir jetzt einen Deal an: Du gibst mir 10.000 Euro und bekommst in einem Jahr 9999 Euro zurück. Was sagst du dazu? Wahrscheinlich fragst du dich, ob ich dich für dumm verkaufen will. Aber für die meisten Deutschen wäre dieses Angebot durchaus reizvoll, denn sie würden damit besser abschneiden als mit ihrem Sparbuch oder Produkten, auf die sie feste Zinsen kriegen. Dafür schauen wir am besten auf die sogenannte Umlaufrendite. Sie ist die gewichtete durchschnittliche Rendite ausgewählter, am Kapitalmarkt im Umlauf befindlicher öffentlicher Anleihen (Du bekommst Zinsen dafür, wenn du beispielsweise dem Staat Geld in Form einer Anleihe leihst) und sonstiger festverzinslicher Wertpapiere (Pfandbriefe). Die Umlaufrendite fiel im August 2019 auf ein historisches Tief von minus 0,71 Prozent. Wenn du deine 10.000 Euro jetzt in vermeintlich sicheren deutschen Staatsanleihen parken würdest, dann würdest du nach einem Jahr 9929 Euro zurückbekommen. Vielleicht solltest du doch noch mal über mein Angebot nachdenken. Wer noch die Inflation einbezieht in die Rechnung, verliert im Umfeld der niedrigen Zinsen sicher einen Batzen Geld, wenn er es nicht selber in die Hand nimmt und investiert!

Den deutschen Sparern sind schon Hunderte Milliarden Euro verloren gegangen, seit die Europäische Zentralbank (EZB) den Leitzins seit 2008 abgesenkt hat, im März 2016 fiel er endgültig auf null. Der Deutsche Aktienindex (Dax) hat sich dagegen seit Ende 2008 mehr als verdoppelt. Aber warum werden Aktien dann immer noch als riskant verteufelt und nur 12,4 Prozent der Deutschen investieren in diese attraktive Anlage?[149] Uns wird schon als Kinder eingetrichtert, dass man nicht gierig sein soll. In meiner Familie und bei meinen Schulfreunden war der Geschäftssinn nicht unbedingt ausgeprägt. Aktien seien nur was für Zocker und Geld dafür keines übrig! Ich habe diesen Spruch in meinem Leben schon von Steuerberatern, Lehrern und Geschäftsführern gehört. Wenn du den Zocker-Spruch hörst, dann schrillen bei dir bitte ab sofort die Alarmglocken.

Wir Menschen tun uns eben schwer damit, Risiken einzuschätzen. Dazu ein Beispiel aus dem echten Leben: Bei einem Experiment aus dem Jahr 1972 wurden die Versuchsteilnehmer in zwei Gruppen eingeteilt. Der ersten Gruppe wurde gesagt, sie würden einen leichten Elektroschock verpasst kriegen. Der zweiten Gruppe sagte man, dass sie nur mit einer Wahrscheinlichkeit von 50 Prozent einen solchen Schock bekommen würden. Die Forscher kontrollierten die physische Angst (beispielsweise Herzfrequenz) kurz vor dem Eintreten des Schocks. Das überraschende Ergebnis: Es gab keinen Unterschied. Und es kommt noch absurder: Selbst als die Forscher die Wahrscheinlichkeit auf 20 Prozent und immer weiter absenkten, blieb die körperliche Reaktion dieselbe wie bei jenen, die sicher einen Schock verpasst kriegen würden.[150] Sind wir Menschen also blind für Risiken? Es gibt das Phänomen des *Zero-Risk-Bias*, also dass man einer Scheinsicherheit erliegt und das Risiko falsch einschätzt.[151] Das beste Beispiel sind eben die deutschen Sparer: Sie lassen Tausende Milliarden Euro auf ihren Konten liegen, weil sie denken, es wäre die sicherste Option. Sie meinen, sie würden dann nichts verlieren, aber ihr Geld wird jeden Tag weniger wert und sie vergessen auch noch die anderen Risiken: Eine Bank kann pleitegehen und damit kannst auch du dein Geld verlieren. Wenn du dein Geld zur Bank trägst, weißt du eigentlich, wem das Geld gehört? Das Geld gehört juristisch gesehen der Bank, du hast es ihr sozusagen geliehen. Es gehört erst wieder dir, wenn du es physisch auszahlen lässt – also am Automaten oder Schalter.

Um deutlicher zu werden: Wer sich blind auf Währungen wie den Euro verlässt, muss eigentlich wahnsinnig sein, denn Geld ist genau genommen nicht mal etwas wert. Fiat-Währungen wie der Euro haben keinen inneren Wert, sondern sie sind nur ein Tauschobjekt, das vom Vertrauen der Menschen lebt, die damit handeln. Das Problem daran: Es besteht keinerlei Anspruch an die Zentralbank auf Herausgabe eines entsprechenden Wertes wie beispielsweise Gold, wenn du deine Münzen und Scheine zur Bank trägst. Somit sind Münzen und Banknoten nur so viel wert, wie irgendjemand bereit ist, dafür herzugeben.[152] »Papiergeld kehrt früher oder später zu seinem inneren Wert zurück – Null«[153], sagte der Philosoph Voltaire einst. Ein großes Problem besteht darin, dass Geld sich beliebig vermehren lässt. Der Grund dafür: Im Jahr 1971 schafften die USA den Goldstandard ab. Seitdem ist beispielsweise der US-Dollar wie auch der Euro eine sogenannte Fiat-Währung. Fiat kommt aus dem Lateinischen und heißt: So sei es. Die Notenbanken können also gottgleich mit dem Finger schnippen und Geld aus dem Nichts erschaffen. Klingt erst mal toll, aber es gibt nichts umsonst im Leben. Je mehr Geld gedruckt wird, umso weniger wird es wert, und im Ernstfall kann eine Währung wie der Euro zusammenbrechen. Am treffendsten hat es Henry Ford auf den Punkt gebracht: »Würden die Menschen das Geldsystem verstehen, hätten wir eine Revolution noch vor morgen früh.«[154]

Aktien gelten also als riskant, obwohl sich die meisten Menschen noch nie damit beschäftigt haben, geschweige denn nachgerechnet haben. Eines muss ich klarstellen: Aktien sind riskant! Aber nur, wenn du keine Ahnung davon hast. Jeder, der sein Vermögen auf mehrere Aktien streut und genug Zeit mitbringt, kann mathematisch kaum verlieren. Das deutsche Aktieninstitut gibt jedes Jahr das sogenannte Renditedreieck heraus. Für den Dax zeigt sich seit dem Jahr 1969 die Überlegenheit von langfristigem Investieren: Wer seine Aktien für mindestens 20 Jahre hielt, erzielte eine durchschnittliche Rendite von 8,9 Prozent im Schnitt. Im schlechtesten Fall lag die jährliche Rendite bei 3,8 Prozent, im besten sogar bei 15,2 Prozent.[155] Schau dir die Grafik am besten selber an, dann wirst du dich wundern, warum Aktien als Zockerei verunglimpft werden. Trotzdem solltest du nicht gierig werden, denn solche Renditen landen unter dem Strich nicht so auf deinem Konto, auch bei Aktien musst du noch Steuern, die Inflation und Gebühren abziehen. Aber eines ist sicher: Aktien sollten langfristig deutlich besser abschneiden als dein Sparbuch.

Du musst dir klarmachen, dass alles eine Wette ist im Leben: egal ob du dein Geld zur Bank trägst oder Aktien kaufst. Den Unterschied macht dabei das Risiko. Wer verdienen will, muss Risiko eingehen. Im Studium und in der Schule wird uns beigebracht: Rendite und Risiko laufen Hand in Hand. Ohne Risiko geht es nicht, aber es ist nur die halbe Wahrheit, warum weniger Risiko sogar mehr Rendite bringen kann. Dazu mehr in den nächsten Kapiteln. Wichtig ist: Alleine sagt das Risiko noch wenig aus, nur wer die Chance in die Rechnung einbezieht, bekommt ein klares Bild und damit das Chance-Risiko-Verhältnis. Und das fällt bei einem strategischen Aktien-Investment sehr gut aus. Die Wahrscheinlichkeit mit dem Dax auf Sicht von 25 Jahren Gewinn zu erzielen liegt bei historischer Betrachtung bei exakt 100 Prozent! Und jetzt vergleichen wir das mal mit dem Lieblingssport der Deutschen: Lotto. Die Wahrscheinlichkeit, sechs Richtige mit Superzahl zu erwischen liegt bei 0,00000072 Prozent.[156] Und Aktien sollen was für Zocker sein? Komischerweise musste sich noch nie jemand dafür rechtfertigen, wenn er sein Geld beim Lotto verzockt!

Bleibt eine Frage: Warum soll man an der Börse etwas geschenkt bekommen? Diese Frage stellen immer wieder jene Leute, die sich noch nie mehr als fünf Minuten mit dem Investieren befasst haben. Man bekommt auch nichts geschenkt, man stellt sein Kapital zur Verfügung und geht damit ein Risiko ein. Wenn das Unternehmen pleite geht, dem du dein Geld geliehen hast, dann ist auch dein Geld weg. Du bekommst also nichts geschenkt, aber du bekommst eine Verzinsung für das Geld, das du verleihst. Im Prinzip funktioniert es nicht anders, als wenn du dein Geld der Bank leihst und dafür theoretisch Zinsen bekommst. Nur bekommst du am Aktienmarkt viel mehr! Es gibt nämlich das sogenannte *Equity-Premium-Puzzle*. Demnach ist die Höhe der Aktienprämie also aus ökonomischer Sicht ein Rätsel. Oder anders ausgedrückt: Du bekommst für Aktien viel mehr Rendite, als sich durch das Risiko eigentlich rechtfertigen lässt.[157] Die Idee einer

Aktienrisikoprämie geht auf das Jahr 1924 zurück, als Edgar Lawrence Smith demonstrierte, dass Aktien für langfristige Anlagen besser geeignet sind als Anleihen.

Was fürchten die Menschen also so sehr an Aktien? Das Risiko wird gerne vorgeschoben, aber eigentlich sind es die Schwankungen, die uns den Schlaf rauben. Der Fachbegriff dafür lautet Volatilität: Je mehr eine Aktie in ihrem Wert schwankt, umso volatiler ist sie. Warum das nicht zwingend aussagekräftig ist, werde ich dir später noch genauer erklären. Vola hat jedenfalls einen schlechten Ruf, weil sie kurzfristig alles ist, was du siehst. Aktien schwanken eben jeden Tag und das verunsichert. Was du also siehst, ist das Risiko. Was du aber langfristig bekommst, ist die Rendite. Und für die lohnt es sich zu leiden. Deswegen werden Aktiengewinne auch gerne als Schmerzensgeld bezeichnet. Je erfahrener ein Investor wird, umso mehr weiß er die Vola zu schätzen. Wenn Aktienkurse nicht zwischendurch fallen würden, dann gäbe es auch nie die Chance, billiger einzusteigen. Merke dir: Die großen Reichtümer sind meistens nach einem Crash entstanden. Warren Buffett investierte beispielsweise mitten in der Finanzkrise 2008 in die Investment-Bank Goldman Sachs.[158]

Vola scheint Aktionäre um den Verstand zu bringen und das System wackliger zu machen. Aber der Schein trügt. Schwankungen machen ein System sogar stabiler. Klingt erst mal absurd, aber schauen wir uns ein Beispiel dazu an: Frau Leber kommt jeden Tag um Punkt 13 Uhr von der Arbeit nach Hause und kocht ihrem Sohn ein Mittagessen. Der Kleine kann die Uhr nach ihr stellen. Was würde nun passieren, wenn seine Mutter eines Tages nicht um Schlag 13 Uhr die Tür aufsperrt? Ihr Sohn würde sich Sorgen machen und wahrscheinlich mit jeder Minute unruhiger werden. Käme Frau Leber aber jeden Tag mit einer Schwankungsbreite von 30 Minuten nach Hause, würde ihrem Sohn eine Verspätung gar nicht auffallen. Ergo: Scheinbar riskante Systeme sind robuster als scheinbar stabile Systeme.

Normalerweise geht man davon aus, dass ein System wackliger wird, wenn es unter Stress gesetzt wird. Allerdings lohnt sich ein Blick auf die Kybernetik. Sie wurde begründet von Norbert Wiener und wird auch als »Kunst des Steuerns« beschrieben. Ein Beispiel für das Prinzip eines kybernetischen Systems ist ein Thermostat. Er vergleicht den Istwert eines Thermometers mit einem Sollwert, der als gewünschte Temperatur eingestellt wurde. Eine Abweichung zwischen diesen beiden Werten veranlasst den Regler im Thermostat dazu, die Wärmezufuhr so zu regulieren, dass sich der Istwert dem Sollwert angleicht. Was bedeutet es für den Kapitalismus und Aktien? Ich erkläre es dir zunächst anhand eines anderen Beispiels. Du musst erst mal den Unterschied zwischen Systemen verstehen: Häuser in einem Erdbebengebiet werden beispielsweise ganz anders gebaut als in Deutschland. In Deutschland bauen wir Häuser mit massiven Wänden, weil es in der Regel keine Erdbeben gibt. Im Falle eines Erdbebens wären massive Wände allerdings die schlechteste Lösung und sie würden zusammenbrechen. In Asien müssen Architekten deswegen anders planen, weil von Anfang an das Risiko eines Erdbebens einkalkuliert wird. Das heißt, die Stabilität muss während des Erdbebens zunehmen. Also fallen die Wände viel dünner aus und oben befindet sich eine schwere Metallkugel, die eine Art Gegengewicht darstellt. Die Statik macht die Gebäude also stabiler, wenn sie sich bewegen.

Diese sogenannte Ultrastabilität lässt sich auch auf den Kapitalismus übertragen: Während einer Krise verschwinden jene Unternehmen vom Markt, die nicht solide genug aufgestellt sind und die ihren Kunden nicht genug Mehrwert bieten. Das System wird einmal durchgeschüttelt, und am Ende kehrt alles an seinen Platz zurück. Wir wissen, dass die Welt immer besser wird, und das Wirtschaftssystem wird sich in Summe immer neu erfinden. Es wird heftige Schwankungen geben, die wir sehen, aber übrig bleibt am Ende die Rendite, weil jeder Mensch danach strebt, mehr aus seinem Geld zu machen. Die einen vertrauen leider noch auf ihr Sparbuch, aber du weißt jetzt, was zu tun ist, wenn dir beim nächsten Mal jemand 10.000 Euro anbietet.

DIE BÖRSE TORKELT WIE EIN BESOFFENER

Jetzt kommt eine einfache Frage: Was passiert mit dem Aktienkurs eines Unternehmens, das gerade einen Rekordgewinn verkündet hat? 90 Prozent der befragten Menschen würden sofort sagen: Er steigt! Alles andere wäre auf den ersten Blick auch eine blöde Idee. Aber vielleicht hast du schon mal in den Medien folgende Schlagzeilen gehört:

- Unternehmen verkündet Milliardenverlust – Aktienkurs steigt
- Unternehmen verkündet Rekordergebnis – Aktie fällt

Warum reagieren Aktionäre auf Meldungen, als hätten sie zu viel Alkohol gekippt, und warum schwanken die Aktienkurse wie ein Besoffener nachts um halb drei in seiner Stammkneipe? Betrunkene mögen es überhaupt nicht, wenn die Party ein Ende zu haben scheint, und sie denken nur an die nächste Runde, nach dem Motto: Danke für das nächste Bier, das letzte habe ich ja schon. So tickt auch die Börse: Es zählt nur die Zukunft. Wir haben bereits gelernt, dass alles eine Wette ist. Und an der Börse wetten Investoren auf die Gewinne der Zukunft. Denn auf Tatsachen können sie nicht mehr wetten. Oder hast du schon mal versucht, einen Lottoschein für den letzten Samstag abzugeben?

Schauen wir uns das Phänomen anhand eines Rekordgewinns an: Nehmen wir an, dass Google in wenigen Wochen sein Ergebnis fürs dritte Quartal verkünden wird. Und wir nehmen an, dass die Investoren Google im Vorfeld einiges zutrauen, je stärker sie im Vorfeld des Quartalsergebnisses mit steigenden Gewinnen rechnen und je mehr einsteigen, umso mehr steigt der Kurs. Sie wetten also auf einen hohen Gewinn und damit auf die Zukunft. Dann kommt der Tag der Wahrheit, und der Gewinn erfüllt genau die Erwartungen der Investoren! Aber was macht der Kurs? Er fällt! Hat da wirklich jemand zu viel getrunken? Nein! Börsenlegende André Kostolany sprach in diesem Zusammenhang gerne vom sogenannten *Fait accompli*, also von vollendeten Tatsachen.[159] Wenn wie beim Google-Beispiel alle vorher schon kaufen, dann sind einfach keine Käufer mehr da, wenn schließlich der Gewinn verkündet wird! Im Gegenteil: Manche Investoren verkaufen dann sogar ihre Aktien – gerade wenn sie sehr früh eingestiegen sind – und nehmen ihre Gewinne mit. Das drückt dann sogar auf den Kurs. Genauso läuft es andersherum: Bei schlechten Ergebnissen werden viele vorab verkaufen, und wenn das Ergebnis dann besser ausfällt als befürchtet, kann ein geringerer Verlust den Kurs einer Aktie schon zum Explodieren bringen.

Das wirkt alles befremdlich, aber wir müssen uns klarmachen, dass die Börse auf den ersten Blick nicht rational erscheint, vor allem für Anfänger. Deswegen kannst du nur erfolgreich werden, wenn du dir deine eigenen Gedanken machst und dich frei machst von Weisheiten. Investiere in deine eigene Meinung! Deswegen verrate ich dir jetzt den schlechtesten Tipp, den ich je bekommen habe: Börsenratgeber für Einsteiger zu lesen, die von irgendeinem anonymen Ghostwriter geschrieben wurden. Theorie ist nun mal gut und schön, aber es zählt nur die Praxis, und es zählt langfristig, was eine Aktie bringt. Um von einer wachsenden Weltwirtschaft zu profitieren, musst du das Klein-Klein der Börsen-Arithmetik nicht mal verstehen, aber schauen wir uns doch mal im Schnelldurchlauf an, was die Theoretiker predigen: Wie bilden sich demnach Aktienkurse? Erklären lässt es sich anhand des Dividenden-Barwert-Modells, das der amerikanische Ökonom John Burr Williams formuliert hat.[160] Demnach entspricht der Aktienkurs (P) dem Barwert aller künftigen abgezinsten Gewinne beziehungsweise Dividenden (D), die das Unternehmen erzielt:

$$P = \sum_{i=1}^{n} \frac{D_i}{(1+r)^i}$$

Ein Unternehmen ist vereinfacht gesagt so viel wert wie die Gewinne, die es in Zukunft erzielen wird. Vielleicht kannst du es dir noch besser vorstellen am Beispiel einer Immobilie. Der Wert eines Hauses bemisst sich an den Mieten, die sich damit in Zukunft erzielen lassen, und diese Mieten werden abgezinst, um den Marktwert zu berechnen. Eine Formel ist ein Anfang, aber wir kennen weder die künftigen Dividenden noch den Diskontierungszins. Das Fazit ist also: D und r sind unsicher und entsprechend unsicher ist auch P. Aber diese Unsicherheit musst du lieben lernen, wenn du an der Börse erfolgreich sein willst. Denn die Theorie gaukelt dir zwar eine Sicherheit vor, aber wer sich darauf verlässt, fährt die riskanteste Wette. Die sogenannte Markteffizienz-Hypothese besagt: Alle Börsianer seien rational und alle Informationen seien in den Kursen eingepreist. Das mag in der Theorie stimmen, aber was bringt uns das? Wir haben ja gelernt, dass wir auf die Vergangenheit nicht wetten können. Und die Zukunft ist ungewiss, sonst würde niemals ein Handel zustande kommen. Wenn Peter beispielsweise eine Alphabet-Aktie zum Preis von 1000 Euro verkaufen und Steffi zu 1000 Euro kaufen möchte, was bedeutet das? Es gibt zwar ein Gleichgewicht bei 1000 Euro, aber offensichtlich nimmt Peter lieber das Geld und Steffi traut der Aktie mehr zu als den Euro-Noten. Das Gleichgewicht wird zur Illusion! Also ist der Markt bei 1000 Euro wirklich effizient? Nur in der Theorie. Überleg mal, wenn immer alle rational handeln würden, dann könnte es nie zu einer Überbewertung und einem Crash kommen, aber wir Menschen verfallen eben oft der Emotion und verabschieden uns von der Ratio.

Die Hypothese geht zurück auf die Arbeiten des französischen Mathematikers Louis Bachelier und des amerikanischen Ökonomen Alfred Cowles. Sie besagt eben, dass die Aktienkurse stets alle für die Wertbestimmung des Unternehmens relevanten Informationen enthalten. Und sie besagt auch, dass kursrelevante Informationen zufällig eintreffen. Das nennt sich *Random Walk*. Demnach schwanken die

Kurse zufällig. Wie sieht das mathematisch aus? Wenn eine Information den Kurs verändern kann, dann beträgt die Wahrscheinlichkeit jeweils 50 Prozent, dass sie den Kurs sinken oder steigen lässt. Der Erwartungswert der Kursveränderung beträgt also null. Wer die Börsenkurse also kurzfristig prognostizieren will, der hat dieselben Chancen wie bei einem Münzwurf. Auch hier beträgt der Erwartungswert für einen Gewinn null. Diese Idee der Hypothese solltest du dir schon eher merken, denn die Börse wankt kurzfristig wirklich wie ein Betrunkener, und wir sollten uns nicht der Illusion hingeben, dieses Torkeln vorher abschätzen zu können. Börsenlegende Benjamin Graham hat dieses Phänomen in seinem Standardwerk *Intelligent investieren* mit dem Bild einer manisch-depressiven Person erklärt, dem sogenannten Mr. Market. Der Mister schreit dir als Gegenüber ständig Preise für Aktien zu. Mal ist der Herr gut aufgelegt. Wenn der Pegel des Betrunkenen also stimmt, dann gerät er in Euphorie und ruft hohe Preise auf. Manchmal verfällt er nachts um halb drei aber auch in eine Depression und bietet dir die Aktien billig an.[161] Du kannst ihn dir wie einen Marktschreier vorstellen. Dem solltest du auch nicht ständig alles abkaufen, was er dir anpreist. Die klugen Investoren ignorieren das Geschrei und kaufen dann, wenn sie es für richtig halten, und natürlich möglichst günstig.

Kommen wir zurück zur Theorie: In der Schule lernen wir bereits, dass Aktienkurse die Wirtschaft abbilden sollen. Aktien gelten als Frühindikator, wenn sie also gut laufen, dann zieht die Wirtschaft nach. Kostolany hat das mit Hund und Herrchen verglichen.[162] Der Hund ist die Börse und rennt gerne mal voraus, irgendwann kommt er dann wieder zurück. Aber geht das wirklich so einfach? Die Realität beweist das Gegenteil. Denn selbst bei einer Rezession muss es nicht schlecht laufen: Im Jahr 1967 ging die Wirtschaftsleistung um 0,3 Prozent zurück, der deutsche Aktienmarkt gewann mehr als 50 Prozent. 1975 schrumpfte das Bruttoinlandsprodukt (BIP) um 0,9 Prozent, die Börse stieg um 40 Prozent. 1982 betrug das Minus beim BIP 0,4 Prozent, das Plus an der Börse fast 13 Prozent. 1993 stand ein Minus der Wirtschaftsleistung von 1 Prozent einem Plus von knapp 47 Prozent beim Dax gegenüber. 2003 ging das BIP um 0,7 Prozent zurück, der Dax gewann mehr als 39 Prozent.[163] Der Betrunkene schert sich also manchmal nicht um die Realität, wenn er den richtigen Pegel hat.

Aber wehe der Rausch lässt nach, dann kann es schnell wehtun. Was wir daraus lernen: Wir wissen nie, was die Börse als Nächstes macht. Vergiss die Illusion von simplen Wahrheiten und ehernen Gesetzen. Das wird dich jetzt nicht glücklich machen, denn wir Menschen hassen Unsicherheit, aber wer Aktien kauft, der kann sich niemals sicher sein. Deshalb will ich dir in den nächsten Kapiteln zeigen, wie du bequem investierst und rational mit dieser Herausforderung umgehst. Denn wir müssen uns auf einen Fakt verlassen: Die Weltwirtschaft entwickelt sich seit Jahrzehnten nach oben. Es gibt keine Garantie dafür, dass es weiter nach oben geht. Aber es bleibt uns keine andere Wahl, als von diesem Szenario auszugehen. Time not Timing, das muss das Mantra sein. Denn kurzfristig schwankt die Börse, und die Wege sind manchmal wie bei unserem Herrn: unergründlich.

DIE BÖRSE IST KEIN SCHÖNHEITSWETTBEWERB, SONDERN EIN MODEL-CASTING

Welche Aktien sind denn jetzt die besten? Und wie lässt sich das entscheiden?

In seinem Buch *Allgemeine Theorie der Beschäftigung, des Zinses und des Geldes* vergleicht der Ökonom John Maynard Keynes die Börse mit einem Schönheitswettbewerb. Es geht also darum, einen Sieger zu küren und die Investoren wetten im Vorfeld darauf, wer gewinnen wird. Wer dabei erfolgreich sein möchte, der darf sich nicht von seinem eigenen Schönheitsideal leiten lassen, so Keynes, sondern er muss erahnen, wen die Mehrheit der Juroren als die Schönste erachtet. Aber das war es noch nicht: Jeder der Juroren bemüht sich wiederum zu erahnen, welche Kandidatin die Mehrheit der anderen denn für die Schönste hält.

Mit dem Gleichnis des Schönheitswettbewerbs wird häufig erklärt, wie sich die Preise von Aktien bilden. Demnach lässt sich der Börsenkurs der Aktie nicht am fundamentalen Wert festmachen, das heißt dem Barwert aller abdiskontierten Zahlungen, die das Unternehmen künftig erzielen wird, sondern daran, was der Investor glaubt, was andere Investoren glauben, was die Aktie denn wert sein könnte. Aber geht es so wirklich zu an der Börse? Eines steht fest: Kurzfristig versuchen viele Spekulanten zu erahnen, was der Markt macht und wie die anderen Anleger ticken. Aber wie soll sich so etwas quantifizieren lassen? Es gibt Stimmungsumfragen unter Anlegern und professionellen Investoren, das nennt sich Sentiment, aber trotzdem gibt es keine fundamentale Kennzahl, die die Stimmung aller Marktteilnehmer im Vorfeld misst. Außerdem gibt es keine Siegerehrung wie beim Schönheitswettbewerb. Dort steht die Siegerin fest und der Wettbewerb ist vorbei, an der Börse geht es aber immer weiter. Selbst das wertvollste Unternehmen der Welt kann morgen schon in Ungnade fallen. Aber dann kommen wir wieder zur Timing-Frage und das ist sehr gefährlich. Für langfristige Investoren lohnt es sich nicht, sich jeden Tag zu fragen, was die anderen machen könnten. Im Gegenteil: Es geht manchmal sogar darum, sich bewusst anders zu positionieren. Denn was heute der Konsens ist, kann schon darauf hindeuten, dass es morgen genau das Gegenteil sein wird in der Realität. Erfolgreiche Investoren verhalten sich wie ein Model-Scout: Sie versuchen nicht, die Schönen von gestern oder heute zu entdecken, sondern die Schönen von morgen. Also suchen sie Unternehmen, die dauerhaft eine hohe Rendite erwirtschaften und den Gewinn pro Aktie für lange Zeit steigern können.

Aber wie lässt sich berechnen, was die Schönen von morgen in Zukunft verdienen werden? Um das Potenzial eines Unternehmens einzuschätzen, hilft kein Gefühl und auch kein Schönheitswettbewerb, es geht wie immer um die nackten Zahlen, genauer gesagt um das Dividenden-Diskontierungs-Modell (DDM). Nochmal zur Wiederholung: Danach bestimmt sich der Wert einer Aktie als die Summe aller abdiskontierten Dividenden, beziehungsweise Gewinne, die ein Unternehmen künftig erzielt. Doch wie lässt sich dieses Modell in der Praxis umsetzen? Investoren müssen die künftigen Gewinne schätzen und einen geeigneten Diskontierungszins definieren. Ich würde dir gerne eine einfachere Lösung anbieten, um den fairen Wert einer Aktie zu berechnen, aber wenn es einfach wäre, dann könnte es jeder. Das DDM bedeutet Arbeit, und es ist mit großer Unsicherheit verbunden, weil sich alles nur schätzen lässt. Bei manchen Unternehmen lassen sich die Gewinne relativ leicht schätzen, aber gerade bei jungen Unternehmen umso schwieriger. Dann landen wir wieder beim Kompetenzkreis von Buffett: Wenn du gezielt in Unternehmen investieren willst, dann solltest du dich intensiv damit befassen und erst mal überlegen, wie gut du sie einschätzen kannst. Es gibt Branchen, die du besser verstehst und welche, die du nicht mal im Ansatz begreifst. Bleib besser in deinem Kreis. Und stelle dir vor allem eine Frage: Besitzt du überhaupt genug Kompetenz, um einzuschätzen, was Unternehmen in fünf, zehn oder zwanzig Jahren verdienen? Wenn du diese Frage jetzt mit Nein beantwortest, dann ist das nicht der Anfang vom Ende, sondern es spricht eher dafür, dass du dich gut einschätzen kannst, und es heißt noch lange nicht, dass du nicht vom Wachstum der Weltwirtschaft profitieren kannst. Im Gegenteil: Du gehst dann eben den einfacheren Weg, der dir zwar keinen schnellen Reichtum verspricht, dafür aber einen soliden Aufbau deines Vermögens. Wie du das konkret umsetzt, dazu kommen wir in den folgenden Kapiteln.

Kommen wir nochmal zurück zum DDM. Dabei spielen auch die Zinsen eine sehr wichtige Rolle. Denn mit ihnen musst du die geschätzten Zukunftsgewinne abdiskontieren, und das macht die Sache nochmal komplizierter. Momentan fallen die Zinsen sehr niedrig aus, und deswegen geht es in erster Linie darum, ob und wie lange es noch so bleiben wird. Es macht einen riesigen Unterschied, ob du mit einem Zinssatz von 0,5 Prozent abzinst oder mit einem langfristigen Durchschnittszins von 3 Prozent. Denn wie wirkt sich der Zins auf die Attraktivität von Aktien aus? Je höher der gewählte Diskontierungszins ausfällt, desto niedriger wird auch der faire Wert der Aktie ausfallen. Die Erklärung dafür ist: Je höher die Zinsen ausfallen, umso mehr bekommst du ja beispielsweise auf der Bank für dein Geld oder auch bei anderen Anlageformen wie Anleihen. Es werden also viele Investoren das Risiko von Aktien vermeiden und lieber sichere Renditen einfahren. Wenn es dagegen gar keine Zinsen mehr gibt, müssen gerade professionelle Investoren das Risiko hochfahren, um Rendite zu erwirtschaften. Dann sind Aktien oft die einzige Option.

Der Preis einer Aktie wird vom Markt gemacht, aber du musst dich immer fragen, was du heute bereit bist, für eine Aktie zu bezahlen und was sie in Zukunft wert sein wird. Du kannst es dir vorstellen wie bei einem Manager von einem Fußballverein: Wenn du einen Spieler verpflichten willst, wie viel bezahlst du für ihn? Du wirst überlegen, wie viele Spiele er machen wird, wie viele Tore er schießen wird und wie viele Trikots sich verkaufen lassen. Deswegen besteht ein massiver Unterschied beim Marktwert zwischen einem Ersatzspieler und einem Lionel Messi. Bei einem Unternehmen geht es genauso: Welche Zuflüsse wird es künftig erwirtschaften und wie viel kann ich davon haben? Deswegen lohnt sich nicht nur ein Blick auf den Gewinn, sondern auch auf den Cashflow. Der lässt sich nämlich nicht so leicht durch Buchhaltungstricks frisieren wie der Gewinn.

Jetzt wollen wir für die Bewertung einer Aktie noch in die Tiefe gehen und uns dafür ein Beispiel ansehen: Nehmen wir an, du würdest eine Dividende von 1000 Euro in einer Woche bekommen und danach sperrt das Unternehmen zu. Was würdest du heute für diese 1000 Euro bezahlen? Hoffentlich weniger, sonst wärst du ein schlechter Geschäftsmann. Seien wir mal nicht gierig und bieten 900 Euro, mehr als 1000 Euro würde nur ein Schwachkopf bezahlen. Das Problem ist, dass sich diese Frage leicht für eine Woche beantworten lässt, aber wie sieht es mit einem Jahr aus? Da könnte dann schon einiges passieren. Möglicherweise geht das Unternehmen zwischendurch pleite und wir sehen unsere 1000 Euro nie wieder. Also wie viel würdest du heute dafür bezahlen? Wer gerne spekuliert, würde sicher 800 Euro auf den Tisch legen, aber sicherheitsbewusste Menschen würden vielleicht nur 600 oder 500 Euro investieren. Die Erkenntnis lautet also: Wahrscheinlich würdest du für die Dauer von einem Jahr weniger bezahlen als für die Dauer von einer Woche. Und jetzt ersetzen wir die 1000 Euro Dividende durch die Cashflows der Zukunft, und wir rechnen auch nicht damit, dass das Unternehmen gleich aufgibt, sondern noch lange existiert. Dann sind wir beim sogenannten *Discounted-Cash-flow-Modell* gelandet – auch DCF-Modell genannt – und so funktioniert die Bewertung von Unternehmen. Also überleg dir, wie viel du heute für einen neuen Messi bezahlen würdest, der dich in den kommenden Jahren zu mehreren Champions-League-Titeln schießen oder am Ende nur auf der Ersatzbank landen könnte.

PASS AUF DEINE CHIPS AUF!

Börsenlegende André Kostolany predigte gerne, dass ein echter Spekulant schon mindestens einmal pleite gewesen sein müsse. Von Kostolany kann man viel lernen, aber diesen Satz halte ich für bedenklich. Bitte denk lieber an Warren Buffett: »Regel Nummer eins: Verliere niemals Geld. Und Regel Nummer zwei: Vergiss niemals Regel Nummer eins.«[164] Geld verlieren tut sehr weh und befördert dich in einen Teufelskreis. Erstens musst du den mentalen Tiefschlag in den Griff kriegen und zweitens: Je weniger Geld du nach einem Verlust für dein Comeback hast, umso schwieriger wird es, das Geld wieder zu besorgen (siehe Abbildung unten). Pass also auf deine Chips auf und schiebe sie niemals leichtfertig in die Mitte!

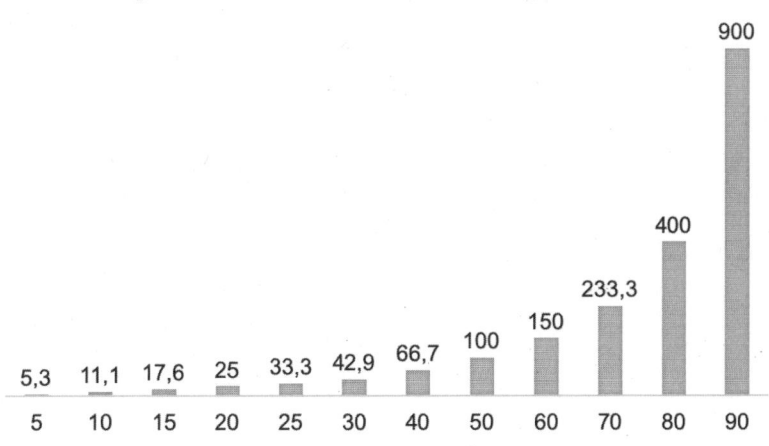

Abbildung 6: Eigene Darstellung und Berechnung

Wer 50 Prozent seines Vermögens verliert, braucht dann ein Plus von 100 Prozent, um gerade mal wieder bei null herauszukommen. Ich will dir mit diesem Buch zeigen, wie du die Fehler vermeidest, die andere schon gemacht haben. Der größte Fehler, den du an der Börse machen kannst, ist es, dir zu sicher zu sein. Warum trauen wir uns beim Geld so viel zu? Wir verteidigen uns ja auch nicht selbst vor Gericht oder operieren uns einen Oberschenkelhalsbruch. Wahrscheinlich agieren wir so forsch, weil wir dem *Overconfidence Bias* unterliegen. Wir trauen uns also zu viel zu, und dazu neigen wir leider alle, das belegen sämtliche Studien der Wissenschaft. Am besten lässt sich das mit der Geschichte von Krösus beschreiben. Dem König von Lydien sagt man nach, er habe das Orakel von Delphi befragt, ob ein Angriff auf Persien ratsam sei oder nicht. Das Orakel offenbarte ihm, wenn er den Grenzfluss überquere, werde er ein großes Reich zerstören. Krösus verfiel natürlich dem *Overconfidence Bias* und griff Persien an, am Ende zerstörten die Perser sein eigenes Reich.

Du darfst also niemals alle Eier in einen Korb legen. Experten wie Charlie Munger predigen zwar, dass Diversifizierung heiße, dass man ein so gutes Investment finden solle, das keine Streuung benötige. Das ist eine große Idee, aber du setzt damit trotzdem alles auf eine Karte. Machen wir eine Reise zurück ins Jahr 2000: Die Deutsche Bank und Nokia waren bärenstark. Wer ein Scheitern der beiden prognostiziert hätte, wäre wohl in der Nervenheilanstalt gelandet. Frag mal heute nach, wer noch blind in die beiden Konzerne investieren würde? Das beste Beispiel für die Unberechenbarkeit ist der Dax: Von den 30 Startmitgliedern aus dem Jahr 1988 sind heute nur noch 13 vertreten. Eine einzelne Aktie wird also in der Regel riskanter sein als mehrere Aktien oder gar der gesamte Markt. Doch das Problem lässt sich leicht lösen. Das Zauberwort heißt Diversifikation: Also streust du dein Vermögen erst mal über mehrere Aktien. Bekannt ist vor allem die Portfolio-Theorie, die auf der Arbeit des Ökonomen Harry M. Markowitz basiert. Einfach ausgedrückt: Er wollte Risiko quantifizieren und herausfinden, welche und wie viele Wertpapiere es zur Diversifizierung braucht. Mit seiner Forschung prägte er die Finanzmarktforschung.

Doch der Hedgefondsmanager Ray Dalio sollte einige Jahre später bei Markowitz ein Problem erkennen: Das Modell verrate nicht, welchen Einfluss es habe, wenn man eine der Variablen ändere, oder wie man damit umgehen solle, wenn man sich bei seinen Annahmen nicht sicher sei. Dalio wollte Diversifikation einfacher machen und verbessern. Was trieb ihn an? Ihn hatte auch das Krösus-Problem ereilt und er hätte fast alles verloren. 1982 wettet er auf einen Crash während der lateinamerikanischen Schuldenkrise. Mexiko war zahlungsunfähig, und Dalio rechnete mit einer Depression, aber es sollte anders kommen: Kredite wurden restrukturiert, die amerikanische Notenbank Fed stellte mehr Geld zur Verfügung und die Wirtschaft blühte wieder auf! Das kostete Dalio verdammt viel Geld und gefährdete sogar die Existenz seines Unternehmens Bridgewater.[165] Doch er schaffte die Wende. Heute zählt er zu den reichsten Amerikanern und Bridgewater ist einer der größten Hedgefonds der Welt. Von der Fast-Pleite zum großen Player an den Märkten. Was war passiert? Dalio hatte sich auf die Suche nach dem Heiligen Gral gemacht und sich Hilfe geholt von Brian Gold, einem Mathematiker, der 1990 bei Bridgewater angeheuert hatte. Gold sollte folgende Idee umsetzen: einen Chart bauen, der zeigt, wie bei einem Portfolio die Volatilität sinkt und die Qualität steigt (gemessen an der Rendite im Verhältnis zum Risiko), wenn man schrittweise Asset-Klassen hinzufügt, die verschiedene Korrelationen aufweisen. Das klingt verwirrend, aber schauen wir uns den Heiligen Gral genauer an.[166]

Du siehst verschiedene Linien, die die Korrelation darstellen sollen. Eine Korrelation ist nichts anders als eine Beziehung. Machen wir ein Beispiel dazu: Betrachten wir eine hohe Korrelation beim Investieren. Das extremste Beispiel wäre eine einzige Aktie, vereinfacht betrachtet korreliert sie sozusagen zu 100 Prozent mit sich selbst. Aktien aus demselben Land und derselben Branche weisen dementsprechend auch höhere Korrelationen auf. Dagegen sähe ein Beispiel für eine geringe Korrelation wie folgt aus: Du besitzt eine Aktie von einem US-Unternehmen und kassierst Dividenden, du beziehst noch ein Einkommen von deinem Arbeitgeber und besitzt Garagen in München, die du vermietest – diese drei Einkommensströme haben grundsätzlich nichts miteinander zu tun. Dalio will mit diesem Chart zeigen, wie sich das Vermögen richtig streuen lässt. Wer sein Geld auf möglichst viele Anlagen verteilt, die möglichst wenig miteinander zu tun haben, der senkt sein Risiko massiv. Das kannst du am Verlustrisiko und an der Return-to-Risk-Ratio ablesen. Bei einer Korrelation von 0 Prozent (unterste Linie) senkst du das Risiko immer weiter, aber auch wirklich nur dann, wenn sich die Anlageklassen komplett unabhängig voneinander entwickeln.

Der heilige Gral

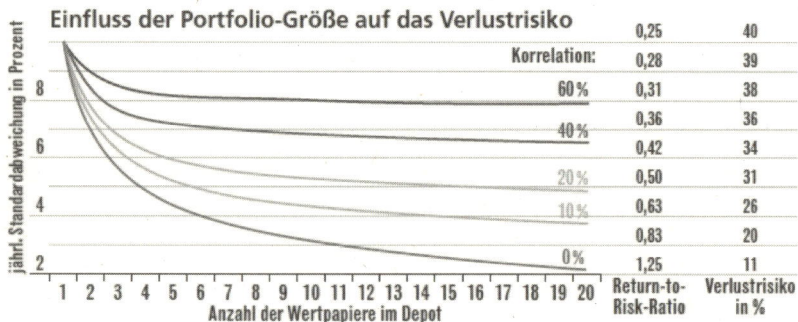

Abbildung 7: Eigene Darstellung in Anlehnung an Ray Dalio

Aber was sagt der Chart noch aus? Es gibt einen Grenznutzen bei der Diversifikation innerhalb einer Anlageklasse, wenn es eine gewisse Korrelation gibt. Bei einer Korrelation von 60 Prozent erkennst du, dass die Line am Anfang noch stark abfällt, sich aber dann auf einer Höhe bewegt. Munger hat also grundsätzlich Recht damit, wenn er zur Fokussierung rät. Große Vermögen entstehen nicht dadurch, dass du möglichst viele Aktien sammelst und den Überblick verlierst. Denn viele Aktien helfen nicht viel. Das Verlustrisiko fällt bei fünf Aktien ungefähr genauso hoch aus wie bei 20 oder 1000 Aktien, wenn sie miteinander korrelieren. Es verhält sich ähnlich wie beim *Zero-Risk-Bias*: Wenn du dir 50 Aktien ins Depot legst, kaufst du dir nur eine scheinbare Sicherheit! Vor allem neigen viele Anleger dazu, sich eher noch Klumpenrisiken ins Depot zu holen, wenn sie aufstocken. Sie streuen also nicht, sondern lenken den Fokus noch mehr auf eine bestimmte Branche. Wenn du dich beispielsweise nicht für einen deutschen Maschinenbauer entscheiden kannst, dann holst du dir einfach fünf ins Depot. Aber jetzt stell dir mal vor, die Konjunktur bricht ein und das trifft diese Zykliker, dann sind gleich fünf Aktien betroffen. Und dann stell dir das ultimative Klumpenrisiko vor: Du arbeitest auch noch bei einem Maschinenbauer und hast einen Teil deines Geldes in deinen Arbeitgeber und diese Branche investiert. Sollte die Firma pleite gehen, dann bist du deinen Job los, und die Aktien sind auch nichts mehr wert.

Aber warum verfallen wir trotzdem so gerne diesem *Home Bias*? Das bedeutet, dass ein Deutscher am meisten Interesse an deutschen Aktien hat. Das liegt zum einen am *Attention-Grabbing-Effekt*. Deutsche Medien berichten vorwiegend über deutsche Unternehmen, das liegt auf der Hand, weil die Bevölkerung natürlich auch überwiegend für diese Unternehmen arbeitet und das Interesse daran am höchsten ist. Doch damit entsteht eine Scheinwichtigkeit für Investoren, deutsche Aktien und der Dax wirken durch diese Omnipräsenz wie der Nabel der Welt. Dabei ist Deutschland in Sachen Aktien eher ein Entwicklungsland. Mitte 2019 waren alleine die US-Konzerne Amazon und Microsoft so viel wert wie alle deutschen Aktien zusammen.[167] Die Welt des Geldes bewegen vor allem Konzerne aus den USA und auch aus China. Für eine vernünftige Diversifikation solltest du dich also in mehreren Ländern engagieren oder zumindest Konzerne im Depot haben, die in vielen Ländern Geschäfte tätigen. Denn beim *Home Bias* lauert nicht nur die Gefahr, dass wir schlecht streuen, wir überschätzen möglicherweise auch unsere Kompetenz. Das liegt am sogenannten *Mere-Exposure-Effekt*, den der Psychologe Robert Zajonc so benannt hat. Aber was steckt hinter dem Effekt des bloßen Kontakts? Je öfter wir mit einer Sache konfrontiert werden, umso größer fällt die Wahrscheinlichkeit aus, dass wir positiv auf sie reagieren. Zajonc hat mit Probanden einen Test durchgeführt. Er präsentierte ihnen zwei Fantasiewörter, auf die sie beim ersten Kontakt ungefähr gleich reagierten. Hatten sie aber eines der beiden Wörter zuvor schon zweimal präsentiert bekommen, zogen sie es dem anderen vor.[168]

Das Geheimnis des Heiligen Grals sind also mehrere Einkommensströme, und das lässt sich durch verschiedene Anlageklassen erreichen. Die Balance bei deinem Vermögen muss stimmen. Das heißt: Im ersten Schritt brauchst du mehrere Aktien, du solltest es aber nicht übertreiben. Im zweiten Schritt brauchst du noch andere Vermögensklassen wie beispielsweise Anleihen, Gold, Immobilien oder Kryptowährungen. Deswegen kommt es bei der Streuung darauf an, dass die Anlageklassen möglichst wenig miteinander korrelieren, und das wollen wir uns jetzt anschauen.

Anlageklasse	Gold	Anleihen global	MSCI EM	Öl	Bitcoin	S&P 500	REITs	US-Dollar	Rohstoffe	Immobilien
Gold	1	0,63	0,51	0,53	-0,68	-0,08	0,14	-0,46	0,64	0,24
Anleihen global	0,63	1	-0,04	0,15	-0,58	-0,49	-0,04	-0,23	0,15	-0,19
MSCI EM	0,51	-0,04	1	0,65	-0,07	0,7	0,59	-0,49	0,75	0,78
Öl	0,53	0,15	0,65	1	0,24	0,28	0,14	-0,48	0,84	0,33
Bitcoin	-0,68	-0,58	-0,07	0,24	1	0,73	-0,49	-0,36	-0,02	-0,26
S&P 500	-0,08	-0,49	0,7	0,28	0,73	1	0,69	-0,25	0,42	0,79
REITs	0,14	-0,04	0,59	0,14	-0,49	0,69	1	-0,16	0,42	0,9
US-Dollar	-0,46	-0,23	-0,49	-0,48	-0,36	-0,25	-0,16	1	-0,55	-0,37
Rohstoffe	0,64	0,15	0,75	0,84	-0,02	0,42	0,42	-0,55	1	0,58
Immobilien	0,24	-0,19	0,78	0,33	-0,26	0,79	0,9	-0,37	0,58	1

Quelle: Bloomberg

In der Tabelle siehst du auf den ersten Blick viele Zahlen, und es wird dir nichts sagen, was sie genau bedeuten sollen. Deswegen eine kurze Erklärung: Wenn du in der Matrix links anfängst, dann schaust du einfach, mit welcher Assetklasse sich beispielsweise Gold kreuzt, und du stößt auf eine Zahl. Gold korreliert logischerweise mit Gold mit einem Faktor von 1 – also zu 100 Prozent – alles andere wäre auch komisch. Je höher also der Wert ausfällt, umso höher die Korrelation. Wer ein Portfolio ausgeglichen gestalten will, sollte möglichst viele Assetklassen miteinander mischen, die möglichst wenig miteinander korrelieren. Die Zahlen ändern sich natürlich im Zeitverlauf, diese Zahlen beziehen sich auf die vergangenen 15 Jahre und liefern damit eine gewisse Validität. Eine Garantie gibt es freilich nicht, dass sich die Assetklassen auch in Zukunft so verhalten, vor allem nicht bei einem Crash. Gerade wenn viele Investoren unter Druck kommen und ihre Positionen verkaufen müssen, könnte es sogar auch zu einem Abverkauf von Gold oder Immobilien kommen. Allerdings zeigt sich auf den ersten Blick bereits, wie konträr sich Gold beispielsweise zu einem Aktienindex wie dem S&P 500 entwickelt. Die Korrelation fällt sogar negativ aus. Gerade mit dem US-Dollar korreliert Gold in der Regel überhaupt nicht beziehungsweise sogar gegenläufig und auch zu Immobilien zeigt sich eine große Differenz. Deswegen habe ich einen Anteil von 10 bis 15 Prozent Gold in meinem Portfolio! Gold funktioniert nicht nur zur Diversifikation. Es sichert auch zu einem gewissen Teil gegen den ganz großen Crash. Ich habe dir bereits erklärt, dass sich Fiat-Geld wie der Euro beliebig vermehren lässt. Das geht bei Gold nicht. Warum Gold so wertvoll sein kann, zeige ich dir im nächsten Kapitel. Die wahre Entdeckung bei diesen Zahlen ist allerdings eine andere: Die globalen Aktienmärkte korrelieren sehr stark miteinander. Beispielsweise die Emerging Markets, also aufstrebende Länder wie China und Co., mit einem Faktor von 0,7 mit dem US-Markt. Eine Streuung im Aktiendepot über viele Ländergrenzen hinweg ergibt Sinn, aber es schützt dich nicht vor Verlusten. Selbst der Immobilienmarkt korreliert statistisch mit dem Aktienmarkt.

 Aber wie hängen nun die Anlageklassen zusammen und was bewegt ihre Kurse? Für Dalio gibt es nur vier Dinge, die die Preise an den Märkten bewegen: Inflation, Deflation, positives Wirtschaftswachstum und negatives Wirtschaftswachstum. Hieraus ergeben sich für den Hedgefonds-Manager vier Jahreszeiten, und in jeder Jahreszeit spielen die jeweiligen Anlageklassen ihre Stärken und Schwächen aus. Sie performen also gut oder schlecht. Deshalb rät Dalio dazu, das Portfolio fit für jede Jahreszeit zu machen. Als Lösung hat Dalio das Allwetter-Portfolio erfunden. Von der Aufteilung auf die folgenden Vermögensklassen (siehe Abbildung unten) verspricht er sich eine stabile Rendite bei geringem Risiko.[169]

Das Allwetter-Portfolio

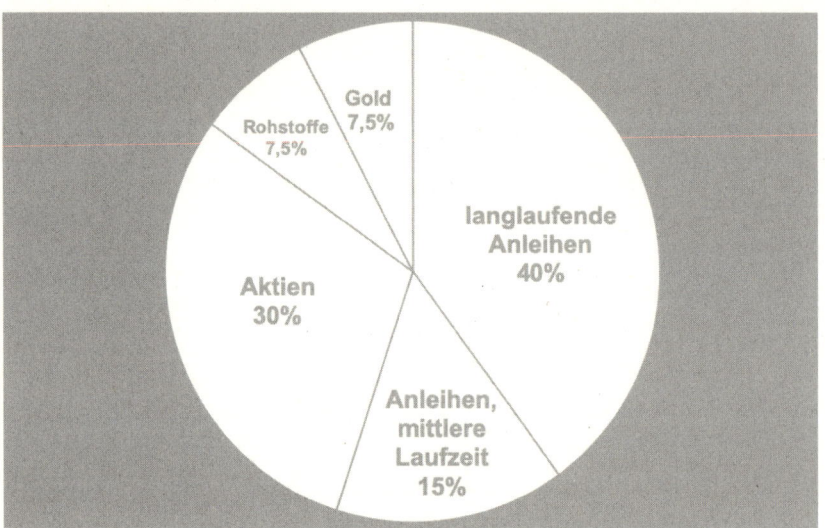

Abbildung 8: Eigene Darstellung in Anlehnung an Anthony Robbins/Ray Dalio

Allerdings ist Dalio mittlerweile auch großer Fan von ETFs. Das sind sogenannte *Exchange Traded Funds*, also börsengehandelte Fonds. ETFs sind die einfachste und günstigste Methode, um von der Entwicklung der Weltwirtschaft zu profitieren. Du kaufst einen ETF und holst dir damit Hunderte oder gar Tausende Aktien ins Depot. Die breiteste Streuung ermöglicht dir der MSCI-World-Index: Darin sind mehr als 1600 Aktien aus 23 Industrieländern enthalten.[170] In der Tabelle unten siehst du die Top Ten des MSCI World (Stand: August 2019) und erkennst, dass die größten und bekanntesten Unternehmen dominieren.

Unternehmen	Index-Gewicht in %	Land
Apple	2,42	USA
Microsoft	2,40	USA
Amazon	1,88	USA
Facebook	1,12	USA
Alphabet C	0,92	USA
JP Morgan Chase	0,92	USA
Alphabet A	0,88	USA
Johnson & Johnson	0,84	USA
Nestlé	0,79	Schweiz
Exxon Mobile	0,76	USA
Total	**12,93**	

Alleine durch diese zehn Aktien hast du schon eine Diversifikation, aber es kommen dann noch mehr als 1600 Aktien dazu. Du kaufst dir also auf einen Schlag verschiedene Länder, Währungen und Branchen und legst damit eine gute Basis. Perfekt ist die Streuung leider nicht, da amerikanische Aktien alleine 60 Prozent des MSCI World ausmachen. Auch Schwellenländer sind unterrepräsentiert. Das ist aber grundsätzlich kein Problem, da du andere ETFs beimischen kannst. Beispielsweise einen ETF auf den chinesischen, indischen oder afrikanischen Markt. Kritiker bemängeln bei ETFs gerne, dass du »nur« die Rendite des Marktes kaufst. Aber du musst dich eben selber fragen, was du willst. Wer sich nicht mit anderen vergleicht und möglichst bequem zu mehr Geld kommen will, für den sind ETFs das beste Werkzeug. Eine Illusion muss ich dir aber nehmen: Natürlich kannst du auch mit einem ETF massive Verluste erleiden, beispielsweise wenn der Markt um 50 Prozent fällt. Aber du wirst nicht pleitegehen, weil du alles auf eine Karte gesetzt hast. Und bevor du fragst, was passieren würde mit deinen ETFs, falls deine Bank pleiteginge. ETFs sind Sondervermögen: Das ist Investmentvermögen von Anlegern, die getrennt von den Geldern der Kapitalverwaltungsgesellschaft (KVG) verwahrt werden müssen. Dadurch sind die

Kundengelder im Falle einer Insolvenz der KVG kein Teil der Insolvenzmasse und bleiben erhalten.

Learnings
- Verliere niemals Geld! Verluste machen dir mental zu schaffen, und es ist sehr schwierig, sie wieder auszubügeln.
- Versuche Anlageklassen zu kombinieren, die möglichst wenig miteinander korrelieren.
- Übertreibe es nicht mit der Streuung. Es gibt auch bei Aktien einen Grenznutzen, weil viele Papiere stark miteinander korrelieren.
- Hüte dich vor dem Home Bias und dem Mere-Exposure-Effekt.
- Mit einem ETF kannst du dir günstig Hunderte oder Tausende Aktien ins Depot holen.

GOLD GLÄNZT IMMER WIEDER

»Rate mal, wie viel Maß Bier du 1950 für eine Unze Gold auf dem Oktoberfest bekommen hättest«, sage ich zu Sherlock.

»Das weiß ich nicht, aber ich kann es mir ausrechnen. Eine Feinunze wiegt 0,031 Kilogramm. Ihr Gewicht entspricht also der Apotheker-Unze, es sind exakt 31,1034768 Gramm. Der Goldpreis dürfte 1950 deutlich unter 100 Dollar gelegen haben je Unze. Schwieriger wird es schon beim Bierpreis. Ich schätze ihn für eine Maß auf 2 bis 3 Mark. Also würde ich mal auf 50 bis 70 Maß tippen für eine Unze Gold«, antwortet Sherlock.

»Das ist gar nicht mal schlecht gerechnet, es wären 95 Maß gewesen. Aber jetzt kommt die entscheidende Frage: Wie viel Maß hättest du 2018 für eine Unze Gold bekommen?«

»Wenn du mich so fragst, dann wahrscheinlich dieselbe Anzahl. Aber lass mich zuerst kurz rechnen. Eine Maß Bier hat ungefähr 11 Euro gekostet und der Goldpreis je Unze betrug rund 1100 Euro. Also mit Glück 100 Maß Bier.«

»Deine Vermutung war richtig: Ich wollte darauf hinaus, dass die Zahl fast dieselbe ist. 2018 hättest du immerhin noch 93 Maß dafür bekommen«, sage ich.

Es mag bescheuert klingen, aber es gibt tatsächlich eine **Gold-Wiesnbier-Ratio**, die rechnet jedes Jahr die Vermögensverwaltungsgesellschaft Incrementum aus.[171] Was sagt diese nun genau aus? Wir kriegen für eine Unze Gold heute praktisch genauso viel Bier wie vor rund 70 Jahren. Klingt unspektakulär. Aber du musst es einfach mal nur mit der Kaufkraft von Fiat-Geld vergleichen. Wie viel Bier hast du 1950 für eine Mark bekommen? Fast eine ganze Maß. Heute würde dich die Bedienung auslachen, wenn du ihr so einen Betrag anbieten würdest. Du würdest höchstens noch einen Schluck Bier für diesen Betrag kriegen und danach vermutlich wegen fehlender Solvenz aus dem Zelt geworfen werden. Im Bier liegt also die Wahrheit: Fiat-Geld wie der Euro verliert im Laufe der Zeit massiv an Wert, also an Kaufkraft. Das nennt sich auch Inflation. Gold hat sich dagegen seit mehr als 2500 Jahren etabliert und wird seitdem als Zahlungsmittel eingesetzt. Der Grund liegt auf der Hand: Es ist wertbeständig. Wie sich der Wert des Goldes entwickelt hat, siehst du im folgenden Chart.

Abbildung 9: Eigene Darstellung[172]

Im Laufe der Zeit hättest du dein Vermögen mit Gold in Sicherheit bringen können. Aber warum ist das so? Gold hat einen entscheidenden Vorteil gegenüber Dollar und Euro. Es lässt sich nicht beliebig vermehren. Wir haben bereits gelernt, dass Geldscheine nichts wert sind. Sie leben nur vom Vertrauen, das wir in sie setzen. Geld lässt sich eben drucken wie eine Zeitung oder ein Flugblatt, und dafür gibt es keine Grenzen. Wenn Staaten mehr Geld brauchen, dann drucken sie eben mehr Geld. Pleitegehen kann ein Staat auf diese Weise praktisch nicht, wenn er sich nur in seiner eigenen Währung verschuldet. Wie knapp Gold im Vergleich zu den anderen Asset-Klassen auf dieser Welt ist, verdeutlicht erst der direkte Vergleich. Der US-Ökonom und Notenbanker John Exter hat eine inverse Pyramide entwickelt, bei der die Vermögensanlagen am unteren Ende die größte Sicherheit und Liquidität bieten. Hier siehst du die Pyramide stark vereinfacht dargestellt.[173]

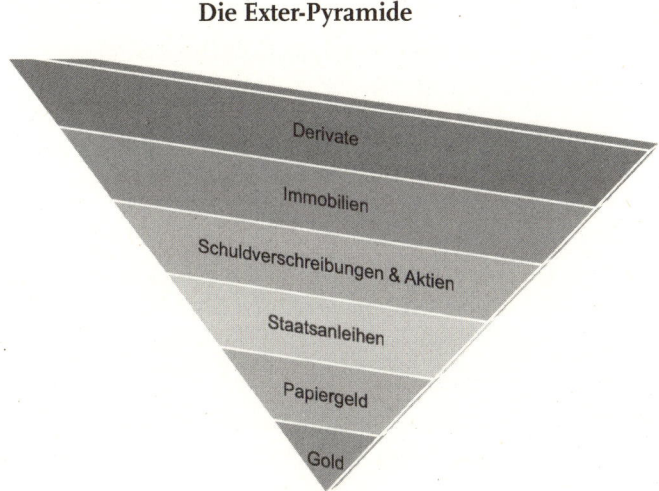

Abbildung 10: Eigene Darstellung in Anlehnung an John Exter

Diese Version der Exter-Pyramide zeigt, dass Gold besonders sicher und flüssig ist, weil es nicht von einem Zahlungsversprechen abhängt und auch in Krisen gehandelt wird. Genau umgekehrt verhält es sich bei Derivaten. Und hier liegt das Problem: Die Derivate trugen entscheidend dazu bei, dass die Finanzkrise ausbrach und stehen in Sachen Marktkapitalisierung ganz oben in der Pyramide. Allein 544 Billionen Dollar machen diese Terminmarktwetten aus. Der Wert des weltweiten Goldes belief sich Ende 2017 dagegen auf gerade mal 7,7 Billionen US-Dollar. Zum Vergleich: Die 50 reichsten Menschen der Welt besitzen alleine schon 1,9 Billionen Dollar. Der Wert von Gold ist also gerade mal viermal so groß wie das Vermögen von Bill Gates, Warren Buffett, Jeff Bezos und Co.[174] Gerade die Finanzkrise hat gezeigt, wie schnell das Finanzsystem ins Wanken gerät, wenn Zahlungsversprechen nicht mehr gehalten werden und Banken einander nicht mehr vertrauen. Dann kann ein Kartenhaus aus Derivaten schnell zusammenfallen. Gold verspricht mehr Stabilität, manche Experten preisen Gold sogar als Allheilmittel an. Aber wofür braucht man Gold eigentlich? Es gibt auch Kritiker, die behaupten, Gold besitze keinen inneren Wert. Allerdings gibt es genug Anwendungen für das Edelmetall: Es wird in der Industrie verarbeitet, als Schmuck getragen, und es eignet sich als Investition und Währung. Denn es bringt die Eigenschaften von Geld mit: Es ist knapp, homogen, haltbar, teilbar, prägbar, transportabel. Als Tauschmittel ist es seit Jahrhunderten akzeptiert. Vor mehr als 2500 Jahren ließ der lydische König Krösus erstmals Goldmünzen mit Prägestempeln versehen. Vor mehr als 2200 Jahren wurden die ersten Goldmünzen im Römischen Reich geschlagen und unter Julius Caesar wurden vermehrt Goldmünzen geprägt.[175]

Die langfristige Entwicklung des Goldpreises zeigt, dass das Edelmetall stabiler ist als sämtliche Währungen wie US-Dollar, Euro, japanischer Yen, chinesischer Renminbi oder Schweizer Franken. Währungen sind über die Jahrhunderte immer wieder kollabiert, Gold nicht. Die Performance von Gold lässt sich objektiv nur schwer bewerten: Auf sehr lange Sicht sieht sie bombastisch aus, auf die Sicht von zehn Jahren eher mau. Natürlich schneiden gerade Aktien im Schnitt besser ab als Gold, aber das ist kein Wunder: Durch Aktien beteiligst du dich am Produktivkapital, und das gewinnt im Lauf der Zeit an Wert, wenn die Unternehmen erfolgreich wirtschaften. Gold hat nichts von Produktivitätsgewinnen. Aber Gold entkommt dem Spiel der Inflation, der Preis bildet sich am Markt und damit landen wir wieder beim Bier. Gold dient aus meiner Sicht nicht dazu, reich zu werden, es dient dazu, nicht arm zu werden und sich vor schwarzen Schwänen zu schützen. Und die lassen sich nie ausschließen, gerade in den letzten Jahren zeigt sich, wie schnell die Welt sich wandeln kann: Flüchtlingskrise, Klimakrise, Angst vor einer Rezession und die Umwälzungen durch die Digitalisierung. Der Goldpreis funktioniert in kritischen Phasen oft wie ein Thermometer, das das Fieber der Weltwirtschaft anzeigt, so drückte es der ehemalige Chef der US-Notenbank Alan Greenspan aus. Deswegen stieg der Goldpreis auch in den letzten Monaten und Jahren immer wieder deutlich an. Die Konflikte zwischen den USA und China reichten alleine als Grund schon aus. Ein Tweet von US-Präsident Donald Trump versetzte die Märkte oft in Panik. Und da zeigt sich die Stärke: Wenn das System ins Wanken kommt oder Angst dominiert, dann schießt der Goldpreis schnell nach oben.

Ein Argument, das Kritiker immer gerne anführen: Gold werfe keine Zinsen ab. Das stimmt, aber Garantie auf Zinsen gibt es eh keine, wie die letzten Jahre gezeigt haben. In Zeiten von Negativzinsen dürfte Gold eine sehr gute Alternative zum Sparbuch sein, denn dort verlierst du mit einer Wahrscheinlichkeit von 100 Prozent Geld, alleine durch die Inflation, die deine Kaufkraft auffrisst. Aber es bleibt trotzdem der Zweifel, wie sich ein fairer Wert berechnen lässt für Gold. Das ist natürlich nicht so leicht wie bei Aktien und Immobilien. Bei einem Unternehmen lässt sich der faire Wert anhand der Cashflows ermitteln, die in Zukunft erwirtschaftet werden sollen. Bei Immobilien lässt es sich ähnlich berechnen. Der faire Wert lässt sich schätzen, indem man die Mieten heranzieht, die sich damit in Zukunft erzielen lassen. Also was lässt sich dann bei Gold berechnen? Ein Versuch besteht darin, Gold ins Verhältnis zu anderen Werten zu setzen, beispielsweise zu Aktien oder Rohstoffen. Daraus lässt sich dann ableiten, ob Gold steigen oder fallen soll. Bei Rohstoffen oder Kryptowährungen wie dem Bitcoin rechnen Analysten auch gerne mit der sogenannten Stock-to-Flow-Ratio, damit lässt sich die »Härte« eines Assets definieren. Gold erscheint so attraktiv, weil es sich nicht beliebig vermehren lässt und der jährliche Zuwachs, also der Flow, begrenzt ist. Dieses wenige neue Gold trifft auf einen bereits sehr großen alten Bestand, also den Stock. Als Fazit lässt sich sagen: Gold weist ein hohes Stock-to-Flow-Verhältnis auf und gilt damit als »hart«. Dadurch besteht bei Gold nicht die sogenannte Easy-Money-Falle. In die tappst du, wenn ein Preisanstieg die Produktion ankurbelt und dadurch den Bestand so stark verwässert, dass der Preis fällt. Ein Beispiel für diese Falle sind die Brüder Hunt. Ab Mitte der 1970er-Jahre kauften sie immer mehr Silber auf und hofften dadurch, den Preis nach oben treiben zu können. Dieser Plan ging zunächst auf, andere Spekulanten sprangen auf den Zug auf und trieben den Preis zusätzlich. Aber das Ende vom Lied war, dass der Preis wieder abstürzte, auch weil sich die Produktion an den neuen Preis anpasste und das Angebot deutlich stieg. Beispielsweise verkauften Privatleute in großem Maß Silbergegenstände und ließen sogar Schmuck, Besteck und Silbermünzen einschmelzen.[176]

Es gibt auch die sogenannte Gold-Silber-Ratio. Diese Kennzahl gibt das Verhältnis zwischen Goldpreis und Silberpreis an und wird so ermittelt: Du teilst den Goldpreis schlicht durch den Silberpreis. Es gilt die Faustregel: Der langfristige Durchschnitt der Gold-Silber-Ratio beträgt etwas mehr als 60, und die Theorie besagt, dass sich das Verhältnis über kurz oder lang immer wieder diesem Wert annähert. Es handelt sich um einen Fall von Regression zur Mitte, aber streng genommen gehört viel Glaube und weniger Logik dazu. Sicher ist jedoch: Ratio-Werte jenseits der 80 gelten als vergleichsweise hoch und kamen in der Vergangenheit recht selten vor. Sehr häufig, wenn der Ratio-Wert über 80 gestiegen war, sackte er in der Folge ab. Aus meiner Sicht ist das nicht des Rätsels Lösung. Gold ist immer eine Glaubensfrage: Die einen verteufeln es, die anderen lieben es und decken sich damit ein, weil sie den Weltuntergang fürchten oder gar herbeisehnen.

Mein Tipp an dich: Lauf keinem der beiden Lager hinterher. Es ist bei Gold völlig egal, wo es gerade steht. Du solltest es als alternative Währung betrachten und vor allem als Diversifizierung. Gold korreliert normalerweise wenig mit anderen Asset-Klassen und genau darum geht es. Wer dir verspricht, dass Gold sicher steigen muss und dass es gerade auch in einer Krise mit einer Wahrscheinlichkeit von 100 Prozent steigen wird, der lügt. Gold ist keine Garantie, sondern eine Alternative.

Wie kauft man nun Gold? Du kannst es natürlich physisch kaufen. Aber Vorsicht, wenn du diese Zeilen liest und das Gefühl hast, dass du sofort Gold brauchst, dann bitte nicht gleich googeln und online kaufen. In dieser Branche treiben sich auch schwarze Schafe herum, und du solltest nur bei renommierten Goldhändlern kaufen. Natürlich solltest du vorher auch wissen, wo du dein Gold sicher lagerst. Und ganz wichtig: Dabei auf die Stückelung achten und auf die An- und Verkaufspreise. Ein wichtiger Tipp: Je kleiner die Einheit, desto größer ist der Spread für Anleger, also die Differenz zwischen An- und Verkaufspreis. Das klingt nach Pfennigfuchserei, aber bei ganz kleinen Münzen mit einem Wert von 1/24 Unze liegt der Verkaufspreis schnell mal 20 Prozent unter dem Kaufpreis. Du solltest dir ein Investment in Gold also gründlich überlegen und dann in größeren Mengen kaufen. Und du musst dich auch darauf einstellen, dass der Staat bei einem Betrag von mehr als 10.000 Euro wissen will, wer da Gold kauft. Anonyme Geschäfte sind nur bei einem geringeren Betrag möglich. Für Goldbarren und Goldmünzen fallen momentan keine Steuern an beim Kauf. Die Finanzbehörden behandeln Gewinne aus dem Verkauf von physischem Gold als ein privates Veräußerungsgeschäft. Innerhalb einer Haltefrist von einem Jahr fällt Einkommensteuer nach dem persönlichen Steuersatz des Verkäufers an. Die Besteuerung entfällt, wenn der Gewinn die Freigrenze von 600 Euro nicht erreicht.

Alternativ bieten sich sogenannte ETCs (Exchange Traded Commodities) an, bei denen das Gold physisch hinterlegt ist. Die Steuer-Regelung gilt auch für einige ETCs. Bei solchen Produkten hast du den Vorteil, dass du physisches Gold besitzt, dir aber keinen Tresor oder ein sicheres Versteck dafür überlegen musst – und das bei sehr überschaubaren Kosten. Eine Option ist das sogenannte Xetra-Gold. Dabei handelt es sich um einen ETC, das Ende Dezember 2007 auf den Markt gebracht wurde. Das Wertpapier wird an der Börse, hauptsächlich am Handelsplatz Xetra, in Euro gehandelt. Der Wert des ETCs bezieht sich auf ein Gramm Feingold. Jedes Wertpapier verbrieft die Lieferung von Gold, und der Käufer des ETCs kann sich den Gegenwert in Gold ausliefern lassen. Auf Xetra-Gold kannst du mittlerweile auch bequem einen Sparplan abschließen, also wenn du dich mit 25 Euro pro Monat unabhängiger von einer Währung wie dem Euro machen willst, dann spare Gold an und du wirst besser schlafen. Wer riskanter vorgehen möchte, kann sich auch an Unternehmen beteiligen, die vom steigenden Goldpreis profitieren. Goldminenaktien sind aber viel riskanter als physisches Gold, und du solltest dich sehr gut mit der Branche und den Auswirkungen des Goldpreises auf die jeweiligen Geschäftsmodelle vertraut machen. Gerade die Kosten der Konzerne entscheiden, bei welchem Goldpreis die Förderkosten gedeckt sind. Bei einem Unternehmen mögen es 600 Dollar sein, bei einem anderen 800 oder 900 Dollar.

Am Ende kommt die entscheidende Frage: Wie viel Gold brauchst du? Wir rechnen nicht in Feinunzen, sondern es hängt von deinem Portfolio ab. Gold-Fans schlagen meistens einen Anteil am Gesamtvermögen von 10 bis 20 Prozent vor. Wer die Apokalypse fürchtet, der deckt sich auch gerne mal mit 40 oder 50 Prozent ein. Das muss jeder für sich individuell entscheiden. Als solide Versicherung gegen Krisen sollten es aus meiner Sicht 10 Prozent sein, das entspricht auch meinem Goldanteil im Portfolio. Dann kannst du auch künftig ruhig schlafen und von den Maß Bier träumen, die du dir in Zukunft noch leisten kannst.

Learnings
- Gold hat sich seit Jahrhunderten etabliert.
- Gold kann dabei helfen, dein Vermögen zu sichern.
- Gold lässt sich nicht beliebig vermehren wie Fiat-Geld.
- Der faire Wert von Gold lässt sich nicht endgültig berechnen, zur Annäherung bieten sich Instrumente wie die Stock-to-Flow-Ratio an.
- Du kannst Gold physisch kaufen, aber auch über sogenannte ETCs oder als Xetra-Gold.
- Achte beim physischen Gold auf die Stückelung: je kleiner die Einheit, umso größer fällt der Spread aus.

WIE DU VERLUSTE VERSCHWINDEN LÄSST ODER DREI GRÜNDE, WARUM SHERLOCK DEINE FINANZEN REGELN SOLLTE

Börse ist Kopfsache! Wir haben schon viele Denkfehler besprochen bisher. Aber hast du dich schon mal gefragt, wie das Scheitern eines typischen Anlegers seinen Lauf nimmt? Die folgende Darstellung zeigt dir das Grauen im Schnelldurchlauf.

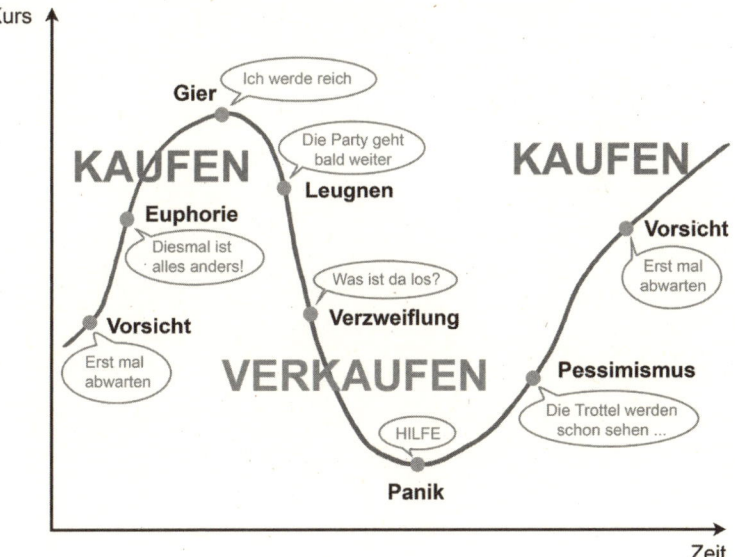

Abbildung 11: Eigene Darstellung

Das Dilemma lässt sich so zusammenfassen: Wenn Aktien teuer sind, dann greifen die zittrigen Hände zu. Es übernimmt die Gier und alle hoffen darauf, dass die Party niemals enden wird. Es soll alles anders werden, und alle wollen schnell reich werden! Aber jede Party endet mal, und Börsenprofis sehen darin keine Katastrophe, sondern eine Chance. Die harten Jungs halten ihr Pulver trocken und schießen dann, wenn es billiger wird. Die Leichtmatrosen sind dann aber schon längst verzweifelt und ausgestiegen. Ohne Geld und Hoffnung haben sie dem Aktienmarkt den Rücken gekehrt, aber sie kommen garantiert wieder, wenn die Party ihren nächsten Höhepunkt erreicht, und das Spiel beginnt von vorne! Und jetzt überleg mal, wie Sherlock reagieren würde: Ich habe ihn dir als Genie ohne Empathie vorgestellt. Wie der echte Sherlock Holmes zeichnet er sich aus durch ein hohes Maß an Intelligenz und wenig Mitgefühl. Emotionen liegen ihm fern, und genau deshalb würde er nicht in die Fallen treten, die für uns so gefährlich sind. Stell dir vor, Sherlock und Watson wären an der Börse. Dann würde Watson wahrscheinlich genau dann kaufen, wenn es psychologisch logisch, aber rational bedenklich wäre. Und Sherlock würde ihm erklären, warum er es genau falsch macht. So denkt auch mein Sherlock: antizyklisch! Sherlock würde analysieren, rechnen, langfristig denken und keine Angst haben. Und das würde so aussehen:

Das Mindset von Sherlock

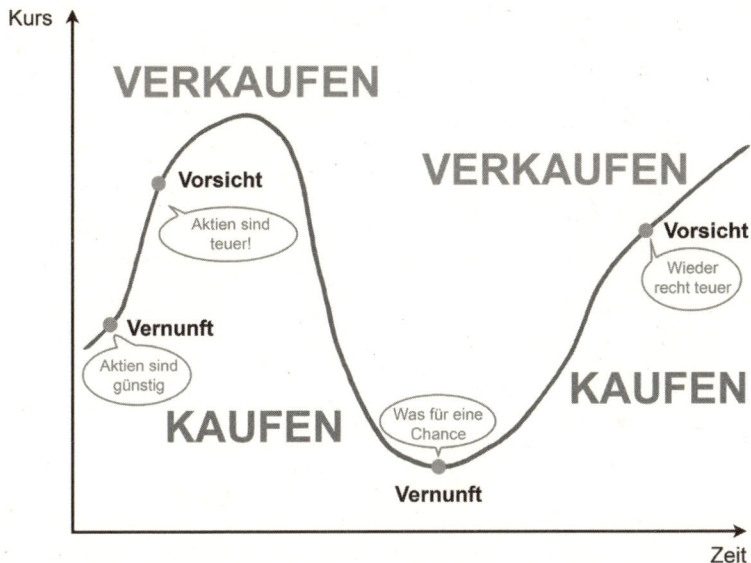

Abbildung 12: Eigene Darstellung

Aber was unterscheidet uns Watsons von den Sherlocks? Es ist mal wieder unser Hirn, das uns im Weg steht; es gibt nämlich zwei Systeme. Sherlock agiert so: langsam, logisch, berechnend und bewusst. Das Watson-System funktioniert dagegen schnell, automatisch und emotional. Dieses System ist darauf ausgerichtet uns schnell zufriedenzustellen und wir sind anfällig dafür.[177] Das Problem ist die Empathie-Lücke, die wir bereits aus dem Kapitel »Traue niemandem, vor allem nicht dir selbst« kennen. Wenn wir in einer ruhigen Börsenphase Aktien kaufen, können wir uns beim besten Willen nicht vorstellen, wie wir reagieren, wenn die Kurse crashen und das Watson-System übernimmt. Dann verschiebt sich der kalte Zustand in einen heißen. Im Hirn geht eine Lampe an und die Angst regiert! Insbesondere wenn wir Verluste hinnehmen, setzt unser Denken aus und wir verlieren das Gefühl für richtige Entscheidungen. Eigentlich müssten Investoren nachkaufen, wenn es billiger wird. Aber wer gerade Geld verloren hat, der kauft eben nicht nach! Es ist psychologisch verständlich: Nichts fürchten wir mehr als Verluste. Nobelpreisträger Daniel Kahneman hat herausgefunden, dass Verluste doppelt so schmerzvoll für uns sind wie Gewinne im Gegenzug erfreulich![178] Deswegen sollte besser Sherlock deine Finanzen übernehmen. Natürlich hast du keinen Sherlock zur Hand, der deine Aktien handelt, aber ich habe einen Vorschlag für dich: Automatisiere deine Finanzen einfach und fliege per Autopilot. Ich setze seit Jahren auf sogenannte Aktiensparpläne. Das funktioniert so: Jeden Monat fließt ein fixer Betrag auf mein Verrechnungskonto bei jener Bank, über die ich meine Aktien kaufe. Und dieser Betrag wird dann automatisch wie bei einem Dauerauftrag in Aktien investiert. Warum ich das mache, hat drei Gründe, die ich dir jetzt vorstellen will.

1. Weil Reichtum im Kopf gemacht wird

Stell dir vor, du musst dich nur noch wenige Stunden im Jahr um deine Finanzen kümmern, und dein Vermögen wächst trotzdem. So einfach geht es mit Sparplänen. Du musst dich nur einmal dazu aufraffen und einen Sparplan abschließen. Du glaubst gar nicht, wie einfach das geht. Bei einer modernen Direktbank klickst du einfach auf einen Reiter wie Wertpapiersparplan, dann wählst du deinen monatlichen Sparbetrag aus, sagen wir mal 500 Euro. Dann verteilst du diese 500 Euro am besten auf mehrere Aktien. Beispielsweise suchst du dir zehn Favoriten aus und investierst in sie jeweils 50 Euro pro Monat. Dafür musst du nur die Wertpapierkennnummer (WKN) von jeder Aktie heraussuchen und beim Sparplan eintragen. Schon investierst du 6000 Euro pro Jahr in Aktien. (Warum du mit einem Sparplan auch dein Risiko senkst, erkläre ich dir beim dritten Grund genauer.)

Jetzt wirst du sagen: »Moment mal, eine Aktie von Amazon kostet doch schon mehr als 1500 Euro.« Das stimmt, aber wenn Banken einen Sparplan auf eine Aktie anbieten, dann kaufst du einfach jeden Monat anteilig zu dem Betrag, den du willst. Üblich ist ein Minimum von 25 Euro je Aktie oder ETF. Jetzt wirst du vielleicht noch anmerken, dass du kein Geld übrig hast zum Investieren. Glaub mir, jeder hat zumindest 100 Euro pro Monat übrig, wahrscheinlich auch viel mehr. Du musst dir dafür einen Trick aus der Psychologie zunutze machen: *Mental Accounting*, also mentale Buchhaltung. Wir müssen alle monatlich unsere Rechnungen bezahlen, für Miete, Internet, Fitness-Studio, GEZ oder Versicherung. Aber zuerst solltest du dich selbst bezahlen. Das nennt sich *Pre Commitment*. Der Konsum kommt danach, du wirst sehen, wie schnell du dich an das schmalere Budget gewöhnst. Wenn das Geld erst mal weg ist, kannst du es auch nicht verprassen.

Die Automatisierung wird deine stärkste Waffe. Sie hat gleich zwei Vorteile: Zum einen spart sie dir Zeit. Du wirst also nicht mehr behaupten können, dass du keine Zeit hast, dich um dein Geld zu kümmern, denn das macht der Autopilot jetzt für dich. Und dadurch sparst du dir zum anderen viel Stress und schaltest den Konflikt zwischen den beiden Systemen in deinem Hirn aus. Sherlock trifft einmal eine rationale Entscheidung, und der Rest ist Mathematik. Denn was ist die beste Entscheidung, die du treffen kannst? Keine Entscheidung zu treffen. Denn wenn wir uns entscheiden müssen, kostet das Willenskraft. Sie ist wie ein Muskel. An jedem Morgen wenn du aufstehst, hast du einen vollen Speicher an Willenskraft, und mit jeder Entscheidung verbrauchst du einen Teil davon wie beim Akku eines Smartphones. Kennst du das Problem, wenn du vor dem Kleiderschrank stehst und nicht weißt, was du anziehen sollst? Dann brauchst du ein Frühstück und es ist nichts vorbereitet. Die U-Bahn streikt und du brauchst einen alternativen Weg zur Arbeit. Und dann sollst du dich noch für eine Aktie entscheiden. Also setz lieber auf den Autopiloten. Dein Sparplan wird ausgeführt, egal, ob die Kurse gerade steigen oder fallen. Glaub mir, nach wenigen Jahren wirst du die ganze Sache vergessen haben, und du wirst nicht an falschen Entscheidungen zerbrechen wie ich damals. Denk dran: An der Börse sind Entscheidungen noch viel gefährlicher als sonst im Leben: Denk an den Erwartungswert von null, wenn es darum geht, den Kursverlauf des nächsten Tages vorauszusagen. Du musst aber einsteigen, denn an der Seitenlinie lässt sich kein Spiel gewinnen. Das belegt auch die Mathematik: Die meisten Gewinne werden an nur wenigen Börsentagen gemacht! Teilweise entscheiden nur die zehn besten Börsentage in einem Jahr über signifikante Kursgewinne.[179] Und wer soll im Voraus wissen, welche die goldenen Tage in einem ganzen Jahr sind?

Wir haben bereits gelernt, warum die Börse immer eine Wette auf die Zukunft ist und wir nicht auf die Vergangenheit wetten können. Aber die Vergangenheit dominiert unser Denken. Der Grund dafür: der *Recency Bias*, also die Tendenz, jüngeren Daten eine höhere Bedeutung zuzuschreiben.[180] Anleger neigen also dazu, die Renditen der letzten Monate viel stärker zu gewichten als die Renditen der letzten zehn oder 20 Jahre. Das kann dich vom Investieren abhalten, weil es immer einen Grund gibt, noch abzuwarten. Oder es kann dich in den Wahnsinn treiben, weil du ständig das Gefühl hast, du musst dich auf die Neuigkeiten einstellen und aktiv sein. Aktivität ist ein hohes Gut. Ich habe dir erklärt, warum Aktion für mich ein Schlüssel zum Erfolg ist. Aber an der Börse gilt das Gegenteil: Wenn du dich für eine Strategie oder Aktie entschlossen hast, musst du ihr auch Zeit geben. Es gilt immer noch die Weisheit: Hin und her macht Taschen leer. Wer ständig Aktien kauft und verkauft, treibt nur seine Kosten hoch, aber nicht die Rendite. Du kannst es dir vorstellen wie bei einem Fußballtorwart, der auf einen Elfmeter wartet. Wenn er in eine Ecke springt, hat er das Gefühl, Kontrolle auszuüben. Aber statistisch zeigt sich, dass es am vernünftigsten wäre, einfach in der Mitte stehen zu bleiben. Das werde ich dir später auch noch anhand von konkreten Zahlen beweisen. Wir Menschen neigen dazu, uns zu überschätzen und fühlen uns ständig getrieben zu handeln. Also egal, ob dich die Angst vom Investieren abhält oder dich dein Übereifer ständig zu falschen Handlungen zwingt, lass lieber Sherlock übernehmen, dann hat kein Bias eine Chance.

Learnings
- Automatisiere deine Finanzen durch Sparpläne und Daueraufträge.
- Triff so wenige Entscheidungen wie möglich.
- Verändere nicht ständig deine Strategie.

2. Weil du immer zu spät bist

Weißt du, was der gefährlichste Satz an der Börse ist? »Diesmal ist alles anders!« Oder es lässt sich auch in nur vier Buchstaben ausdrücken: FOMO. Das bedeutet »Fear of Missing Out«, also die Angst, etwas zu verpassen. Viele kennen das Problem vom Smartphone. Sie schauen alle 30 Sekunden auf den Bildschirm, weil sie eine Nachricht auf WhatsApp oder einen Like auf Instagram verpassen könnten. Und bei Aktien fürchten Investoren, eine Chance zu verpassen, nämlich die Chance, über Nacht reich zu werden. Das klappt aber leider meistens nicht. Gerade wenn die Märkte gut laufen, berichten die Medien intensiver über Aktien, und immer mehr Menschen treibt das Gefühl um, dass alle anderen reich werden, nur sie selbst nicht. Dann geht es gerade Anfängern so wie oben im Chart beschrieben. Sie kaufen genau dann, wenn die Aktien besonders teuer sind, verlieren dann einen Teil und kommen erst mal auf keinen grünen Zweig. Eine Börsenhausse läuft ungefähr nach diesem Schema ab:

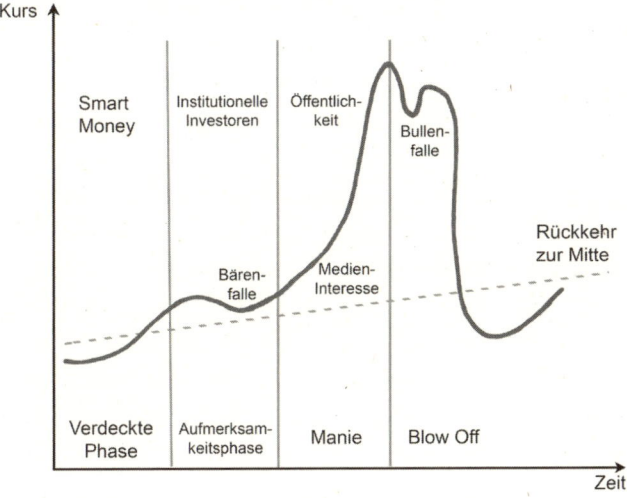

Abbildung 13: Eigene Darstellung

Wenn die Euphorie ausbricht, dann wird es gefährlich. Denn dann glauben alle, dass es diesmal endlich anders sei und die Kurse nur noch steigen, und dann folgt früher oder später der Crash. Es hat sich in Deutschland auch der sogenannte »Bild-Zeitungsindikator« etabliert: Wenn der Boulevard vom Börsenwunder schreibt, dann sei vorsichtig. Wenn du dann noch ständig von Geheimtipps hörst und jeder zum Börsenexperten wird, dann solltest du spätestens verkaufen. Wenn dir dein Friseur Aktientipps gibt, dein Taxifahrer davon redet, warum er bald reich sein wird – dann sei vorsichtig! Dieses Phänomen ist auch bekannt als Dienstmädchen-Hausse. Denn die Logik ist einfach: Wenn irgendwann alle eingestiegen sind und die Kurse nur noch von Gier getrieben wurden, dann entspricht die Bewertung nicht mehr der Realität, und der irrationale Überschwang führt dazu, dass irgendwann keine Käufer mehr da sind. Beispiele aus der Geschichte gibt es genug:

- 1637: Die Tulpenzwiebel-Spekulation in Holland platzt.
- 1720: Spekulation mit den Anteilscheinen der South Sea Company in England (*South Sea Bubble*).
- 1929: »Black Thursday« (am 24. Oktober)
- 1970er: Blase am Silbermarkt durch Silberspekulation der texanischen Gebrüder Hunt
- 2000: Die Dotcom-Blase platzt.
- 2007: Die Immobilienblase in den Vereinigten Staaten platzt.[181]

In den letzten Jahren kann ich mich in meiner Journalisten-Karriere auch an einige Phänomene erinnern, die gehyped wurden und bitter abstürzten. Beispielsweise galt 3-D-Druck vor einigen Jahren als das nächste große Ding. Jeder sollte in wenigen Jahren einen Drucker zu Hause stehen haben. Es gab laut Experten keine Grenzen. Häuser drucken? Kein Problem. Die Aktien der größten Anbieter gingen durch die Decke. Aber kennst du heute jemanden, der einen 3-D-Drucker zu Hause stehen hat? Ich nicht. Auch die Cannabis-Branche dominierte die Schlagzeilen vor einigen Jahren, und der Boom spülte viele Aktien nach oben. Nachhaltig nach oben ging es für die meisten nicht. Wer beim Hoch einstieg, verlor schnell die Hälfte seines Einsatzes. Und viele kleinere Unternehmen, die als Geheimtipps galten und auf der Welle mitschwammen, kamen schon einem Totalverlust gleich. Gerade Aktien, die neu an die Börse kommen, sogenannte Initial Public Offerings (IPOs), finden Aufmerksamkeit in den Medien. Besonders beeindruckend war das in den letzten Jahren an Aktien wie Snapchat, Spotify oder Uber zu sehen. Wer von Anfang an dabei war, erlebte erst mal heftige Verluste. Selbst die Erfolgsstory von Facebook begann beim Börsengang im Mai 2012 erst mal mit einer Enttäuschung. Meistens zünden IPOs nicht und performen schlechter als der Markt. Gerade als Anfänger solltest du bei solchen Hypes aufpassen und niemals der Angst zum Opfer fallen, dass du zu spät dran bist.

Das schockierendste Beispiel für FOMO in der jüngeren Finanzgeschichte dürfte der Hype um Kryptowährungen sein. Besonders der Winter 2017 schockierte mich. Es passierte genau das, wovor sich alle fürchten. Wenn es teuer ist, wollen es alle haben, wenn es billig ist nicht. Ich weiß noch, wie ich mich mit Sherlock lange beraten hatte im Frühjahr 2017, ob wir einsteigen sollen. Damals stand der Bitcoin noch bei rund 1000 Dollar und Ethereum bei rund 10 Dollar. Trotzdem waren beide Währungen schon massiv gestiegen und wir zögerten. Sherlock war damals leider zu rational, und er warnte vor dem irrationalen Überschwang. »Die sind alle verrückt geworden und diese Bewertungen einfach nur lächerlich«, sagte er täglich und schickte mir mindestens einen Chart von Bitcoin, Ethereum oder Iota am Tag per iMessage. Der Crash sollte kommen, aber du weißt eben nie, wie lange ein Markt verrückt spielt, bis er kollabiert. Bitcoin und Co. stiegen erst mal weiter und im September 2017 überkam mich dann auch FOMO. Ich stieg nach einem leichten Rücksetzer bei rund 4000 Dollar ein. Damit bin ich das beste Beispiel dafür, wie irrational wir Menschen handeln: Bei 1000 Dollar verzichtete ich, weil es mir zu teuer war und schließlich kaufte ich zum vierfachen Preis. Sowas gibt es nur an der Börse! Trotzdem war ich noch vor dem absoluten Hype eingestiegen. Der Bitcoin stieg in den kommenden Monaten bis an die Grenze von 20.000 Dollar. Ich hätte mein Geld also in weniger als einem Jahr mehr als verzwanzigfachen können. Die *Greater-Fool-Theory* war also mal wieder aufgegangen: Sie besagt, dass es klug sei, eine Aktie über Wert zu kaufen, weil sich bestimmt jemand finde, der sie zu einem noch höheren Kurs kauft, der also ein noch größerer Dummkopf als man selbst ist. Am Ende blieb mir immerhin ein stattlicher Gewinn: Ich stieg im Oktober 2018 bei knapp 7000 Dollar aus.

Du darfst niemals Spielball der Märkte sein: Sonst riskierst du deine Chips und spielst auf einmal Roulette, statt zu investieren. Du brauchst eine langfristige Strategie und solltest dich immer fragen, was Sherlock tun würde. Stell dir vor jeder Entscheidung vor, was eine rationale Denkmaschine wie er für richtig halten würde. Sherlock würde dir in Sachen FOMO vor allem einen Rat geben: Auf lange Sicht sind die meisten Märkte nur Durchschnitt. Der Fachbegriff dafür heißt: Regression zur Mitte. Sie bezeichnet das Phänomen, dass nach einem extrem ausgefallenen Messwert die nachfolgende Messung wieder näher am Durchschnitt liegt, falls der Zufall einen Einfluss auf die Messgröße hat. Bei Aktienmärkten zeigt sich statistisch, dass sie langfristig um ihren historischen Durchschnitt pendeln. Beim Dax beispielsweise liegt das historische Kurs-Gewinn-Verhältnis (KGV) seit 1990 ungefähr bei 15. Das heißt: Im Schnitt bewerteten Investoren die 30 größten deutschen Unternehmen mit dem 15-fachen ihres Jahresgewinns. Bei einem Hype wie der Dotcom-Blase stieg das KGV zwischenzeitlich gar auf einen astronomischen Wert von mehr als 250 an, aber selbst wer so hoch fliegt, muss wieder herunter und zwar in Richtung der Durchschnittslinie. Die Schwerkraft des Mittelwertes zieht jeden früher oder später magisch an. Was lernen wir daraus? Ein Aktienmarkt kann nicht ewig steigen, aber er wird auch nie ewig am Boden liegen.

Nichts hält für immer, auch wenn wir alle darauf hoffen, diese Muster zu erkennen. Das liebt unser Gehirn: Diesen einen todsicheren Tipp zu finden, die einfache Wahrheit. Und wir können es uns nur schwer vorstellen, dass sich alles ändern könnte. Die Regression zur Mitte steckt in allem, was wir tun. Blicken wir auf die Welt des Sports. Ich kann mich gut an das Hoch des Tennis-Spielers Novak Djokovic im Jahr 2016 erinnern. Er hatte gerade zum ersten Mal die French

Open im Finale gegen Andy Murray gewonnen und damit seinen persönlichen Grand Slam abgeschlossen, also alle vier großen Turniere in Paris, Melbourne, London und New York mindestens einmal gewonnen. Die Presse erklärte ihn für unschlagbar, und er war der große Favorit für das kommende Wimbledon-Turnier. Allerdings verlor er überraschend in der dritten Runde und stürzte danach in eine Krise. Die Medien stürzen sich auf solche Vorfälle, aber sie sind einfach normal. Oder ist es normal, dass ein Sportler zehn Jahre am Stück am absoluten Limit spielt?

Das Phänomen zeigt sich genauso in der Politik: Weltmächte kommen und gehen im Verlauf der Geschichte. Im 17. Jahrhundert kämpften Spanien, China und später die Niederländer um die Vormachtstellung. Für alle drei ging es später bergab, und es begann der Aufstieg Großbritanniens. Aber auch die Briten waren nach rund 100 Jahren wieder auf dem Boden der Tatsachen gelandet, und Japan schwang sich nach oben auf, ein wenig später suchte China wieder den Weg nach oben. Geradlinig ging es in der Geschichte bisher nur für die USA nach oben, allerdings gibt es das Land auch noch nicht mal 300 Jahre und seit einiger Zeit steigen auch die Amerikaner ab und die Chinesen kommen immer näher beim Kampf um den Thron.

Was würde Sherlock nun tun? Er würde antizyklisch handeln und vor allem nicht bei einem Hoch mit beiden Beinen voraus in den überbewerteten Markt springen. Das beste Beispiel ist Japan. In den 1980er-Jahren galt Japan als die aufstrebende Macht schlechthin und der Nikkei-Index markierte 1989 ein Allzeithoch mit mehr als 38.900 Punkten. Danach folgte der Abstieg: Rund 30 Jahre später hat sich die japanische Börse immer noch nicht von der Überbewertung erholt und notiert gerade mal bei gut 20.500 Punkten (Stand: August 2019).[182] Deswegen solltest du dir einen Plan machen, deine Anlageklassen streuen und dich daran halten. Das Problem daran ist nur: Im Lauf der Zeit werden deine Anlageklassen schwanken und du musst sie anpassen. Profis sprechen vom *Rebalancing*.

Nehmen wir mal an, du entwirfst eine Struktur für dein Portfolio und willst 50 Prozent in Aktien stecken, 30 Prozent in Anleihen und

20 Prozent in Gold. Und nehmen wir mal an, Gold würde sehr gut laufen und Aktien sehr schlecht. Dann würde sich das Gewicht in deinem Portfolio massiv in Richtung Gold verschieben und womöglich 30 oder 40 Prozent am Jahresende ausmachen. Aktien wären im Wert stark gefallen und würden nur noch 30 Prozent ausmachen. Gold hätte also dein Depot stabilisiert und die Verluste der Aktien ausgeglichen, aber trotzdem hätte sich die Statik von deinem Depot verschoben und du müsstest die Balance wiederherstellen. Wenn du an die Regression zur Mitte denkst und deine Strategie eisern befolgst, müsstest du also einen Teil deines Goldes verkaufen und wiederum in Aktien investieren. Denn denk dran: Es kommt niemals alles ganz anders!

Learnings
- Sei vorsichtig bei Hypes!
- Stelle die Balance in deinem Portfolio regelmäßig wieder her.
- Achte auf die Regression zur Mitte.
- Und merke dir einen Satz: Diesmal wird wahrscheinlich nicht alles anders!

3. Wunderwaffe der zeitlichen Streuung und das Wegzaubern von Verlusten

Können Flugzeuge auch abstürzen, wenn sie per Autopilot fliegen? Leider ja. Du weißt zwar jetzt schon sehr viel, aber nehmen wir an, du traust dich an die Börse, und dann geht trotzdem alles schief. Du könntest Pech haben und sofort in einen Crash laufen. Stell dir vor, du kaufst zum Höchststand, dann verlierst du in wenigen Wochen die Hälfte, und alle lachen dich aus. Das kann passieren, aber um dieses Risiko auszuschalten, gibt es einen Trick: die zeitliche Streuung. Wie hilfreich diese Vorgehensweise ist, zeige ich dir an einer Beispielrechnung. Stellen wir uns den unglücklichsten Investor aller Zeiten vor. Er hat dieses Buch im Jahr 1968 gelesen und traut sich mit 20 die ersten Aktien zu kaufen. Er spart sich pro Jahr 2000 Euro zusammen und steckt sie in den Dax. Aber er kauft jedes Jahr zum absoluten Höchststand! Es ist also eine Katastrophe, und er verliert auf Jahresbasis mit einer Wahrscheinlichkeit von 100 Prozent, weil der Kurs des Dax am Jahresende niedriger stehen wird. Jetzt kommt die Denksportaufgabe: Wie viel Geld hat der größte Pechvogel der Geschichte nach 50 Jahren? Hätte er das Geld zur Bank getragen, dann würden dort 100.000 Euro liegen. Wäre klüger gewesen, oder? Aber du solltest niemals die langfristige Macht der Börse und des Zinseszinses unterschätzen. Selbst bei diesem unglücklichen Szenario wäre der Pechvogel nach 50 Jahren Millionär geworden: 1.046.293,70 Euro würden am Ende in seinem Depot liegen. Und das obwohl er theoretisch in jedem der 50 Jahre zum schlechtesten Zeitpunkt überhaupt gekauft hätte!

Aber wie funktioniert das bitte? Ganz einfach: Bei einer so langen Dauer steigen die Aktienkurse massiv an. Also werden die alten Anteile nach 20 oder 30 Jahren sehr viel wert. Im Jahr 1968 hatte der Dax einen Höchststand von 603,20 Punkten. 2018 markierte er sein Hoch bei 13.559,60 Punkten.[183] Das geht auf die Gewinne und Dividenden zurück, die die deutschen Unternehmen erwirtschaftet haben. Und wenn du einen Sparplan abschließt und monatlich oder jährlich streust, brauchst du auch einen Crash nicht zu fürchten! Reichtümer entstehen gerade durch die größten Rückschläge. Vor allem als Einsteiger brauchst du keine Angst haben: Wenn der Crash am Anfang kommen sollte, ist das mathematisch sogar von Vorteil. Dann profitierst du nämlich erst recht vom sogenannten Cost-Average-Effekt, auch Durchschnittskosteneffekt genannt. Hier kommt wieder die Vola ins Spiel. Da die Aktienmärkte schwanken, kaufst du ständig zu unterschiedlichen Kursen. Wenn die Kurse steigen, dann steigen die Anteile im Wert, die du schon gekauft hast. Also gewinnst du! Und wenn die Kurse fallen, dann bekommst du mehr für dein Geld beim nächsten Kauf. Dazu ein Beispiel: Unser Pechvogel bekommt im Jahr 2000 für seine 2000 Euro einen theoretischen Dax-Anteil von: 0,24783209. Drei Jahre später notiert der Dax um rund 50 Prozent niedriger: Also bekommt er für seine 2000 Euro auf einmal doppelt so viel fürs Geld, einen Dax-Anteil von 0,50531465. Wenn der Crash also bei einem sehr langen Anlagehorizont am Anfang kommt und du die Anteile in den ersten fünf Jahren sehr billig kaufst, dann können diese Schnäppchen in den folgenden 45 Jahren einen massiven Sprung beim Wert machen. Aber mach dir keine Illusion: Der Cost-Average-Effekt bedeutet nicht, dass du möglichst schnell reich wirst, es ist eher ein Werkzeug für die Streuung und eine Sicherheitsmaßnahme. Im Vergleich zu einer Einmal-Investition schneiden Sparpläne nicht unbedingt besser ab. Trotzdem würde ich es nicht riskieren, gerade als Anfänger, denn es kann dich immer der Blitz treffen, auch wenn die Wahrscheinlichkeit sehr gering ausfallen mag. Schließe sie lieber aus und verzichte auf ein wenig Rendite.

Wenn du dein Vermögen auf mehrere Anlageklassen verteilst und dann noch einen Sparplan abschließt, hast du gleich doppelt und dreifach gestreut und wirst langfristig per Autopilot reich. Trotzdem sind wir ständig den Schwankungen und den News ausgesetzt. Manche Aktien in unserem Depot rauschen in den Keller und erhöhen den Druck. Wenn dir das alles zusetzt, helfen dir ETFs dabei, Verluste einfach verschwinden zu lassen. Du treibst die mentale Buchführung auf die Spitze, wenn du in Tausende Aktien investierst. Mit dem MSCI World kaufst du auf einen Schlag mehr als 1600 Unternehmen. In deinem Depot wird also ein ETF angezeigt, der jeden Tag schwankt, aber du kriegst niemals mit, was mit den einzelnen Unternehmen passiert. Der ETF wird mal um 2 oder 3 Prozent fallen und am schlimmsten Tag des Jahres vielleicht auch mal um 5 Prozent. Aber schlimmer wird es wohl nicht. Jetzt nehmen wir zum Vergleich mal an, du hättest dagegen zehn Einzelaktien im Depot. Dann würden die Kurse wahrscheinlich heftiger ausschlagen und dein Stress damit auch. Die Wahrscheinlichkeit, dass eine einzelne Aktie in den kommenden zwölf Monaten um beispielsweise 50 Prozent fällt, ist viel höher, als dass der gesamte Markt um 50 Prozent fällt. Natürlich beraubst du dich auch der Chance, dass dein Portfolio um 50 Prozent steigt, aber das sollte im Sinne der Sicherheit kein Problem sein.

Treiben wir das Beispiel auf die Spitze: Angenommen du hättest nur zwei Aktien im Depot. Die eine verliert 50 Prozent und die andere gewinnt 50 Prozent: Dann ist aggregiert, nichts passiert, also ein Nullsummenspiel. Der satte Gewinn und Verlust egalisieren einander. Trotzdem wird dich der Verlust von 50 Prozent um den Schlaf bringen. Wenn eine Aktie so viel verliert, dann droht doch bald die Pleite, oder? Lass solche Verluste doch lieber verschwinden.

Gerade wenn du Anfänger bist, solltest du noch einen mächtigen Faktor von ETFs auf dem Zettel haben. Sie ermöglichen es dir, wie klassische Fonds in sehr viele Aktien zu investieren, aber ETFs sind deutlich billiger. Woran liegt das? Ein ETF gilt als passives Produkt, einfach ausgedrückt: Es braucht wie bei einem klassischen Fonds keinen Manager, der die Aktien handelt. Ein Aktienfonds mit einem aktiven Manager gilt also als aktives Investment. Und Aktivität kostet Geld. Fonds kosten im Schnitt 2 oder gar 3 Prozent an Gebühr pro Jahr. Das setzt sich zusammen aus Verwaltungsgebühren, Betriebskosten und dem Ausgabeaufschlag. Auch versteckte Kosten durch den Umschlag des Portfolios können entstehen, also durch den regelmäßigen Handel mit Aktien. Solltest du auf aktive Fonds setzen, dann achte zumindest darauf, den Ausgabeaufschlag zu vermeiden, viele Direktbanken bieten mittlerweile attraktive Konditionen.[184] Diese Ersparnis kann einen großen Unterschied ausmachen auf eine Dauer von 30 oder 50 Jahren.

Der Erfinder des ETF, John Bogle, macht dazu ein Rechenbeispiel in seinem Buch *Das kleine Handbuch des vernünftigen Investierens*: Er nimmt als Ertrag die durchschnittliche langfristige Aktienmarktrendite von 7 Prozent und zieht dann 2 Prozent Kosten ab – also bleibt noch eine Nettorendite bei einem aktiven Fonds von 5 Prozent übrig. Was macht das nun aus? Wer 10.000 Euro über einen Zeitraum von 50 Jahren anlegt, kommt bei 5 Prozent Nettorendite mit einem Fonds auf einen Betrag von 114.700 Euro. Wer dagegen die Marktrendite von 7 Prozent abstaubt, bringt es schon auf 294.600 Euro. Macht eine Differenz von 179.900 Euro, die nur für Gebühren draufgeht.[185] Deswegen erscheinen ETFs so attraktiv, sie kosten den Anleger im Schnitt zwischen 0,2 bis 0,4 Prozent an Gebühren. Europäische ETFs bringen es auf einen Durchschnitt von 0,34 Prozent.[186] Die Zahlen wirken bedeutungslos auf den ersten Blick, aber das macht auf lange Sicht einen massiven Unterschied aus!

Learnings
- Unterschätze niemals den Zinseszins-Effekt.
- Gerade als Einsteiger brauchst du einen Crash nicht fürchten!
- Wenn du viel Zeit hast und hoffentlich erst 20 Jahre alt bist, kannst du höheres Risiko fahren und Verluste können sogar eine Chance bieten (Time not Timing!)
- Nutze den Cost-Average-Effekt bei einem Sparplan, aber überschätze ihn nicht.
- Nutze die mentale Komponente von ETFs. Die Verluste von Einzelaktien lassen sich »wegzaubern«.
- Beachte auch unbedingt die niedrigen Kosten von ETFs, besonders im Vergleich zu aktiv betreuten Fonds.

WARUM GORDAN GEKKO FALSCH LAG ODER WARUM GIER KEINE RENDITE BRINGT

Vorsicht, dieses Kapitel wird alles in Frage stellen, was du jemals geglaubt hast, über Risiko zu wissen! Denn in diesem Kapitel will ich deinen Blick fürs Risiko schärfen. In Börsenfilmen wie *Wall Street* und *Wolf of Wall Street* wird der riskante Lifestyle als das Ding schlechthin angepriesen. Michael Douglas predigte einst in seiner Rolle als Gordan Gekko: »Gier ist gut!« Und Leo DiCaprio feierte als Jordan Belfort rauschende Partys. Das symbolisiert für mich eines: den Glauben von Allmacht und damit den *Overconfidence Bias* par excellence. Gerade Anfänger träumen vom sogenannten *Tenbagger*, also von einer Aktie, die den Einsatz verzehnfacht. Ich gebe es zu, solche Ideen reizen uns alle, weil das Ego ins Spiel kommt. Gerade wenn du der Wettbewerbstyp bist, solltest du aufpassen. Börse findest du dann besonders attraktiv, wenn gezockt wird und du allen anderen zeigen kannst, wie dick deine Eier sind. Denn eines ist doch klar: Wer mehr Rendite will, muss höheres Risiko eingehen! Stimmst du diesem Satz zu? Klingt logisch, oder? So lernen es doch Betriebswirte schon im Grundstudium. Wer reich werden will, muss zocken. Aber vergiss lieber diese Weisheit. Denn alle, die sie nachplappern, haben wahrscheinlich noch nichts vom Anlageparadox und auch noch nichts von Relativität gehört.

Fangen wir langsam und mit einem Gedankenexperiment an: Es sind stürmische Börsenzeiten und der Markt schwankt, also musst du deine Finanzen in Sicherheit bringen! Stell dir vor, du hättest eine

WhatsApp-Nachricht von zwei Anlageberatern auf deinem Smartphone, und du müsstest dich mal wieder entscheiden ...

Die erste kommt von Simon Smart: »Ich habe eine besonders schlaue Methode entwickelt, um die Risiken in den Griff zu kriegen. Ich garantiere dir, dass ich niemals mehr Vola zulassen werde als der Markt. Sollte die Schwankung auch nur minimal vom Durchschnitt meiner Benchmark abweichen, kriegst du dein Geld zurück!«

Und der zweite Fondsmanager heißt Arno Autonom: »Ich schere mich nicht um den Markt, ich definiere Sicherheit ganz neu und suche dir die besten Aktien raus. Du musst nur mit einem leben: Deine Aktie wird sich komplett anders entwickeln als der Markt! Und Garantien gibt es dafür natürlich keine.«

Wen würdest du nehmen?

Der Instinkt treibt uns in die Arme von Simon Smart, denn Arno Autonom scheint ein riskanter Bursche zu sein, der sich nicht mal um den Markt schert und sein eigenes Ding durchzieht. Aber jetzt schauen wir uns doch mal an, was der Markt so getrieben hat zuletzt. Weil die Zeiten stürmisch sind, schwankt er in einem Jahr 40 Prozent ins Minus. Das holt er im Jahr darauf aber mit einem Plus von 60 Prozent wieder auf. Simon Smart hat sich fast identisch zum Markt bewegt und damit unter dem Strich Geld verbrannt. Aus 1000 Euro wären 960 Euro geworden! Aber so wird er dir das niemals verkaufen. Im Gegenteil: Er wird den Verlust verschleiern und mit einfacher Rendite rechnen. Das heißt: Er wird das Minus von 40 Prozent gegen das Plus von 60 Prozent aufrechnen. Er wird es also als ein Plus von 20 Prozent verkaufen. Aber das ist Schwachsinn: Man muss die Renditen aufzinsen, weil man so rechnen muss, als hätte man das Geld auch tatsächlich investiert, und dann bleibt eben ein Minus übrig. Doch Simon kommt noch ein wichtiger Kniff zur Hilfe: das sogenannte relative Risiko. Dabei müssen sich Investoren nur an einer sogenannten Benchmark messen lassen, beispielsweise einem Index wie dem Dax oder dem MSCI World. Wenn sie nah an der Benchmark abschneiden, dann weisen sie ein niedriges relatives Risiko auf, selbst wenn sie Geld verbrennen. Simon Smart hat das geschafft und gilt als erfolgreicher Manager, weil er seinen Fonds im Griff hat. Aber hat er das wirklich?

Jetzt sehen wir uns zum Vergleich Arno Autonom an: Seine Aktien haben sich vom Markt entkoppelt und sind zwei Jahre in Folge um 10 Prozent gestiegen. Das wäre eine geniale Leistung, vor allem in einem wackligen Marktumfeld. Aber seine Aktien wären einmal um 50 Prozentpunkte besser als der Markt und einmal um 50 Prozentpunkte schlechter gewesen. Die relative Schwankung im Vergleich zum Markt wäre also extrem hoch ausgefallen, obwohl die absolute Schwankung tatsächlich null beträgt.

Der Geldverbrenner steht also auf den ersten Blick als umsichtiger Stratege da und der umsichtige Stratege als Draufgänger. Dieses Beispiel zeigt, wie kompliziert das Spiel zwischen Risiko und Rendite gespielt wird. Aber es ist erst der Anfang! Denn wer der Gier verfällt und zu hohe Risiken eingeht, kann am Ende dumm dastehen. Das Problem ist das Anlageparadox. Der Wirtschaftswissenschaftler Pim van Vliet beschreibt in seinem Buch *High Returns from Low Risk*, wie er zum ersten Mal auf diesen überraschenden Fakt stieß. Er war damals tatsächlich im Grundstudium und stieß auf einen wissenschaftlichen Aufsatz, der sich mit dem Paradox beschäftigte. Er traute seinen Augen damals nicht: In diesem Aufsatz wurde alles über den Haufen geworfen, was bis dahin bekannt war über Rendite und Risiko. Stell dir das mal vor: Du würdest Aktien mit dem niedrigsten Risiko kaufen und dafür die meiste Rendite kriegen. Klingt nach einem miesen Trick, oder? Ungefähr so, als würde Bier schlank machen oder der das meiste Geld bekommen, der am wenigsten arbeitet. Wo ist der Haken? Van Vliet untersuchte daraufhin US-Aktien im Zeitraum zwischen 1926 und 2018.[187] Das ist eine durchaus verlässliche Zeitspanne, auch heftige Krisen fallen in diese Zeit, wie der Mega-Crash von 1929, der Zweite Weltkrieg, die Börsen-Baisse zwischen 1965 und 1981, der Dotcom-Crash 2000 und die Finanzkrise. Van Vliet schaute sich die Volatilität der 1000 größten Aktien am US-Markt an und sortierte sie nach dem Risikomaß. Er setzte Vola in diesem Fall mit Risiko gleich und bastelte schließlich zwei Depots aus den 1000 Aktien:

- ein Depot aus den 100 Aktien mit der höchsten Vola
- ein Depot aus den 100 Aktien mit der niedrigsten Vola

Die Idee war, dass er sehen wollte, ob Risiko wirklich mehr Rendite brachte. Also machte er eine Rückrechnung: Theoretisch investierte er am 1. Januar 1929 jeweils 100 Dollar in beide Portfolios. Alle drei Monate führte er ein Rebalancing durch. Das verblüffende Ergebnis war: Aktien mit niedriger Vola schlagen Aktien mit hoher Vola um mehr als den Faktor 18! Das heißt genau: Bei den langweiligen Aktien wären aus 100 Dollar 395.000 Dollar geworden. Bei den riskanten Aktien wären aus 100 Dollar nur 21.000 Dollar geworden.[188] Um die Ehre des Risikos noch ein bisschen zu retten: Es zeigt sich, dass etwas mehr Risiko doch ein bisschen mehr Rendite bringt, aber dann wird es schnell unvernünftig. Van Vliet hat die 1000 Aktien in zehn Unterportfolios eingeteilt, die jeweils nach Vola gewichtet sind. Bei den Portfolios steigt die Rendite bis zum vierten Portfolio (also das Portfolio mit dem viertwenigsten Risiko) an, danach geht es aber abwärts, und das riskanteste Portfolio endet als Rohrkrepierer!

Aber warum schneiden Aktien mit niedrigem Risiko so gut ab? Die Antwort: Sie verlieren während eines Crashs viel weniger. Wenn eine hochspekulative Aktie 80 Prozent einbüßt, verlieren Langweiler wie Coca-Cola oder Johnson & Johnson nur 60 Prozent oder gar weniger. Erinnere dich daran, dass du auf deine Chips aufpassen sollst. Wer 50 Prozent verliert, muss dann wieder 100 Prozent gewinnen. Und wer 90 Prozent verliert, braucht dann ein Plus von 900 Prozent für den Rebound! Strategen sprechen in solchen Fällen auch vom *Drawdown-Effekt* oder dem maximalen Verlust.

Der maximale Drawdown

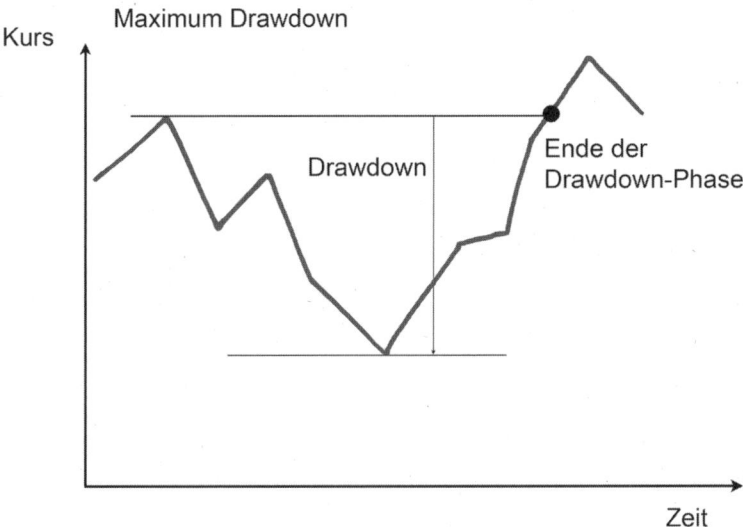

Abbildung 14: Eigene Darstellung

Der maximale Drawdown ist der prozentuale Verlust eines Wertpapiers vom Kurshöhepunkt bis zum Boden. Der Vorteil: Er bildet das Risikoempfinden der Anleger besser ab als komplizierte Maßstäbe wie Vola oder Beta (der Faktor, der angibt, wie stark eine Aktie im Vergleich zum Markt schwankt). Nun bringt der Blick in die Vergangenheit immer wenig, denn woher sollen wir wissen, wie der Drawdown beim kommenden Crash ausfallen wird. Es ist schlichtweg unmöglich, doch deuten eine niedrige Vola und ein moderater Drawdown auf eine stabile Entwicklung hin. Und wer nach der Risiko-Anomalie investiert, sucht genau solche konservativen Aktien. Börsenlegende Warren Buffett warnt sogar davor, nach Tenbaggern zu suchen.[189] Er predigt stets, dass Unternehmen einen sogenannten Burggraben haben sollten, dass ihr Geschäftsmodell also so schwer von Angreifern einzunehmen ist wie im Mittelalter eine Burg. Die Experten von Morningstar haben fünf Kriterien für einen Burggraben definiert:[190]

- Wechselkosten
- Immaterielle Assets
- Netzwerkeffekte
- Kostenvorteile
- Skaleneffekte

Aktien mit Burggraben bieten dir einen enormen Vorteil beim langfristigen Investieren. Beispielsweise bauen erfolgreiche Marken wie Apple einen Kosmos auf: Wer erst mal sämtliche Geräte von Apple besitzt und alles in der Cloud geparkt hat, für den fallen die Wechselkosten schon hoch aus. SAP macht es beispielsweise noch geschickter: Die gesamte Infrastruktur von vielen Unternehmen baut auf der Software von SAP auf. Das auszutauschen ist sehr teuer und aufwendig. Solche Weltkonzerne können nicht scheitern über Nacht. Hinter den immateriellen Assets verstecken sich beispielsweise Patente und wertvolle Marken. Kunden vertrauen Coca-Cola, Evian, Nivea oder Colgate, weil die Produkte seit Jahrzenten für Qualität stehen und die Konzerne es durch geschicktes Marketing verstehen, die Produkte in unserem Hirn zu verankern. Und die Größe solcher Giganten macht sie erst recht so stark. Gegen gewachsene Strukturen in Supermarktregalen und Online-Shops haben Nischenplayer keine Chance, allein schon, weil sie bei den Kosten massive Nachteile haben. Qualität und Tradition von Jahrzehnten oder gar Jahrhunderten lassen sich nicht über Nacht kopieren. In der Betriebswirtschaftslehre spricht man von hohen Markteintrittsbarrieren. Das gilt auch für Luxusmarken wie LVMH: Taschen und Tücher des Konzerns stehen weltweit für höchste Qualität. LVMH hat sich einen Track Record aufgebaut und Maßstäbe gesetzt. Ein neuer Konkurrent könnte niemals über Nacht so ein Standing in der Branche erreichen. Burggräben schützen also vor Disruptoren und gerade die Digitalisierung gefährdet solche Unternehmen weniger.

Hohes Risiko bringt also meistens nichts außer hohem Risiko. Das verändert alles: Du musst nicht die heißesten Trendaktien suchen. Es sind die Klassiker, die langfristig die höchsten Gewinne bringen. Aber warum glauben so viele an die Risikolüge? Weil die Branche zum

Teil davon lebt. Journalisten wollen spannende Geschichten schreiben über Trendaktien. Die Glücksritter wollen reich werden. Börsenbriefe versprechen die ultimativen Geheimtipps, und junge Analysten wollen sich einen Namen machen, indem sie unbekannte Unternehmen aufspüren und mit ihnen auf der Welle nach oben mitsurfen. Es dreht sich mal wieder alles um gutes Storytelling. Wer gute Geschichten erzählt, verdient damit Geld. Und wer zu sehr an die Erzählungen der anderen glaubt, der zahlt womöglich drauf. Filme wie *Wolf of Wall Street* sind genial, aber es handelt sich um Hollywood, nicht um die Realität in Bottrop oder dem Bayerischen Wald.

Du musst nichts Verrücktes tun, um verrückte Ergebnisse zu erzielen. Der smarte Investor setzt auf Einfachheit. Hast du schon mal was von Ockhams Rasiermesser gehört? Es geht verkürzt darum, die einfachste Theorie auszuwählen und nicht zu viele Variablen und Hypothesen in eine Theorie einzubeziehen. Alles, was den Weg zum Reichtum verkompliziert, schneiden wir mit dem Rasiermesser weg. Denn erinnere dich noch an das Gesetz der Antiproduktivität: Du musst dir immer überlegen, ob sich der Aufwand lohnt. Wenn du Bilanzen analysierst und Studien liest, reicht das wirklich für eine Outperformance? Sei dir nicht zu sicher, wenn du beispielsweise viel Geld in einen Geheimtipp aus Südamerika stecken willst, der Rohstoffe fördert. Und wenn du es ernst meinst, dann solltest du tatsächlich vor Ort sein und mit dem Management sprechen oder zumindest mit Analysten und Fondsmanagern sprechen, die die Aktie auswendig kennen und sich ein Bild vor Ort gemacht haben. Alles andere ist Zockerei. Ich suche mir die besten Ideen und Erkenntnisse der Experten und setze sie möglichst einfach um: Beispielsweise hat mich die Risiko-Anomalie dazu gebracht in einen ETF zu investieren, der Aktien mit der niedrigsten Volatilität abbildet. Ich muss die Aktien nicht selber auswählen, sondern im ETF finden sich stets knapp 400 Aktien mit der wenigsten Schwankung und dieser ETF schlägt den Vergleichsindex MSCI World ganz deutlich in den letzten Jahren. Ganz außer Acht lasse ich natürlich auch nicht die Erkenntnis, dass sich gezieltes Risiko lohnen kann. Deswegen investiere ich auch in Trends wie Robotik und

Automation, aber ich mache das auch per ETF, weil ich dadurch auf mehr als 100 Konzerne setze und mich nicht für eine Aktie entscheiden muss. Du solltest Risiken nur eingehen, wenn du davon überzeugt bist und nicht weil dir jemand eine gute Story erzählt oder deine Gier das Ruder übernimmt.

Learnings
- Du musst keine verrückten Dinge tun, um verrückte Ergebnisse zu erreichen.
- Hohes Risiko bedeutet nicht hohe Gewinne.
- Achte auf den maximalen Drawdown einer Aktie.
- Falle nicht auf das Storytelling von Hollywood und der Finanzindustrie herein.
- Achte auf Rechentricks mit Vergleichen zu Indizes und unterscheide zwischen aufgezinster und einfacher Rendite.
- Versuche, Aktien mit einem tiefen Burggraben zu finden.

ZAHLEN KÖNNEN TÖDLICH SEIN

»Wenn ich dir vorschlage, dass du aus dem Fenster springst für 1000 Euro, würdest du es dann machen?«, fragt mich Sherlock.
»Aus welchem Stock denn?«
»Das wollte ich hören. Wir müssen immer erst alle Fakten wissen, bevor wir entscheiden. Das ist genau das Problem mit Multiplikatoren. Das funktioniert einfach nicht!«

Was Sherlock meint: Äpfel ließen sich noch nie mit Birnen vergleichen und Zahlen können tödlich sein! Ein Beispiel dazu: Du bekommst eine Wohnung angeboten zum Kaufpreis von 50.000 Euro. Ist das jetzt günstig oder teuer? Es lässt sich schlichtweg nicht beantworten, weil die Information alleine nichts wert ist. Denn wo steht die Wohnung? Für München wäre diese Wohnung wahrscheinlich ein Schnäppchen, für ein Dorf in Brandenburg vielleicht ein fairer Preis. Aber Moment mal, wie groß ist die Wohnung eigentlich und in welchem Zustand? Du erkennst das Problem der sogenannten Multiplikatoren, bei Immobilen ist das zum Beispiel der Preis pro Quadratmeter. Solche Preise lassen sich gut vergleichen, aber ohne Zusatzinformationen bringen solche Vergleiche nichts. So funktioniert es auch an der Börse. Bei Aktien schauen Anfänger und Profis gerne auf eine Kennzahl: das Kurs-Gewinn-Verhältnis. Das KGV setzt den Kurs einer Aktie ins Verhältnis zum Gewinn einer Aktie. Heraus kommt ein Multiplikator. Je niedriger er ausfällt, umso günstiger ist eine Aktie bewertet. Es gibt eine magische Grenze: Unter einem KGV von zehn gilt eine Aktie als klarer Kauf. Aber so einfach funktioniert die Welt leider nicht. Denn das KGV hat seine Tücken, Äpfel mit Birnen solltest du auch an der Börse nicht vergleichen.

Fangen wir mal mit der Branche an: Wenn du zwei deutsche Autobauer vergleichst, dann ergibt es Sinn, das KGV heranzuziehen. Wenn du allerdings einen Vergleich ziehst zu einem amerikanischen Biotech-Konzern, wird es schon abenteuerlich. Du solltest auch auf die Größe und das Stadium der Entwicklung achten. Wer einen Industriekonzern wie Siemens mit einem Tech-Unternehmen wie Pinterest vergleicht, der vergleicht auch den Preis einer Loft-Wohnung in London mit einem Studentenappartement in Chemnitz. Gerade bei jungen Unternehmen, die wachsen wollen, schreckt ein hohes KGV erst mal ab. Demnach hättest du Amazon oder Netflix in den letzten Jahren niemals kaufen dürfen. Aber bei solchen Investments kann der Blick aufs KGV tödlich sein, trotz der vermeintlich unattraktiven Bewertung hätten die beiden Konzerne außergewöhnliche Renditen gebracht, weil sie stark gewachsen sind. Bei solchen Growth-Aktien spielt die Bewertung, also der Preis, in einer Phase starken Wachstums eine untergeordnete Rolle. Andersherum kann aber auch ein niedriges KGV viel Geld kosten. Denn es heißt nicht automatisch, dass eine Aktie billig ist, die Aktie kann auch einfach sehr schlecht sein. Ein KGV fällt ja nicht nur, wenn der Gewinn steigt, sondern auch wenn der Kurs einer Aktie sinkt. Das heißt: Im besten Fall steigerte eine Aktie mit einem niedrigen KGV permanent ihre Gewinne und drückt damit ihr KGV, im schlechtesten Fall ist eine Aktie nur günstig, weil der Kurs katastrophal eingebrochen ist. Das nennt sich Value-Falle. Ein ähnliches Problem zeigt sich bei der Dividendenrendite. Dabei setzt man die Dividende ins Verhältnis zum Aktienkurs. Besonders Anleger schauen gerne darauf und lassen sich von einer hohen Rendite verführen. Wo lauert die Falle? Die Dividendenrendite bezieht sich in der Regel auf die zuletzt gezahlten Dividenden. Und wenn die Rendite sehr hoch ausfällt, kann das wiederum an einem Kurseinbruch liegen. Das Ende vom Lied: Das Unternehmen verdient immer schlechter und zahlt im kommenden Jahr gar keine Dividende mehr. Die Dividendenrendite ist dann nur noch Theorie.

Mit Worten lässt sich lügen, aber noch viel gefährlicher sind Zahlen. Der folgende (Benjamin Disraeli zugeordnete, aber wahrscheinlich von jemand anderem stammende) Ausspruch bringt es auf den Punkt: »Es gibt drei Arten von Lügen: Lügen, verdammte Lügen und Statistiken.«[191] An der Börse werden Investoren jeden Tag mit Zahlen bombardiert. Unternehmen verstehen es, selbst in der katastrophalsten Situation noch eine positive Kennzahl aufzutreiben. Dann wird beispielsweise angeführt, dass das EBIT gestiegen ist, EBIT steht für *earnings before interest and taxes,* also der Gewinn vor Zinsen und Steuern. Viel wichtiger ist allerdings der Gewinn nach Steuern, also der Jahresüberschuss oder auch Nettogewinn. Aber selbst wenn dieser Gewinn überzeugt, wirft er die nächsten Fragen auf: Wie viel schüttet das Unternehmen davon an die Aktionäre aus? Wenn zu viel ausgeschüttet wird, dann bleibt zu wenig im Unternehmen und damit zu wenig Geld für neue Investitionen. Wie viel wird denn überhaupt ausgegeben für Forschung und Entwicklung? Und kommt auch das Marketing nicht zu kurz? Eine Zahl alleine sagt nichts aus, vor allem weil diese Zahlen auch noch oft frisiert werden. Vornehm ausgedrückt nennt sich das kreative Buchführung oder Bilanzkosmetik, aber die Grenze zum Betrug fällt schmal aus. Als Sinnbild dafür gilt heute noch der Fall Enron. Der Konzern war eigentlich pleite, aber an der Börse wurde Enron gefeiert wegen der hervorragenden Zahlen. Enron machte dank Offshore-Firmen praktisch Geschäfte mit sich selbst, und Termingeschäfte wurden von Anfang an als Erträge verbucht, obwohl der Verkauf von Waren nur für die Zukunft vereinbart wurde.[192]

Wir haben in den vorherigen Kapiteln bereits gelernt, wie sich mit einer relativen Betrachtung aus einem riskanten Fonds auf einmal ein sicherer machen lässt. Es ist alles eine Sache der Vergleichsbasis. Treiben wir das Beispiel mit der Scheinsicherheit auf die Spitze: Würdest du lieber eine Aktie mit einer extrem hohen oder einer extrem niedrigen Vola kaufen? Unsere Intuition sagt: Nimm die niedrige Vola. Und wir wissen seit dem letzten Kapitel, dass niedrige Vola auf Qualität schließen lässt. Aber alleine auf die Vola zu achten, kann auch tödlich sein. Hier kommt die Auflösung: Stell dir eine Aktie vor, die sich jeden Monat konstant entwickelt, und zwar nach unten. Wenn sie also jeden Monat um exakt 1 Prozent fällt, dann bist du irgendwann mit einer

Wahrscheinlichkeit von 100 Prozent pleite, du hattest dabei aber keine Schwankung und demnach kein Risiko. Diese Absurdität zeigt die Gefahr von Zahlen.

Auch bei Rückrechnungen und Vergleichen zur Benchmark musst du aufpassen. Hast du schon mal die Charts zweier Fonds bei deiner Direktbank miteinander verglichen? Nimm einmal einen Zeitraum von fünf Jahren, von sieben und von zehn Jahren, und du bekommst wahrscheinlich drei verschiedene Ergebnisse. Aber wer ist jetzt besser? Du solltest dir nicht so viele Gedanken darüber machen. Die meisten Charts werden hingebogen, damit sie zum Storytelling passen. Denk lieber über die *Intensitivity to sample size* nach, also die Nichtbeachtung der Stichprobengröße. Hier handelt es sich um die Tendenz, aus kleinen Datenmengen weitreichende Schlussfolgerungen abzuleiten. Für eine Ableitung, auf die du dich verlassen kannst, bräuchtest du jedoch viel größere Datenmengen. Nehmen wir dazu folgendes Beispiel: Der Börsenbrief »Sophisticated Stocks« brüstet sich damit, in die besten US-Aktien zu investieren und den Dow Jones in acht der letzten zehn Kalenderjahre wie auch über die gesamten zehn Jahre geschlagen zu haben, um durchschnittlich 2,5 Prozentpunkte jährlich. Leider lässt sich mit diesem Alpha, also einer Überrendite, noch lange nicht beweisen, dass die Macher des Börsenbriefs nicht einfach nur Glück hatten, ihnen also der Zufall half wie bei den Affen-Fondsmanagern. Wer Statistik seriös betreibt, bräuchte wegen der typischen Unstetigkeit (Schwankung) der jährlichen Überrenditen eine Datenserie von mindestens 40 Jahren, um mit hinreichender Sicherheit den Faktor Zufall ausschließen zu können.

Zahlen können dich auch dann noch um den Verstand bringen, wenn du eine Aktie gekauft hast. Denn dann lauern die Tücken, dass wir die Aktie für unser persönliches Eigentum halten und eine gemeinsame Story erfinden. Aber die Aktie und den Markt wird es kaum interessieren, was du denkst. Stell dir vor, du kaufst eine Aktie bei 10 Euro und sie steigt danach auf 100 Euro. Die meisten würden verkaufen, weil sie persönlich den großen Reibach gemacht haben. Wenn das Potenzial der Aktie ausgereift sein sollte, wäre das richtig. Aber warum solltest du verkaufen, wenn das Unternehmen weiter bombastisch wächst? Die Börse wird es kaum interessieren, dass du bei 10 Euro eingestiegen bist. Du darfst also nie durch deine eigene Brille schauen, wenn du eine Aktie beurteilst, sondern schau lieber auf die Fakten und wie sie insgesamt ein stimmiges Bild ergeben.

Wenn du wissen willst, was du an der Börse verdient hast, dann musst du allerdings doch mal für wenige Minuten in die Ich-Perspektive wechseln: Wir landen wieder bei der Dividendenrendite. Welche in der Zeitung steht, interessiert für dein Depot nicht. Denn es kommt ja darauf an, zu welchem Preis du eine Aktie gekauft hast und was sie heute ausschüttet. Ein Beispiel dazu: Nehmen wir an, du kaufst eine Aktie bei 20 Euro, der aktuelle Kurs beträgt 43 Euro und die aktuelle Dividende der Aktie 2 Euro. Dann liest du in der Zeitung von einer Dividendenrendite von 4,7 Prozent (2 Euro/43 Euro*100 Prozent). Deine persönliche Rendite beträgt allerdings 10 Prozent, weil du mit deinem persönlichen Einstandskurs rechnest (2 Euro/20 Euro*100 Prozent)!

Bei Verlusten lassen wir uns gerne vom rationalen Denken abbringen. Der erste Verlust tut weh, aber wir gewöhnen uns daran, und irgendwann schreiben wir eine Aktie ab und ignorieren sie. Mir ist das auch schon passiert, dass ich eine hochspekulative Aktie mit einem sehr geringen Betrag gekauft hatte und sie dann solange ignorierte, bis sie quasi wertlos war. Solche Fehler tun schon weh, aber pass auf, dass du nicht auch noch der *Sunk Cost Fallacy* zum Opfer fällst. Wer verliert, wirft nämlich dem schlechten Geld oft noch gutes hinterher.[193] Nur aus dem Gefühl heraus, dass man ja schon investiert habe und das jetzt nicht einfach laufen lassen könne. Stell es dir vor wie bei einer schlechten Beziehung: Manche Leute hassen ihren Partner, aber sie bleiben zusammen, weil sie ja schon zehn Jahre in die Beziehung investiert haben und diese Zeit soll nicht umsonst gewesen sein. Genauso machen es viele beim Geld.

Dazu erzähle ich dir eine Geschichte: Stell dir einen Erfinder vor. Er arbeitet gerade am ersten autonomen Flugtaxi für die Innenstadt, und der Markt wirkt sehr vielversprechend. Die Kunden können es kaum erwarten, und es winkt der finanzielle Durchbruch. Den hat der

Erfinder auch dringend nötig, denn er hat bereits 9 Millionen in sein fliegendes Taxi investiert! Und dann kommt der Schock: Er erfährt vom Urheber eines anderen Flugtaxis, und dieses Modell ist leistungsfähiger, günstiger und leiser! Mit einem Schlag sieht die geniale Idee nach einer Katastrophe aus, und der Erfinder hat nur noch 1 Million an Budget übrig. Soll er diese auch noch in das Projekt investieren? Was würdest du ihm raten? Die meisten Menschen tendieren in dieser Situation dazu, diese Million noch zu investieren, denn schließlich wurden ja schon 9 Millionen versenkt. Aber jetzt stell dir das ganze Szenario mal anders vor: Du bekommst als Berater dasselbe Szenario vorgesetzt: auf der einen Seite der Erfinder mit seinem autonomen Flugtaxi und auf der anderen Seite der neue Urheber mit seiner überlegenen Variante und den viel besseren Erfolgschancen. Und jetzt die Frage: Würdest du dem Erfinder raten, dass er 10 Millionen in das Projekt investieren sollte? Wahrscheinlich würde bei diesen Voraussetzungen niemand 10 Millionen in das Projekt stecken, aber du siehst, wie schnell wir 1 Million riskieren bei demselben Szenario, nur weil bereits Geld zuvor versenkt worden ist. Aus rationaler Sicht ist das nicht zu erklären. Aber Zahlen können eben tödlich sein.

Learnings
- Verlasse dich nie auf eine Kennzahl.
- Wenn du auf das KGV achtest, dann ordne es immer in einen größeren Kontext ein.
- Vergleiche niemals blind das KGV von unterschiedlichen Unternehmen.
- Achte immer darauf, in welchem Stadium sich ein Konzern befindet.
- Überschätze niemals die Bilanz eines Unternehmens.
- Achte auf die *Sunk Cost Fallacy*.
- Achte auf die Größe von Stichproben und wie Zeiträume das Gesamtbild verzerren.
- Rechne immer deine persönliche Dividendenrendite aus.

VORSICHT VOR EXPERTEN!

Jetzt kommst du zu einer besonderen Ehre: Du darfst dich wie Sherlock fühlen. Du wirst gleich drei Chartverläufe des Dax sehen, und nachdem du schon die meisten Kapitel dieses Buches gelesen hast, solltest du mittlerweile erkennen, welche Linie den echten Verlauf des Dax widerspiegelt, denn zwei der drei Linien sind frei erfunden.

Simulierte versus tatsächliche Dax-Entwicklung

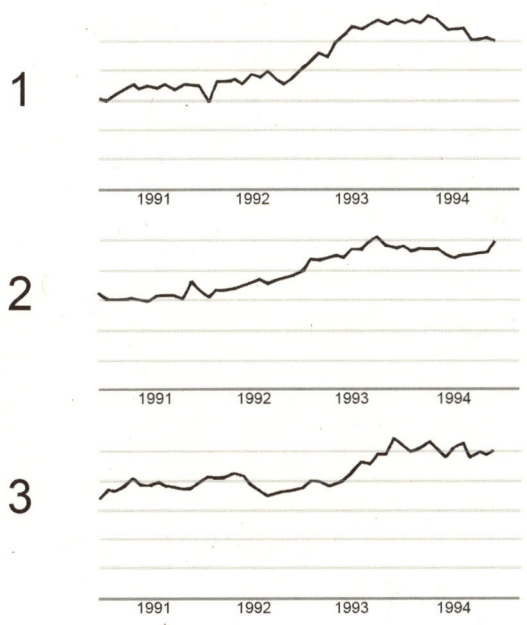

Abbildung 15: Eigene Darstellung in Anlehnung an Weber und Jacobs

Also eins, zwei oder drei? Erkennst du einen Unterschied zwischen den drei Linien? Mach dir keine Sorgen, es ist unmöglich, den echten Dax zu identifizieren. Aber um dich nicht weiter auf die Folter zu spannen: Die dritte Linie zeigt den echten Verlauf des Dax. Erfunden hat diesen Test Professor Martin Weber, er ist Professor für Betriebswirtschaftslehre mit dem Schwerpunkt Bankbetriebslehre an der Universität Mannheim, und in seiner Forschung spielt der Zufall an den Finanzmärkten eine große Rolle. Deswegen hatte er sich mit seinem Team schon vor einigen Jahren an diesen Versuch gewagt, um zu beweisen, wie bedeutend der Zufall sein kann. Die zwei erfundenen Charts haben Weber und sein Team einfach ausgewürfelt.[194]

Genau diesen Aspekt will ich dir mit diesem Buch klarmachen: Der Zufall spielt eine wichtige Rolle, und nicht alles passiert aus einem Grund! Besonders bei kurzfristiger Betrachtung wird die Börse von Stimmungen dominiert: Angst und Gier machen die Kurse. Der englische Philosoph John Gray schreibt, dass es im alten Griechenland Tatsache war, dass jedermanns Leben durch blindes Schicksal und den Zufall regiert wurde und dass Ethik zwar eine Frage von Güte, Weisheit und Tapferkeit war, doch selbst die mutigsten und weisesten Menschen konnten von Ruin und Verderben ereilt werden. Doch, so Gray weiter, wir ziehen es, zumindest in der Öffentlichkeit, vor, so zu tun, als würde sich gutes Handeln am Ende auszahlen. Doch so wirklich glauben wir es nicht, denn im Grunde wissen wir, dass nichts uns vor dem Zufall schützen kann.[195] Kommen wir zurück zum Aktienmarkt. Der Aktienkurs ergibt sich nach einer mathematischen Formel so: Der Preis von morgen (Pt+1) folgt aus dem Preis von heute (Pt) plus einer sogenannten Drift (μ) und einer Zufallskomponente (ε_{t+1}).

$$P_{t+1} = P_t + \mu + \varepsilon_{t+1}\ [196]$$

Ein Beispiel dazu: Wenn der Aktienkurs heute 100 Euro beträgt, dann entspricht der Aktienkurs von morgen dem Wert von 100 plus dem Wert eines Würfelwurfes minus 3,5 (das ist der Erwartungswert beim Würfeln). Wir haben bereits gelernt, dass sogar Affen als Experten durchgehen würden. Trotzdem bilden wir uns ein, die Zukunft einschätzen zu können. Denk an Lottospieler, die dir erzählen, dass die 49 an diesem Samstag nicht kommen wird, weil sie ja schon beim letzten Mal kam. Das nennt sich Fehlschluss des Spielers. Die Wahrscheinlichkeit wird beurteilt nach dem, was in der Vergangenheit passiert ist. Nach dem Motto: Wenn der Dax die letzten fünf Tage gefallen ist, dann muss er morgen doch endlich wieder steigen. Muss er nicht! Die Wahrscheinlichkeit lässt sich so nicht berechnen, und die 49 kann auch gezogen werden, selbst wenn sie in 100 Ziehungen davor schon dran war.

Trotz der Macht des Zufalls bilden wir uns gerne ein, den Durchblick zu haben. Wer beispielsweise seinen Lottozettel selber ausfüllt und die Zahlen studiert, fühlt sich dem Geld einen Schritt näher. Die psychologische Erklärung dafür heißt: Kontroll-Illusion. Am besten zeigt sich dieses Phänomen beim Würfeln: Hast du schon mal einen Spieler im Casino beobachtet, wenn er möglichst hohe Zahlen braucht? Spieler neigen dazu, dann stärker zu werfen. Wenn sie niedrige Zahlen forcieren, würfeln sie dagegen sanfter.[197] Darum zählt es für deinen Erfolg an der Börse, dass du anfängst – und zwar mit echtem Geld. Du musst dir deine Finger verbrennen, damit du dir diese Denkfehler austreibst. Sonst treibt dich am Ende der *Hindsight Bias* in den Ruin. Dieser Rückschaufehler besagt, dass wir die Vorhersehbarkeit eines Ereignisses überschätzen, nachdem es eingetreten ist.[198] Stell dir vor, du schaust ein Fußballspiel, und du sollst nach dem Spiel sagen, auf wen du theoretisch vor dem Spiel gesetzt hättest. Wir bilden uns gerne ein, dass wir Recht gehabt hätten, wenn wir denn nur etwas gemacht hätten. Deswegen musst du an der Börse ein wenig Schmerzensgeld zahlen, um dir die Selbstüberschätzung auszutreiben. Sonst bleibst du über Jahre ein hervorragender Theoretiker und steigerst die Illusion der Kontrolle, bis du schließlich mit viel Geld einsteigst und dann möglicherweise teuer dafür bezahlst. Du kannst nicht auf den richtigen Moment warten. Er ist im Zweifel immer jetzt!

Gerade Anfänger verlassen sich an der Börse auf die Meinung von Experten, denn sie suchen jemanden, der die Dinge für sie einordnet. Stell dir vor, du könntest dir die Tipps der besten Experten der Börsenwelt zusammenstellen. Die Avengers, also die Liga der außergewöhnlichen Geldexperten, versammelte 1989 Louis Rukeyser für seine berühmte Börsensendung *Wall Street Week*: Er wählte zehn Börsenanalysten aus, und ihre kollektive Meinung spiegelte sich wider im Elves-Index.[199] Die Meinung jedes Analysten wurde mit +1 für bullish, 0 für neutral und −1 für bearish gewertet. Theoretisch konnte der Elves-Index also maximal +10 und minimal −10 Punkte ausmachen. Die Idee war, dass Anleger kaufen sollten, wenn die zehn Analysten mehrheitlich dazu rieten. Das offizielle Kaufsignal war +5 und das offizielle Verkaufssignal −5. Wie schnitten die Avengers der Börse ab? Im Oktober 1990 erreichte der Elves-Index mit −4 den negativsten Stand seit der Auflegung und war damit nahe am Verkaufssignal. Das Problem ist nur: Heute wissen wir, dass der Markt damals einen Boden bildete und die Kurse danach jahrelang nach oben strebten. In den Folgejahren lieferte der Index einige Fehlsignale. Aber es lässt sich wohl mit einem Beispiel am besten festmachen: In der Zeit von Ende 1999 bis Anfang 2000 trat eine Serie der höchsten je vom Index verzeichneten Werte auf. Im Dezember 1999 erreicht der Index sein damaliges Allzeithoch mit einem Wert von +8. Kurze Zeit später erreichten aber auch die Aktienindizes weltweit ihre Höchststände. Der Dax stieg beispielsweise im März 2000 auf mehr als 8000 Punkte und stürzte in den Monaten danach auf weniger als 2800 Punkte ab.[200]

Im alten Rom mussten sich Brückenbauer selber unter die Brücke stellen und zeigten damit, wie sehr sie ihrem eigenen Bauwerk vertrauten. Und auch die Kaiser stürzten sich früher auf dem Schlachtfeld noch selber in den Kampf. Im Kapitalismus sollte die Handlung eigentlich auch nicht von der Verantwortung getrennt sein, aber spätestens seit der Finanzkrise wissen wir, dass Banken im Notfall vom Steuerzahler gerettet werden. Bei Experten zeigt sich dagegen ein anderes Bild: Sie verlieren nicht mal ihr eigenes Geld, sondern es bezahlen nur diejenigen, die ihre Tipps befolgen. Auch Nassim Taleb warnt davor, sich auf jemanden zu verlassen, der einem einen Ratschlag mit dem Argument erteilt, dass es gut für einen, aber auch gut für ihn sei.

»(...) der Schaden allerdings, den Sie dadurch haben, wirkt sich auf die betreffende Person nicht direkt aus.«[201] Sei also vorsichtig mit dem Rat von Experten. Nimm immer einen guten Rat an, aber niemals einen schlechten. Und sei dir immer bewusst, dass du die Verantwortung trägst, egal ob die Idee für ein Investment von einem Börsenbrief, YouTuber oder aus der Zeitung kommt. Die Entscheidung zum Kauf triffst immer du, also bilde dir selber eine Meinung.

Das gilt auch für die tödlichen Zahlen, die ich dir im vorherigen Kapitel gezeigt habe. Denn wie berechnen Analysten die Zukunft? Sie können auch nur Schätzungen anstellen. Warum manche Analysten zu euphorisch sind, ist klar. Sie hegen dieselbe Hoffnung wie Spekulanten und suchen den Tenbagger. Sie wollen attraktive Aktien entdecken, damit auffallen und ihre eigene Karriere pushen. »Nur an der Wall Street gibt es das: Die Leute fahren mit dem Rolls-Royce vor, und die, die sie um Rat fragen, fahren mit der U-Bahn«, sagt Warren Buffett.[202]

Manchmal schreiben Analysten auch einfach die Vergangenheit fort. Wenn die Gewinne der letzten fünf Jahre linear in die Zukunft projiziert werden, dann solltest du hellhörig werden. Wenn du dir die Kaufempfehlung eines Analysten anhörst, solltest du dir auch die Argumente eines Pessimisten anhören und die Argumente abwägen. Vor allem die Vergangenheit darf nicht der Grund für den Kauf einer Aktie sein: Denn Rückrechnungen sind gefährlich. Gerne bringen Anbieter neue Fonds oder Produkte auf den Markt und erklären uns, dass sie in den letzten zehn Jahren den Markt geschlagen hätten. Das nützt allerdings wenig, denn die besten Aktien der letzten Jahre raussuchen, das könnte auch ein Schimpanse, wenn er denn nur lesen könnte. Trotzdem verfallen wir so gerne dem sogenannten *Performance Chasing*: Wir neigen dazu, die Erfolge der Vergangenheit für das Nonplusultra zu halten und jagen ihnen hinterher. Das lässt sich sehr oft bei Fonds beobachten. Die erfolgreichen Fonds der letzten Jahre bekommen viel mehr Mittel der Anleger als die schlechten.[203]

Bei Fonds musst du auch noch auf den *Survivorship Bias* achten. Denn es werden meistens nur die positiven Beispiele genannt.[204] Es läuft genauso wie bei den Zuckerbergs dieser Welt. Der Facebook-Gründer hat sein Studium abgebrochen und schaffte es zum Milliardär. Aber jetzt überleg mal, wie viele ihr Studium abgebrochen haben und es heute bereuen. Von ihnen liest du aber nichts in der Zeitung. Genauso läuft es bei Fonds. Auf der Website des deutschen Fonds-Verbands (BVI) lassen sich die Renditen von rund 5000 Investmentfonds herunterladen, die deutsche Privatanleger kaufen können.[205] Wenn du für diese Fonds die Durchschnittsrendite der letzten fünf Jahren errechnest, wirst du eine Zahl bekommen, die die Realität verzerrt. Warum? Jedes Jahr verschwinden rund 5 Prozent aller Fonds vom Markt. In manchen Jahren mehr, in manchen weniger. Die toten Fonds sind nicht mehr in der BVI-Datenbank enthalten, hatten aber meistens besonders schlechte Renditen. Denn das ist ja genau der Grund, warum ein Fonds liquidiert wird. Ein weiteres Zuckerberg-Phänomen zeigt sich ebenfalls bei den Analysen der Experten: die falsche Kausalität. Es werden zwei Dinge in Beziehung zueinander gesetzt. Nehmen wir Mark als Beispiel. Er ist erfolgreich geworden, weil er sein Studium geschmissen hat. Das kann ein Grund sein, muss es aber nicht. Wahrscheinlich sind 100 andere Gründe viel entscheidender für seinen Durchbruch. So machen Analysten bei Aktien auch gerne Faktoren für den Erfolg aus.

In diesen Tagen spielt die Digitalisierung die dominante Rolle. Beispielsweise ließe sich nun ein Zusammenhang aus den Ausgaben für Digitalisierung und der Performance herleiten, dieses Problem habe ich dir bereits bei der Erfolgslüge und dem Problem des *Resulting* gezeigt. Wir würden bestimmt Top-Aktien aus dem Nasdaq finden, die besonders digital aufgestellt sind und mehr als 30 Prozent ihres Umsatzes für Forschung und Entwicklung ausgeben. Daraus errechnen wir dann noch eine Kennzahl: die »Sales-to-Digitization-Ratio«. Und sie gilt nun als Schlüssel zum Börsenerfolg. Allerdings ließen sich Dutzende anderer Unternehmen finden, die genauso viel investierten wie unsere Digitization-Gewinner, die jedoch schlechter als der Markt abschnitten. Dann landen wir wieder beim Phänomen des *Undersampling of failure*: die zu geringe Berücksichtigung von Fehlschlägen in der Stichprobe.

Anders ausgedrückt: Ein Konzern aus dem Silicon-Valley wie Facebook lässt sich eben nicht mit einem Stahlkonzern aus dem Ruhrpott vergleichen, egal, wie viel beide für Digitalisierung ausgeben.

Learnings
- Glaube nicht an einfache Erfolgsrezepte.
- Suche nicht verzweifelt nach Mustern und klammere dich nicht an die Vergangenheit.
- Überschätze niemals einen Experten.
- Übernimm immer selber die volle Verantwortung.
- Lauf niemals blind den Gewinnern des Vorjahres hinterher.
- Habe immer den Survivorship Bias auf dem Zettel, schau dir also nicht nur die Überlebenden an, sondern auch die Opfer.
- Verwechsle niemals Ursache und Wirkung.
- Überschätze keine »Ratios«.

EINE KLEINE GESCHICHTE DES GROSSEN UNSINNS ODER WIE DU BESSERE ENTSCHEIDUNGEN FÜR DEIN GELD TRIFFST

20.000 Entscheidungen trifft der Mensch jeden Tag. Viele davon fällen wir unterbewusst, oder es fällt uns nicht schwer: wenn wir aufstehen, essen, sprechen oder wieder ins Bett gehen.[206] Aber wie treffen wir die besten Entscheidungen, wenn es darauf ankommt? Dazu will ich dir eine Geschichte erzählen. Stell dir vor, du bist ein Torwart und stehst einem Schützen gegenüber. 11 Meter trennen euch voneinander, und gleich wird er gegen den Ball treten. Aber wo schießt er hin? Viele Torhüter neigen dazu, sich früh für eine Ecke zu entscheiden und abzutauchen, bevor der Ball den Fuß des Schützen verlässt. Eine Studie belegt, dass sich 94 Prozent der Torhüter entweder für links oder rechts entscheiden. Was würdest du tun? Es erscheint logisch, sich früh zu entscheiden, denn je früher der Torwart springt, umso früher landet er auch in der Ecke. Aber was ist eigentlich mit der Mitte? Anscheinend neigen die Torhüter zu einem *Action Bias*, sie fühlen sich also gezwungen zu handeln. Denn die Reaktion der Torhüter passt nicht zum Verhalten der Schützen. Bei einer Studie wurden 311 Elfmeter in den besten Ligen der Welt untersucht. Und die Schüsse verteilten sich erstaunlicherweise gleichmäßig: jeweils ungefähr ein Drittel nach links, rechts und in die Mitte. Aber die Torhüter sind nur in 6 Prozent der Fälle stehen geblieben. Dieses Beispiel zeigt also, dass wir immer Entscheidungen treffen müssen. Auch in der Mitte stehen zu bleiben, ist eine Entscheidung. Aber wir sollten uns wie die Torhüter fragen, ob wir nicht zu viel wollen und da gilt dann wieder die Weisheit des Investierens: Hin und her macht Taschen leer. Denn der geradlinige Weg muss nicht der schlechteste sein, auch wenn er uns bequem und uninspiriert vorkommen mag.

Bill Gates wird gerne mit den Worten zitiert, er stelle faule Menschen ein, denn sie würden für Probleme eine möglichst einfache Lösung finden. Das ist eine mächtige Idee: Wer die Effizienz steigert und mit möglichst wenig Aufwand und Kosten die besten Ergebnisse erzielt, dürfte die Nase vorne haben. Bei den Torhütern kommt noch ein wichtiger Fakt dazu: Wenn sie tatsächlich in der Mitte stehen blieben, hielten sie 60 Prozent der Schüsse, in den Ecken schnitten sie viel schlechter ab. Aber warum tauchten sie so oft ab und verfielen dem *Action Bias*? Die Torhüter wurden dazu befragt und antworteten meistens, dass sie sich wenigstens bemühten, wenn sie in eine Ecke springen würden. Es fühlt sich für die meisten Menschen wohl schlimmer an, wenn sie scheitern und das Gefühl haben, dass sie nichts dagegen unternommen haben. Aber es stellt sich immer die Frage, ob eine Entscheidung unsere Lage tatsächlich verbessert.[207]

Ich habe dir ja schon mehrfach ans Herz gelegt, dass die beste Entscheidung diejenige ist, die du nicht treffen musst. Dazu müssen wir verstehen, wie unser Hirn funktioniert. Steht eine Entscheidung an, wird diese zunächst unbewusst eingeschätzt und zwar im limbischen System, einem Hirnareal, das sich an emotionalen Vorgängen beteiligt. Dort sind individuelle Erfahrungen gespeichert, die wir in unserem Leben gemacht haben; nennen wir es das emotionale Erfahrungsgedächtnis. Wenn wir nun eine Entscheidung treffen müssen, werden unbewusst die passenden Assoziationen zu der aktuellen Entscheidung abgerufen und in Millisekunden bewertet. Option A: Die Erfahrungen waren gut. Dann sind sie mit dem Belohnungssystem verknüpft. Option B: Sie waren schlecht. In dem Fall sind sie mit dem Bestrafungsnetzwerk verknüpft. Daraus leitet sich ab, in welche Richtung wir tendieren. Erst dann schaltet sich das Frontalhirn ein. Darin sitzen die höheren geistigen Funktionen wie das Analysieren, Planen und Denken. Nun kommt es zur großen Sitzung, bei der die Handlungsoptionen ausgelotet werden, es tagen die emotionalen Hirnregionen mit den rationalen. Das unbewusst und rasant arbeitende Gefühlsnetzwerk dominiert dabei. Aber warum sind wir nur so irrational? Die Antwort liefert wie so oft die Evolution: Früher war es ein Überlebensvorteil, emotional zu handeln, beispielsweise wenn es im Busch raschelte. Denn nicht selten schoss ein Säbelzahntiger daraus hervor. Wenn schließlich die Sitzung zwischen den Hirnregionen beendet ist, wird uns das Ergebnis dieses Austauschs als Entscheidung bewusst.

Durch die Dominanz der emotionalen Hirnregion schleichen sich gerne Muster in unserem Hirn ein. Wenn eine Aktie oder ein Index bei einem bestimmten Wert steht, signalisiert uns unsere Erfahrung, dass wir kaufen oder verkaufen sollen. Wir alle kennen diesen Einfluss des Belohnungssystems: Wenn wir uns an bestimmte Dinge erinnern, dann haben wir einfach ein gutes Gefühl dabei. Beispielsweise passiert sowas auch oft bei Sportwetten. Man bildet sich ein, dass ein Spieler oder eine Mannschaft nicht verlieren könne, wenn man gute Erfahrungen damit gemacht hat. Aus rationaler Sicht ist das Schwachsinn. Wenn wir mit einer Aktie gute Gewinne gemacht haben, dann glüht natürlich auch das Belohnungssystem.

Jetzt sind wir beim Investieren noch mit einem Problem konfrontiert, das uns in vielen anderen Lebensbereichen auch die Chancen auf den Erfolg verbaut: die Auswahl. Es ist auch unter dem Begriff *choice cripples* bekannt. Eine höhere Auswahl kann uns einschränken, verwirren und am Ende dazu bringen, dass wir gar nichts tun. Stellen wir uns einen Supermarkt vor, in dem es Hunderte von Marmeladen zur Auswahl gibt und einen Supermarkt, der nur fünf Marmeladen anbietet. In welchem Laden kaufen die Kunden mehr? Studien zeigen, dass Kunden bei einer kleinen Auswahl öfter zuschlagen.[208] Ich leide tatsächlich darunter, dass ich mich beruflich mit Aktien beschäftige und ständig auf spannende Unternehmen stoße, aber sie natürlich nicht alle kaufen kann. Wo käme ich da hin? Ich würde mindestens 500 Unternehmen finden, in die es wert wäre zu investieren. Aber wir haben bereits gelernt, dass Diversifikation ihre Grenzen hat, und wir müssen uns einfach eingestehen, dass jede Aktie, die wir uns mehr ins Depot holen, auch mehr Aufwand bedeutet. Denn du solltest zumindest bei jedem Unternehmen, in das du investiert bist, grob Bescheid wissen, was dort vor sich geht.

Aber selbst wenn wir uns in Bescheidenheit üben, bleiben noch viele Entscheidungen übrig. Und dann droht wieder die Gefahr, dass wir auf Erfahrungen zurückgreifen oder auf Weisheiten, die in unserem Hirn abgespeichert sind. Erfahrungen können Gold wert sein, aber es lauern auch Gefahren, wenn sich Muster einschleichen in unsere Gedanken, die gar nicht der Realität entsprechen. Wenn du dieses Buch so weit gelesen hast, dann hoffe ich, dass du eines gelernt hast: Nichts ist sicher! Aber ich will dir noch mehr mitgeben. Insbesondere die Sachen, die viele für gegeben halten, sind manchmal die gefährlichsten Lügen. Weisheiten haben schon viele Menschen Geld gekostet und darauf solltest du besser nicht reinfallen. Deswegen möchte ich dir im Schnelldurchlauf die gefährlichsten zeigen und auch eine andere Perspektive darauf ...

1. Schulden sind immer schlecht

Fast hätten 2010 zwei Star-Forscher aus Harvard das Rätsel der Schulden endgültig gelöst: Kenneth Rogoff, ehemaliger Chefökonom des Internationalen Währungsfonds (IWF), und die Wirtschaftswissenschaftlerin Carmen Reinhart. Die beiden erforschten die Historie und kamen zu folgendem Ergebnis: Das Wirtschaftswachstum von Staaten fällt immer dann rapide, wenn das Verhältnis von Verschuldung und Wirtschaftsleistung, also das Bruttoinlandsprodukt (BIP), über 90 Prozent steigt. Demnach lag das durchschnittliche Wachstum bei einer Schuldenquote zwischen 60 und 90 Prozent noch bei 2,8 Prozent, oberhalb dieser scheinbar magischen Grenze sackte es auf minus 0,1 Prozent ab. Die Sache schien eindeutig.[209] Die goldene Schuldenregel dominierte die Debatte über die Euro-Krise und sämtliche Politiker, die sich für einen rigorosen Sparkurs aussprachen, beriefen sich auf die magischen 90 Prozent. Doch dann änderte sich auf einmal alles: Der Student Thomas Herndon sollte zu Übungszwecken die Studie von Rogoff und Reinhart nachrechnen, und er kam dabei zu einem anderen Ergebnis. Die beiden Starökonomen hatten in einer Excel-Tabelle verschiedene Länderdaten nicht berücksichtigt und Einzelfälle zu stark gewichtet. Statt um 0,1 Prozent zu schrumpfen, wie von Reinhart und Rogoff behauptet, wachsen Volkswirtschaften mit einer Schuldenquote von mehr als 90 Prozent demnach um 2,2 Prozent und sind damit nur einen Prozentpunkt schwächer als Länder mit einem niedrigeren Schuldenstand zwischen 60 und 90 Prozent.[210]

Wer mit Excel rechnet, der kennt das Problem, wenn sich ein Fehler eingeschlichen hat. Ich habe das Programm selber schon oft verflucht. Aber wer hätte damit gerechnet, dass in einer solchen Studie einfach mal die Zahlen verdreht sind. Rogoff räumte den Rechenfehler zwar ein, verteidigte aber das Ergebnis. Wie sich Schulden auf das Wachstum auswirken, können wir hier nicht final klären, und ich will auch nicht bewerten, ob Schulden gut oder schlecht sind. Es geht nur darum, dass sie nicht zwingend eine Katastrophe sind und dass es sich wahrscheinlich nicht so einfach in eine Excel-Tabelle pressen lässt, wie Rogoff das versucht hat. Denn die Vergangenheit lässt sich auch anders interpretieren, und es gibt durchaus Beispiele, die zeigen, dass sich hohe Schulden nicht unmittelbar auf das Wachstum auswirkten. Aber betrachten wir erst mal, wie sich die Situation der Schulden grundsätzlich darstellt. Ständig rufen Crash-Propheten den Untergang aus, weil die Schulden angeblich noch nie so hoch ausfielen wie heute. Aber stimmt das? Blicken wir auf die USA und das Verhältnis von Schulden und Wirtschaftsleistung.

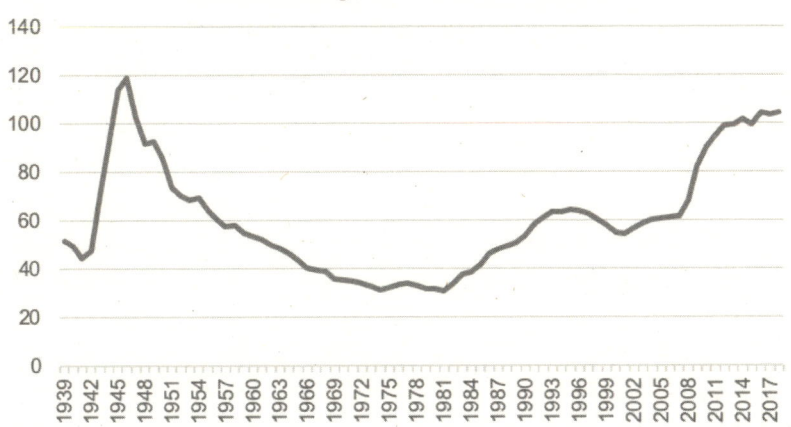

Verschuldung der USA in % des BIP

Abbildung 16: Eigene Darstellung; Quelle: Federal Reserve Bank of St. Louis [211]

Es zeigt sich eindeutig, dass die Schulden schon mal höher ausfielen als heute. Natürlich lässt sich anführen, dass die USA sich damals in den Zweiten Weltkrieg eingeschaltet hatten, aber das ändert nichts an den Fakten. Denn die Schulden interessieren sich wohl kaum dafür, ob das Geld für Panzer, Rente oder Umweltschutz ausgegeben wird. Gerade nach dem Schuldenhoch in den 1950er-Jahren wuchs die Wirtschaft sehr stabil und dieses Jahrzehnt gilt als sehr innovativ. In den 1970er-Jahren fielen die Schulden dagegen extrem niedrig aus. Das Wachstum schwächelte trotzdem zwischendurch und Aktien performten schwach in dieser Periode. Diese Erkenntnisse sprechen noch lange nicht für Schulden und beweisen gar nichts. Aber wir wollen uns noch ein anderes Land anschauen. Die Daten von Großbritannien reichen noch weiter zurück und belegen, dass von Rekordschulden in diesen Tagen keine Rede sein kann.

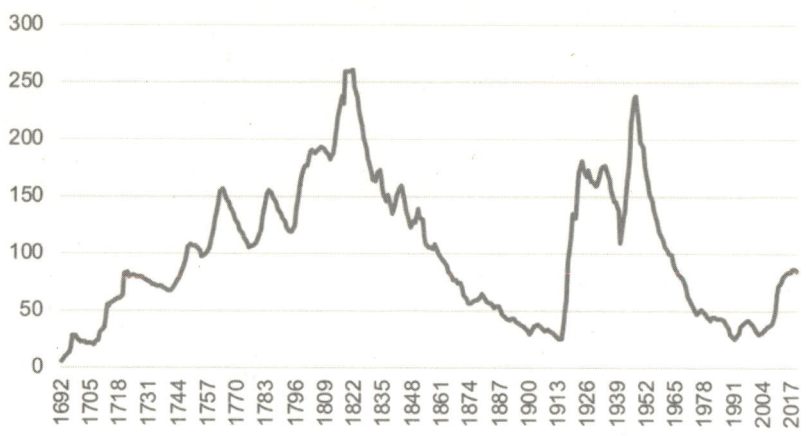

Abbildung 17: Eigene Darstellung; Quelle: UKpublicspending.co.uk [212]

Die Briten trieben die Schulden zwischen 1750 und 1850 auf die Spitze und lagen praktisch immer über der magischen Grenze von 90 Prozent. In der Spitze gipfelten die Schulden sogar bei mehr als 250 Prozent. Aber gerade in dieser Phase dominierte Großbritannien die Weltwirtschaft und führte die industrielle Revolution an. Das soll jetzt nicht heißen, dass Schulden die Lösung sind und es soll auch keine Lobeshymne auf den Keynesianismus sein. Es geht nur darum, dass hohe Schulden für dich nicht bedeuten, dass du sofort deine Aktien verkaufen musst und die Weltwirtschaft zusammenkracht.

2. Die Aktie ist schon ganz schön teuer

Unser Hirn spielt uns ständig Streiche: Einer der Klassiker an der Börse ist der Preis. Wenn wir auf eine Aktie schauen, verhalten gerade Anfänger sich so wie im Supermarkt: Wenn eine Aktie 3,99 Euro kostet, dann halten sie sie für billig. Wenn sie dagegen 1500 Euro kostet, dann halten sie sie für teuer. Das ist leider sehr gefährlich. Denn der reine Preis sagt gar nichts aus. Er ist ein nominaler Wert, der erst etwas aussagt, wenn man ihn in ein Verhältnis setzt.

Die »teuersten« Aktien der Welt bringen Preise auf die Waage, die besonders für Anfänger absurd erscheinen. Beispielsweise kostet ein Anteilsschein von Warren Buffetts Imperium Berkshire Hathaway mehr als 311.000 US-Dollar (Stand: Oktober 2019). Auf Platz zwei folgt die Aktie vom Schweizer Schokoladenkonzern Lindt & Sprüngli mit mehr als 71.000 Euro. Wie soll ein normaler Mensch sich so eine Aktie leisten können? Bei Berkshire Hathaway ist das kein Problem, es gibt nämlich schon lange eine sogenannte »B-Aktie«. Die kostet im Vergleich zur sündhaft teuren »A-Aktie« nur 190 Euro, und somit kann jeder Investor einsteigen. Wenn eine Aktie optisch zu teuer wird, dann denken Unternehmen gerne über einen sogenannten Aktiensplit nach, um den nominalen Wert der Aktie zu drücken. Dabei setzt eine Aktiengesellschaft den Nennwert der Aktien herab oder erhöht die Anzahl der ausgegebenen Aktien, um den Kurs einer börsennotierten Aktie zu reduzieren und die Aktie damit leichter handelbar zu machen.

Wenn du etwas über den Wert eines Unternehmens erfahren willst, dann solltest du auf die Marktkapitalisierung achten: Sie berechnet sich aus dem Preis einer einzelnen Aktie, also dem Aktienkurs, multipliziert mit der Anzahl der umlaufenden Aktien. Es kann also vorkommen, dass eine Aktie mit einem geringen Kurs wie beispielsweise E.ON mit weniger als 9 Euro trotzdem einen viel höheren Börsenwert auf die Waage bringt als ein kleineres Unternehmen. E.ON bringt es auf eine Marktkapitalisierung von mehr als 23 Milliarden Euro (Stand: Oktober 2019), weil sich insgesamt 2,64 Milliarden Aktien im Umlauf befinden. Größere Konzerne müssen natürlich mehr Aktien ausgeben, sonst würden ihre Aktienkurse so in die Höhe schießen, dass sie illiquide würden. Beispielsweise würde eine Aktie von einem großen Dax-Konzern wie der Allianz dann schnell 89.000 Euro kosten, wenn nur 1 Million Stück gehandelt würde. Dann wäre eine solche Aktie nur zugänglich für große Fonds, und jeder normale Mensch müsste die Finger davon lassen.

Wenn du von den wertvollsten Unternehmen der Welt hörst, dann dreht es sich auch stets um die Marktkapitalisierung. Hier liefern sich die Tech-Giganten Apple, Amazon, Alphabet und Microsoft in den letzten Jahren ein Kopf-an-Kopf-Rennen. Spannend als Vergleichsgröße ist auch der *Enterprise Value*. Damit lässt sich der Wert eines Unternehmens messen unabhängig von seiner Finanzierung. Er errechnet sich aus der Summe von Marktkapitalisierung zuzüglich Schulden minus Kassenbestand und minus anderer Aktiva, die unmittelbar in Cash umgewandelt werden könnten. Die Kenngröße ist bei Übernahmen wichtig, um das notwenige Fremdkapital abzuschätzen. Der Cash-Bestand wird abgezogen, weil der Käufer dieses Unternehmens sofort darüber verfügen könnte. Die Schulden werden hinzuaddiert, weil er diese sofort übernehmen muss. An solchen Kennzahlen orientierte sich auch der Vater des Value-Investing, Benjamin Graham, zu Beginn seiner Karriere. Als er in den 1930er-Jahren anfing, möglichst günstige Unternehmen ausfindig zu machen, suchte er vor allem welche, die weniger als die Hälfte ihres Bargeldbestandes kosteten. Daher stammt auch die Idee, dass man einen Dollar für 50 Cent kaufen solle.

Aufpassen solltest du besonders beim Gewinn eines Unternehmens. Er sagt alleine wenig aus: Warnen will ich dich vor allem vor dem Ebit, also dem Ergebnis vor Steuern und Zinsen. Grundsätzlich sollte ein Konzern Gewinn machen, bevor er Zinsen und Steuern zahlt, rein nach den Zahlen wären solche Unternehmen sonst nicht überlebensfähig. Solche Unternehmen werden gerne als Zombie-Unternehmen gebrandmarkt, weil sie angeblich nur überleben könnten wegen der niedrigen Zinsen seit Jahren. Aber wehe, wenn die Zinsen steigen, dann fallen die Untoten endgültig um und stehen nie wieder auf. Bei vielen Unternehmen mag es stimmen, dass sie sich nur noch mit Mühe über Wasser halten, aber ein schlechtes Ebit macht noch lange keinen Zombie. Sonst wäre Amazon auch einige Jahre lang einer gewesen, aber das hat dem Erfolg nur mäßig geschadet …

3. Der Markt lässt sich timen

Der Mann sitzt in seinem Bürostuhl und schlägt mit Drumsticks auf seine Oberschenkel, er hat Kopfhörer im Ohr und hört Heavy-Metal-Musik bis zum Anschlag. Er trägt ein ausgewaschenes blaues Shirt, eine kurze Hose und ist barfuß, um ihn herum stehen auf dem Schreibtisch drei Bloomberg-Terminals, und die Zahlen leuchten orange auf schwarzem Untergrund. Sein Name ist Michael Burry, er ist gelernter Mediziner, arbeitet aber als Fondsmanager. Im Hollywood-Blockbuster *The Big Short* wird er gespielt von Christian Bale. Aber wer ist dieser Michael Burry? Er ist derjenige, der das gemacht hat, was anscheinend die wenigsten machen: Er schaute genau hin und wurde dadurch reich. Anfang des Jahrtausends identifizierte Burry eine Blase beim US-Häusermarkt. Er hatte Hypotheken und Anleihen analysiert und war sich danach sicher, dass der Markt kollabieren würde. Schließlich war der Immobilienmarkt auch schon in den 1930er-Jahren zusammengebrochen. Burry war nach seiner Analyse entschlossen, den Häusermarkt zu shorten, also gegen ihn zu wetten. Allerdings stieß er auf ein Problem: Es gab nicht mal ein Wertpapier, mit dem er seine Idee umsetzen konnte. Der Markt galt als viel zu stabil. Also musste er einen Weg finden: Burry schaffte es tatsächlich, die Investment-Bank Goldman Sachs und andere Häuser davon zu überzeugen, dass sie ihm sogenannte Credit Default Swaps (CDS) verkauften, also Kreditausfallversicherungen, gegen die zweitklassigen Kredite. Er ging die Wette ein und damit einen steinigen Weg. Denn der Häusermarkt kollabierte nicht sofort, die Investoren von Burrys Fonds wurden immer nervöser. Denn du musst dir das so vorstellen: Burry saß auf einem Berg von diesen Versicherungen, den CDS. Und die würden ein Vermögen wert werden, sobald die Kredite ausfielen. Aber für diese Versicherungen musste Burry Prämien zahlen, und das kostete mit jedem Tag mehr Geld. Um das zu finanzieren, musste Burry andere Aktienpositionen auflösen. Am Ende ging die Rechnung doch noch auf: Die Immobilienblase platzte und Burry verdiente Millionen. Er hatte den Big Short geschafft.[213]

Auch Sherlock träumt ihn seit Jahren, den Traum vom Big Short, und ich habe mich auch immer wieder anstecken lassen. Gerade als ich anfing mit dem Börsenthema, faszinierten mich Put-Optionsscheine, also jene Werkzeuge, mit denen man wie Burry auf fallende Kurse wettet. Es war alles so einfach und es ging natürlich schnell. Dieses Gefühl ist unbeschreiblich, wenn sich der Markt nur um wenige Prozent verändert und der Schein um das Zehnfache steigt. Ich kann mich noch sehr gut an den Oktober 2014 erinnern. Ich war damals auf einem Trip nach Lissabon unterwegs und hatte einen Put auf den Dax gekauft. Ich gewann also Geld, wenn der Dax im Gegenzug fiel. Und das funktionierte. Der Dax stand bei rund 9400 Punkten und rauschte dann runter auf 8600 Punkte. Es ist ein mächtiges Gefühl, wenn jedes Mal, wenn man F5 drückt, um den Bildschirm zu aktualisieren, mehr Geld auf dem Konto steht. Aber unter dem Strich ist es nur eines: Zockerei! Trading mag manchen gelingen, vor allem, wenn sie sehr viel Zeit investieren. Es bleibt jedem selber überlassen, ob er den ganzen Tag vor Bildschirmen verbringen will. Ich mache lieber etwas anderes mit meinem Geld und lasse es arbeiten.

Trotzdem träumen so viele vom Big Short und davon, dank des nächsten Crashs den großen Reibach zu machen. Aber was ist eigentlich dieser Crash? Wenn die Kurse um 30 Prozent einbrechen? Oder erst, wenn sie um mehr als 70 Prozent abstürzen? Oder sollte man von einem Crash erst dann sprechen, wenn nicht nur die Börsenkurse kollabieren, sondern auch das gesamte Banken- und Finanzsystem in die Knie geht? Es gibt eine Faustregel: Ein Crash findet dann statt, wenn die Kurse in kurzer Zeit sehr schnell fallen, und es gilt ein Minus von 30 Prozent als Richtschnur. Aber eigentlich bringt uns das auch nicht weiter. Denn jetzt stell dir mal vor, die Kurse würden sehr langsam fallen und sich über Jahre nach unten bewegen, wenn sie beispielsweise 90 Prozent verlieren, aber eben über eine Dauer von fünf Jahren. Dann wäre es eher ein Siechtum als ein Crash, aber die Katastrophe wäre umso größer. Voraussagen kann den Anfang und auch das Ende eines Crashs niemand. Wenn es schlimmer nicht mehr sein könnte, dann sollst du kaufen, so besagen es die ältesten Börsenweisheiten, aber definiere bitte erst mal schlimm. Es ist beinahe unmöglich. Einfacher definieren lassen sich da schon die Kosten, die bei sehr aktiven Investoren anfallen. Gerade für Privatanleger gilt immer noch die Weisheit, die ich bereits weiter vorne schon erwähnt habe: Hin und her macht Taschen leer. Du musst immer die Gebühren beachten und auf deine reale Rendite schauen!

Aber uns fällt es eben allen schwer, einfach nichts zu tun. Unser Hirn und die Medien liefern uns jeden Tag Gründe, um zu kaufen oder vor allem zu verkaufen. Gerade die Kritiker finden am meisten Gehör: Wer den Crash ausruft, der hat gemeinhin den Durchblick. Denn Kritiker oder auch Schwarzmaler werden tatsächlich als kompetenter wahrgenommen. Eine Studie belegt zum Beispiel, dass kritische Literaturkritiken auf besseres Feedback stoßen als positive. Probanden bewerteten den kritischen Text 14 Prozent intelligenter und räumten ihm 16 Prozent mehr literarisches Urteilsvermögen zu. »Schwarzmaler erscheinen eben leicht als scharfsinnig und weitsichtig, während positive Äußerungen schnell als naiv abgetan werden«, kommentiert die Harvard-Psychologin Teresa Amabile ihr Experiment mit der Literaturkritik.[214] Die Crash-Propheten brüsten sich gerne damit, dass sie ja nur die Wahrheit aussprechen würden, und man müsse sie erst mal widerlegen. Aber es muss natürlich eine umgekehrte Beweislast gelten. Zu behaupten, dass irgendwann etwas Schlimmes passiert, ist an sich keine Leistung. Denn irgendwann wird man wahrscheinlich Recht haben. Das Problem ist die Dauer zwischen der Behauptung und dem Eintreten der These.

Tipps gibt es viele für die Jünger der Crash-Propheten: Gewinne mitnehmen beispielsweise, also Aktien verkaufen, die bereits im Plus sind. Dadurch lassen sich höhere Cash-Bestände aufbauen und bei einem Rücksetzer billiger wieder einkaufen. Es reizt jeden Investor, die Rendite zu verbessern und durch Handeln die Gewinne an der Börse zu beschleunigen. Eine Frage, die ich mir auch schon oft gestellt habe: Was wäre, wenn man bis zum großen Krach wartet und dann mit 100 Prozent des verfügbaren Kapitals All In geht? Sagen wir mal, du wartest auf einen Crash von 50 Prozent und parkst das Geld solange auf einem Tagesgeldkonto. Klingt nach einer genialen Idee: Du kannst praktisch nichts verlieren, und wenn alle anderen verloren haben, sammelst du billig ein und verdoppelst nach einer Erholung in nur wenigen Monaten oder Jahren dein Kapital. Es wäre nicht der Big Short, aber der Big Abstauber. Immerhin schlagen doch Legenden auch genau dann zu, wenn das Blut in den Straßen fließt. Wie ich vorher schon erwähnt hatte, kaufte Warren Buffett während der Finanzkrise Aktien von Goldman Sachs und machte damit gute Gewinne.[215]

Aber geht das so einfach? Der Vermögensberater Gerd Kommer hat es nachgerechnet: Er nennt seinen theoretischen Market-Timing-Ansatz »mechanisches Verlustschwellen-Timing« (MVT). Für die Abstauberidee hat er einen Backtest gemacht: Er verwendete dafür die historischen Monatsrenditen des globalen Aktienmarktes von 1970 bis 2018, also für 49 Jahre. In diesem Zeitraum brachten Aktien eine Bruttorendite von durchschnittlich 7,5 Prozent pro Jahr, die Nettorendite hätte sich auf 4,7 Prozent jährlich belaufen. Die Idee: Für jeden einzelnen Startmonat berechnete Kommer, ob eine bestimmte Verlustschwelle, beispielsweise 50 Prozent, nach dem Ablauf des Monats gerissen worden wäre. Für den Untersuchungszeitraum von 49 Jahren macht das 588 Monate. Das erste Szenario beginnt am 1. Januar 1970 und ist damit 49 Jahre lang. Das letzte beginnt am 1. Dezember 2018 und ist damit nur noch einen Monat lang. Was kommt dabei heraus? Eine Verlustschwelle von 10 Prozent wurde in 296 der insgesamt 588 Monate gerissen, was einer Abstauberquote von rund 50 Prozent entspricht. Allerdings sind es die 10 Prozent wohl kaum wert, darauf jahrelang zu warten und dann alles zu investieren. Denn es gibt folgendes Problem: Die Überrendite beläuft sich gerade mal auf 0,4 Prozent pro Jahr, wenn du auf einen Rücksetzer von 10 Prozent wartest und dann alles hereinstellst. Dieses Bild zieht sich auch durch die anderen Szenarien hindurch. Bei allen, die wahrscheinlich sind, fällt die Überrendite bescheiden aus, und wenn es spannend wird, beispielsweise ab einem satten Verlust von 30 Prozent oder mehr, dann sinken die Wahrscheinlichkeiten für einen Erfolg rapide. Dafür, dass du nach einem Rücksetzer von 50 Prozent abstauben kannst, liegt die Erfolgsquote gerade mal bei 1 Prozent (!), aber wärst du dann wenigstens reich? Leider nicht: Im Vergleich zu Buy-and-Hold beläuft sich der Vorsprung gerade mal auf 2,5 Prozent jährlich.[216] Das würde sich langfristig durch den Zinseszins-Effekt zwar deutlich bemerkbar machen, aber trotzdem erscheint die Strategie mehr als fragwürdig.

Was lernen wir daraus? Wenn du anfangen willst mit dem Investieren, dann mach es einfach. Niemand kennt den perfekten Zeitpunkt. Timing funktioniert in der Regel nicht und gerade als Anfänger solltest du die Finger davon lassen. Aber natürlich lässt sich ein Crash niemals ausschließen, deswegen erscheint es sinnvoll, besonders als Anfänger einen Sparplan abzuschließen und eine zeitliche Streuung einzubauen. Möglicherweise verschenkst du dadurch ein wenig Rendite, aber du beruhigst dein Gewissen. Nehmen wir mal als Beispiel an, du hättest 50.000 Euro zum Investieren. Dann könntest du morgen alles auf einmal in den Aktienmarkt stecken, oder du kaufst alle sechs Monate für 5000 Euro Aktien. Ich würde dir die zweite Variante empfehlen. Dabei solltest du immer die Gebühren im Blick haben, nicht dass du es mit der zeitlichen Streuung übertreibst. Theoretisch ließe sich ja auch jede Woche für 200 Euro kaufen. Doch das treibt nur die Gebühren hoch und macht die Sache unnötig kompliziert.

Du solltest also nie alles auf eine Karte setzen und blind investieren, denn eines muss ich fairerweise sagen: Bei Rückrechnungen handelt es sich immer um Theorie, und es müssen Annahmen getroffen werden. Beispielsweise rechnet Kommer beim Beispiel oben mit einer Monatsbetrachtung. Wer mit Halbjahren rechnet, kommt wahrscheinlich auf ein ganz anderes Ergebnis. Aber im Kern zeigt das Beispiel eben einen Fakt: Timing funktioniert nur mit Glück, und es gehört im Zweifel sehr viel Erfahrung und Recherche dazu. Aus dem Handgelenk oder einem Gefühl heraus lassen sich eine Aktie oder ein Markt nicht bewerten. Denn dann landen wir wieder beim Preis oder KGV. Es sagt wenig aus. Genauso wenig sagt es aus, wenn die Märkte schon seit einigen Jahren gestiegen sind. Burry hat am Ende Recht behalten, aber die Luft wurde sehr dünn. Vertraue lieber auf die Zeit und eine Strategie und nicht auf Timing.

4. Anleihen sind sicher

Es gibt im Finanzjargon einen schönen Ausdruck: risikoloser Zins. Früher waren damit normalerweise Anleihen gemeint, also genauer gesagt Staatsanleihen. Das bedeutet: Du leihst beispielsweise dem deutschen Staat Geld und bekommst dafür Zinsen als Entschädigung, das nennt sich dann Bundesanleihe. Reich geworden ist damit noch niemand, aber Bundesanleihen galten als eine der sichersten Anlagen der Welt und brachten Anfang des Jahrhunderts immerhin noch zwischen 3 bis 4 Prozent Rendite mit einer Laufzeit von zehn Jahren. Mittlerweile gelten solche Papiere immer noch als relativ sicher, aber es gibt praktisch keine Zinsen mehr, und viele Investoren zahlen sogar drauf, dass sie einem solventen Staat wie Deutschland Geld leihen dürfen. Ja, du liest richtig, man bezahlt heute Geld dafür, dass man einem Staat Geld leihen darf. Die Welt der Zinsen spielt schon seit einigen Jahren verrückt und die EZB hält den Leitzins seit Jahren auf tiefstem Niveau. Die Gründe sind mannigfaltig: Zum einen versucht die Notenbank, die Inflation anzukurbeln, so das offizielle Storytelling. Zum anderen müssen die Zinsen relativ niedrig gehalten werden, weil sonst viele Staaten mit hohen Schulden wie beispielsweise Italien unter Druck kommen würden.

Wie verrückt die Welt der Zinsen mittlerweile spielt, zeigte sich im August 2019. Anleihen stehen noch für Sicherheit, aber hauptsächlich ist sicher, dass es keine Zinsen mehr gibt! Rund 30 Prozent der weltweiten Anleihen notierten im negativen Bereich. Eine der sichersten Anlageformen der Welt und Zinsgarant für lange Zeit vernichtet also mittlerweile Geld. Spätestens jetzt solltest du dir einen Satz markieren: Nichts ist sicher![217]

5. Sell in May and go away

Kommen wir zur wohl bekanntesten Börsenweisheit: Sell in May and go away. Der Sell-in-May-Effekt bezeichnet das Phänomen, dass die

Kapitalmarktrenditen in den Monaten Oktober bis April überdurchschnittlich ausfallen sollen. Aber stimmt das wirklich? Schauen wir uns mal eine langfristige Betrachtung des S&P 500 an (siehe Tabelle unten).[218]

Monatliche Durchschnittsrendite des S&P 500	
1928-2019	Monatliche Durchschnittsrendite
Januar	1,20%
Februar	0%
März	0,60%
April	1,30%
Mai	− 0,20%
Juni	0,80%
Juli	1,60%
August	0,60%
September	− 1,0%
Oktober	0,40%
November	0,80%
Dezember	1,30%

Die Idee von Sell in May besagt: Ende April aussteigen und Ende September beziehungsweise im Oktober wieder investieren. Der September schneidet in unserem Beispiel tatsächlich sehr schlecht ab, allerdings hätte jeder, der der Weisheit gefolgt wäre, die drei guten Monate Juni, Juli und August verpasst. Bei solchen Analysen spielt der Zeitraum natürlich immer eine große Rolle. Wer die letzten 30 Jahre analysiert, mag zu ganz anderen Zahlen kommen. Beispielsweise gibt es eine Untersuchung von 1970 bis 1988, die zeigt, dass es einen sogenannten Wintereffekt an den weltweiten Kapitalmärkten gibt. Demnach konnten mit Ausnahme von Neuseeland in 37 Ländern überdurchschnittliche Renditen in den Wintermonaten erzielt werden.[219] Allerdings erscheinen 18 Jahre als Untersuchungszeitraum sehr kurz und es geht um etwas anderes: Es lässt sich kein klares Muster erkennen und alle Experten, mit denen ich in meiner Journalisten-Karriere gesprochen habe, bestätigten mir, dass es keinen endgültigen Beweis für den Sell-in-May-Effekt gebe. Es gibt höchstens Indizien dafür.

Es kann auch schnell zu Verzerrungen kommen, wenn prägnante Börsenereignisse in einen bestimmten Monat fallen: Beispielsweise gipfelte die Dotcom-Blase im März 2000 und ab April ging es dann abwärts. Auch die Euro-Krise kochte besonders im Spätsommer 2011 hoch. Dadurch fiel der August katastrophal aus. Und auch die Finanzkrise 2008 machte den Sommermonaten zu schaffen. Solche Ausreißer solltest du auf dem Schirm haben, wenn du dich mit Mustern beschäftigst.

6. Dividenden sind immer gut

»Die Dividende ist der neue Zins.« Dieser Satz ist in den letzten Jahren zum geflügelten Wort an der Börse geworden. Denn das Problem kennen wir: Es gibt praktisch keine Zinsen mehr. Da klingt es eigentlich nach einer genialen Idee, Dividenden statt der Zinsen einzusammeln. Stell dir das mal vor: Du kaufst eine Aktie einen Tag vor der Ausschüttung und du kriegst quasi Geld geschenkt. Du kannst mit wenigen Klicks recherchieren, wann BMW oder Bayer zum nächsten Mal Geld an ihre Aktionäre zahlen. Aber wahrscheinlich kannst du es dir schon denken, dass es so einfach nicht läuft. Denn im Leben gibt es nichts geschenkt und an der Börse erst recht nicht. Der Traum vom Free Lunch bleibt leider einer. Denn die Dividende gibt es nicht einfach gratis obendrauf! Das Unternehmen muss sie ja finanzieren, also fließt auch Geld aus dem Unternehmen, und das macht sich beim Kurs bemerkbar. Betrachten wir dazu ein einfaches Beispiel. Eine Aktie notiert vor dem Tag der Ausschüttung bei 100 Euro. Nun zahlt das Unternehmen eine Dividende in Höhe von 4 Euro. Nachdem die Dividende einen Tag nach dem Dividenden-Stichtag gezahlt wird, fällt der Aktienkurs von 100 Euro auf 96 Euro. Der Aktienkäufer hat unter dem

Strich nichts verdient. Die Dividende schmälert also den Aktienkurs: Der Kassenbestand des Unternehmens nimmt in Höhe der Dividendenzahlung ab, in gleicher Höhe verringert sich das Eigenkapital.

Woher kommt die Dividende überhaupt? Wenn ein Unternehmen Gewinn macht, muss es sich überlegen, was es damit anstellt. Der Gewinn lässt sich entweder einbehalten oder als Dividende an die Aktionäre auszahlen. Eine weitere Option ist der Rückkauf eigener Aktien, das lässt natürlich den Kurs steigen und freut die Aktionäre ebenfalls. Aber wann ist eine Dividende nun sinnvoll? Weniger sinnvoll erscheint sie, wenn ein Unternehmen sich in einem frühen Stadium befindet und wachsen will. Dann sollten die Gewinne lieber einbehalten und in Innovation oder Marketing investiert werden. Allerdings gibt es auch viele Konzerne, die in reifen Märkten unterwegs sind. Dann sinkt die Kapitalrendite und es ergibt keinen Sinn, viel Geld in Expansion zu stecken. Solche Unternehmen fahren durchaus gut damit, ihre Gewinne auszuschütten.

Übertreiben sollten Investoren die Liebe für Dividenden aber nie, denn das Geld kann eben nicht investiert werden in neue Gewinne. Konzerne wie Apple werden gerne dafür kritisiert, dass sie auf zu hohen Cash-Bergen sitzen und nicht wissen, was sie mit ihrem Geld machen sollen. Sind solche Unternehmen und ihr Management risikoscheu und ideenlos? Natürlich sollte ein Unternehmen Gewinne machen und wachsen, es geht nicht darum, eine Bank zu werden und möglichst viel Kapital zu verwalten. Aber die Gewinne vorschnell auszuschütten, sollte die letzte Option sein, denn von Kursgewinnen haben auch die Aktionäre mehr als von Dividenden. Das beste Beispiel ist Amazon: Der Konzern brachte seinen Aktionären seit 2001 mehr als 8000 Prozent, zahlte aber null Dividende.[220] Es stellt sich eben eine Frage: Wie hoch fällt die Eigenkapitalrendite aus? Wenn sich Renditen von 20 oder 30 Prozent erzielen lassen, dann sollte sich jeder Aktionär lieber ins Knie schießen, statt eine Dividende zu verlangen.

Nicht, dass wir uns falsch verstehen: Wer auf Dividenden setzt und sich eine Strategie bastelt, macht damit keinen grundsätzlichen Fehler. Aber wir sollten Dividenden auch nicht als Allheilmittel verklären.

Denn es wird gerne ein Aspekt angeführt, um die Macht der Dividenden zu beweisen: wie wichtig sie sind für den Gesamtertrag von Aktien, also für Kursgewinne plus Dividenden. Solche Schätzungen geben an, dass 30, 40 Prozent oder gar die Hälfte der gesamten Zuwächse nur auf Dividenden zurückgehen würden. Wer also keine Dividenden kassiert, der macht auch keine Rendite. Aber Vorsicht: Die Gesamtrendite ergibt sich eben aus der Summe von Kursgewinnen und Dividenden. Wenn Dividenden niedriger sind, werden Kursgewinne entsprechend höher sein. Warum das wahrscheinlich so ist, habe ich dir bereits oben erklärt. Kursgewinne und Dividenden kommen aus derselben Quelle: dem Gewinn. Und eine abschließende Frage musst du dir auch stellen: Was passiert, wenn ein Unternehmen Dividende zahlt? Die Dividende wird aus dem bereits versteuerten Gewinn gezahlt, und diese Steuer belastet die Aktionäre. Du musst die Abgeltungssteuer in Höhe von 25 Prozent zahlen. Einschließlich Kirchensteuer und Solidaritätszuschlag ergibt sich eine Steuerbelastung beim Aktionär von insgesamt etwa 28 Prozent auf die erhaltene Dividende.

WAS ICH GERNE MIT 20 JAHREN MIT MEINEM GELD GEMACHT HÄTTE

1. Nicht zu viel erwarten

Einen Satz kann ich nicht mehr hören: »Viele Menschen überschätzen, was in einem Jahr möglich ist, aber unterschätzen, was in zehn Jahren möglich ist.« Leider habe ich diesen Satz schon zu oft gehört, aber das macht ihn nicht schlechter. Für das Leben stimmt er und für die Börse erst recht. Allerdings würde ich die zehn Jahre lieber durch 20 oder 30 Jahre ersetzen. Ich habe dir in diesem Buch bereits viele Dinge verraten, die ich mit meinem Geld früher versucht habe, und tatsächlich wären selbst die ersten Entscheidungen nicht einmal falsch gewesen, wenn ich Geduld gezeigt hätte. Mit dem Kauf der Allianz-Aktie im Alter von 16 Jahren hätte ich langfristig gewonnen, mein Geld durch die Kursgewinne verdreifacht und ordentlich Dividenden kassiert. Aber damals hatte ich falsche Erwartungen und war nach einer Woche schon enttäuscht, nicht reich geworden zu sein. Auch später mit meinen Fonds wäre ich auf lange Sicht ins Plus gekommen, obwohl der Zeitpunkt des Einstiegs eine Katastrophe war.

Deswegen erwarte dir vor allem als Anfänger nie das schnelle Geld. Denn gerade die langfristigen Aktienrenditen fallen nicht so gigantisch aus, wie sie dir überall verkauft werden. Auch ich habe dir in diesem Buch viele Beispiele gezeigt, die einen positiver, die anderen negativer. Wer den Aktienmarkt positiv darstellen will, findet leicht einen Betrachtungszeitraum, der 7, 8 oder gar 9 Prozent abwarf. Wer ihn negativ darstellen will, wird dir das Beispiel vom japanischen Aktienmarkt vorhalten. Wer dort beim Hoch Ende der 1980er-Jahre eingestiegen wäre, würde heute immer noch tief im Minus stecken. Aber wer hat schon damals sein ganzes Geld in die Hand genommen und alles auf Japan gesetzt? Es mag solche Menschen geben, aber dann haben sie auch alle Regeln missachtet, an die sich ein guter Investor halten sollte. Streuung hätte es praktisch keine gegeben, weder regional noch zeitlich.

Realistisch für langfristige Durchschnittsrenditen am Aktienmarkt sind wohl 4, 5 oder 6 Prozent. Gier bringt dich also nicht weiter, und eines musst du immer beachten: Es geht um die realen Renditen. Also musst du die Inflation abziehen und die Gebühren und die Steuern. Dann bleibt am Ende weniger übrig, als dir Fondsmanager, Medien und Co. verkaufen wollen. Aber das ist kein Problem, sondern nur die Realität: Wenn du mit Strategie langfristig investierst und vernünftig streust, dann solltest du eine stabile Rendite einfahren. Und die macht sich immer bezahlt. Denn mir ist noch nie ein langfristiger Betrachtungszeitraum untergekommen, der weniger als 3 oder 4 Prozent reale Rendite abgeworfen hätte.

Also fang an mit dem Investieren! Denn die Alternativen lösen sich in Luft auf: Dein Sparbuch macht dich eher arm als reich, selbst Anleihen bringen keine sicheren Renditen mehr und auf die Rente des Staates solltest du dich erst recht nicht blind verlassen. Nutze lieber ein Mittel, das dich und deine Finanzen in Bewegung halten wird: die Macht des Faktors. Es funktioniert wie bei einer Diät, am Anfang schmeißt du das ganze ungesunde Essen aus dem Kühlschrank, und dann erzählst du so vielen Freunden wie möglich davon, dass du jetzt abnehmen willst. Dann meldest du dich am besten noch im Fitness-Studio an und triffst dich dort dreimal die Woche um eine fixe Uhrzeit mit einem Freund. Du steigerst mit jedem Faktor die Chance auf den Erfolg, allein schon, weil du dranbleiben wirst. Es geht darum, dir einen Kosmos zu erschaffen, der das Investieren leicht und zu einem Teil deines Lebens macht. Und das gehen wir jetzt nochmal Schritt für Schritt durch.

2. Nimm dein Geld in die Hand oder die Kunst des Money Management

Der erste Schritt hat gar nichts mit Aktien zu tun. Bevor du dein Geld in die Hand nimmst, musst du erst mal wissen, wie viel du hast, und es in den Griff bekommen! Mach also einen Kassensturz. Es klingt wie in der Schule beim Hauswirtschaftskurs, aber mal Hand aufs Herz: Weißt du, wie hoch deine monatlichen Ausgaben sind? Für was du regelmäßig Geld rauswirfst und wer bei dir was Monat für Monat abbucht? Such dir sämtliche Kontoauszüge und Rechnungen heraus und schreib es dir auf! Bevor du alle Bäume umhauen willst im Wald der Finanzen, solltest du erst mal deine Axt richtig schleifen. Das heißt: Du brauchst Pulver, das du verschießen kannst, also Geld. Deswegen analysierst du, was du an Vermögen besitzt ...

Deine Bilanz

Aktiva		Passiva	
Position	**Betrag**	**Position**	**Betrag**
Bargeld		Hypothek	
Aktien		Steuerschulden	
Gold		Konsumentenkredit	
Lebensversicherung		Autokredit	
Auto und Co.		Verbindlichkeiten	
Pension/Rente (jährliche Ansprüche Faktor 10)			
Sonstiges		Eigenkapital	
Summe		**Summe**	

Hast du dein Eigenkapital ausgerechnet? Nun gibt es zwei Möglichkeiten, deinen Vorrat an Pulver zu erhöhen.

Steigere deine Einnahmen

Wenn es ums Geld geht, werden gerne kuriose Spartipps angepriesen. Aber der sinnvollste Weg zu mehr Geld ist: mehr Geld. Also überleg doch erst mal, wie du mehr verdienen könntest. Der erste Weg könnte zu deinem Chef führen. Warum nicht mal nach mehr Gehalt fragen? Das steht jedem zu, aber dafür musst du auch etwas vorweisen. Bist du wirklich Google-Proof? Ich habe dir schon erklärt, warum die Freaks wertvoller sind als Wikipedia. Wenn du ein Spezialist bist, eine Expertise besitzt und unverzichtbar bist für deinen Chef, dann sollst du im ersten Schritt mehr Geld herausholen können. Denn es geht immer um deinen Wert, also das, was du kannst und leistest. Am besten kannst du deinem Chef konkret vorrechnen, wie viel Umsatz du für ihn machst. Das bringt dir viel mehr als ein MBA oder gute Noten im Studium! Versuche, dir auch weitere Standbeine aufzubauen, um mehr zu verdienen und dich unabhängiger zu machen. Verkaufe deine Seele also so teuer wie möglich.

Beispiele für deine Einnahmen
- Gehalt
- Nebentätigkeit
- Mieteinnahmen
- Rente/Lebensversicherung
- Kapitaleinkünfte
- Unternehmen

Kürze deine Kosten

Bevor du ans Investieren gehst, überlegst du dir, wie du deine Kosten kürzen kannst. Du hast dir oben bereits dein Vermögen ausgerechnet. Aber dazu zählt beispielsweise auch ein Auto. Solches Vermögen verursacht aber Kosten, zum Beispiel musst du dein Auto volltanken und versichern. Noch kritischer wird es, wenn du solchen Konsum auf Pump finanzierst. Es gibt auch Menschen, die Kredite aufnehmen, um Aktien zu kaufen. Mach das bitte nicht und zahle solche Kredite lieber zurück, wenn du sie schon aufgenommen haben solltest. Für Konsum solltest du dich grundsätzlich niemals verschulden. Kosten verursachen aber nicht nur große Anschaffungen wie Autos. Gerade die kleinen Ausgaben fressen uns die Grundlage zum Investieren weg. Überleg dir, auf was du jeden Tag verzichten könntest. Brauchst du wirklich den teuren Kaffee auf dem Weg ins Büro? Musst du in der Mittagspause ins Restaurant? Und lohnt es sich zu rauchen?

Beispiele für deine Fixkosten
- Laufende Ausgaben
- Auto (Versicherung/Benzin/Wartung)
- Mitgliedschaften und Abonnements (Netflix, Amazon Prime, Fitness-Studio)
- Haus/Hypothek
- Telefon, WLAN und Fernsehen
- Energie/Wasser
- Krankenversicherung
- Andere Versicherungen
- Rückzahlung von Hypotheken/Schulden

Gehst du also wirklich noch ins Fitness-Studio? Schaust du regelmäßig Netflix? Du wirst Kosten finden, die sich streichen lassen, und dieses Geld kannst du ab sofort in Aktien investieren. Denn solches Vermögen produziert keine Kosten, sondern generiert Erträge wie Dividenden.

Automatisiere und spare

Wenn du deine Bilanz aufgestellt und dein Geld in den Griff bekommen hast, kannst du dich jetzt langsam ans Investieren wagen. Dafür gibt es eine goldene Regel: Bezahle dich jeden Monat selbst. Bevor von deinem Gehalt Geld ans Fitness-Studio oder an die Versicherung fließt, geht jeden Monat ein fixer Betrag per Dauerauftrag weg von deinem Girokonto auf ein Sparkonto. Du wirst dich jetzt fragen, wie viel du dir automatisch abzwacken sollst. Nehmen wir mal an, du beziehst ein Nettogehalt von 2000 Euro. Was würdest du spontan für realistisch halten? 200 Euro wäre gefühlt eine Zahl, mit der man leben könnte. Aber ich glaube, dass du sogar mehr sparen kannst. 600 Euro wären sehr viel, aber du wirst schnell merken, dass du auch mit weniger verfügbarem Einkommen auskommst. Denn Geld, das du nicht auf dem Girokonto hast, wirst du wahrscheinlich auch nicht verprassen. Je höher deine Sparquote ausfällt, umso schneller kommst du ans Ziel. Und sei besonders achtsam, wenn du deine Einnahmen steigerst. Dann kauf dir nicht sofort die Rolex oder ein Auto, sondern investiere das Geld lieber.

Führe einen Stresstest für deine Finanzen ein

Wie bei einem Depot aus Aktien, Gold und Immobilien solltest du auch bei deinen Finanzen auf die Statik achten. Beispielsweise solltest du immer mehrere Monatsgehälter auf der hohen Kante haben. Nehmen wir wieder an, dass du 2000 Euro netto verdienst. Dann solltest du mindestens 6000 Euro auf der hohen Kante haben, ich würde dir zu mehr raten. Lieber ein Minimum von 10.000 Euro. Und dieses Geld soll auch nicht in Aktien fließen oder in Urlaube oder neue Schuhe. Das ist eine eiserne Reserve und wird nicht angefasst. Besonders gut gefällt mir der Ausdruck des »Fuck-You-Money« dafür. Stell dir einfach mal vor, du hast keinen Bock mehr auf deinen Chef. Musst du dann wirklich noch ein ganzes Jahr durchziehen, bevor du hinwirfst? Nein, wenn dein Stresstest stimmt, kannst du auch sofort kündigen. Natürlich hilft diese Sicherheit auch, wenn du deinen Job aus anderen Gründen verlieren solltest. Denk dran: Wer sein Konto überzieht, hat die Kontrolle über sein Leben verloren. Und wer Geld spart, geht aufrecht durchs Leben und muss sich von niemandem etwas gefallen lassen!

Legen wir die Parameter für einen Stresstest fest:
- Du überziehst nie dein Konto.
- Du hast drei bis fünf Netto-Monatsgehälter auf einem Tagesgeldkonto.
- Du sparst 20 bis 30 Prozent deines Netto-Einkommens und lässt sie jeden Monat automatisch von deinem Girokonto an dich selbst überweisen.

Wenn diese drei Voraussetzungen erfüllt sind, solltest du deine Finanzen im Griff haben und ruhig schlafen können. Am Ende überlegst du dir, wie du dein gespartes Geld investierst – jetzt gibt es keine Ausreden mehr!

Finde deine Mission fürs Investieren

Die erste Frage lautet: Warum willst du investieren? Motive gibt es genug: Möglicherweise hat dich dieses Buch auf die Idee gebracht, dir ist langweilig oder du bist gierig. Aber das sollte dich nicht antreiben. Du brauchst auch für das Investieren eine Mission, hier kommen ein paar Beispiele für deine Motive ...

- Du willst finanziell frei werden.
- Du willst dir ein passives Einkommen durch Dividenden aufbauen.
- Du möchtest dir eine lange Auszeit nehmen und auf Weltreise gehen.
- Du möchtest dir den Traum vom Eigenheim erfüllen.
- Du möchtest für die Rente vorsorgen.
- Du möchtest dein Geld in Sicherheit bringen und vor einer Krise beziehungsweise vor Inflation schützen.

Verstehst du das Problem? Ich kann dir an dieser Stelle nicht dein eigenes Leben erklären, weil ich weder deine Persönlichkeit kenne noch deinen Kontostand oder dein Alter. Aber du wirst es beantworten können. Die nächste Rolex oder Louis-Vuitton-Tasche kannst du dir auch so kaufen, das geht nicht als Grund fürs Investieren durch. Investieren hat immer etwas mit Strategie und Zeithorizont zu tun. Es ist immer schwierig, so etwas zu klassifizieren, gerade wenn wir zwischen einem Sparplan und einem Einmal-Investment unterscheiden. Aber grundsätzlich solltest du dir überlegen, ob du kurzfristig, mittelfristig oder wirklich langfristig investieren willst. Und immer daran denken: Investiere nur Geld, das du nicht für den Alltag brauchst, also für deine Miete oder andere Fixkosten. Auch die Waschmaschine kann kaputt gehen oder du ziehst in eine neue Wohnung und brauchst neue Möbel. Genau dafür soll dann die eiserne Reserve herhalten. Wenn du deine Aktien verkaufen musst für die neue Schrankwand, dann hast du alles falsch gemacht. Das Renditedreieck habe ich dir oben bereits gezeigt. Langfristig ist es sehr wahrscheinlich, dass du mit Aktien Geld verdienen wirst. Aber du kommst in Schwierigkeiten, wenn du Verluste nicht aussitzen kannst.

3. Setz deinen Plan um!

Du hast jetzt eine Vorstellung davon, warum du investierst und wie viel du zur Verfügung hast. Jetzt geht es darum, Ziele zu definieren und die Werkzeuge dafür zu finden. Zwei Wörter machen den Unterschied: Rendite und Risiko. Es kommt darauf an, ob du dir 3 oder 30 Prozent Rendite pro Jahr erwartest. Davon hängt letztlich die Auswahl deiner Aktien und die Kombination deiner Anlageklassen ab. Vor allem solltest du dich fragen, welche Risiken du wirklich verkraftest. In der Theorie fühlen sich 30 Prozent Verlust nicht schlimm an, aber wenn du 100.000 Euro investierst und am nächsten Tag sind nur noch 70.000 Euro übrig, dann zeigt sich erst, welches Risikoprofil du wirklich aufweist. Also lerne durch Schmerz und finde heraus, was das Investieren mit dir macht. Am Anfang lieber vorsichtig starten und dann die Struktur des Portfolios an deine Persönlichkeit anpassen.

Vor allem kommt es auf den Zeithorizont an und wann du anfängst. Wenn du hoffentlich erst 20 oder jünger bist, kannst du eine sehr hohe

Aktienquote fahren. Denn selbst wenn morgen der Crash kommen sollte, musst du dir nicht den Kopf zerbrechen. Du kannst dir folgende Faustregel merken: Je früher der Crash in deiner Investment-Karriere kommt, umso besser ist es. Das klingt komisch, aber mathematisch ist es eben so. Wenn du früh in einen Crash rennst, hast du genug Zeit, um die Verluste auszubügeln, und du kannst in deiner Ansparphase besonders günstig kaufen. Wenn du dagegen älter bist und kurz vor der Rente stehst, dann ergeben sich andere Bedürfnisse. Eine Aktienquote von 100 Prozent käme dann dem Exitus gleich und ein Crash würde dann besonders schmerzen. Die Aktienquote sollte entsprechend niedriger ausfallen. Einen Fehler solltest du dabei vermeiden: Der Renteneintritt bedeutet nicht das Ende deiner Investoren-Karriere. Wer wirklich langfristig investieren will, der braucht einen Plan für sein ganzes Leben.

Also strukturiere dein Depot nach deiner Risikobereitschaft, nach deiner Lebensphase und deinen Zielen. Streue dein Vermögen, aber übertreibe es nicht. Grundsätzlich sollten dir die unten aufgeführten Anlageklassen reichen, um ein vernünftiges Depot zu bauen ...

Aktien
- Denk daran, dass die Welt immer besser wird und die Weltwirtschaft langfristig wächst.
- Denk an Aktien mit Burggraben.
- Denk daran, dass moderate Vola langfristig den Unterschied ausmachen kann.
- Denk an deinen Kompetenzkreis.
- Denk daran, dass Kennzahlen wie das KGV alleine nichts aussagen.

ETFs
- Denk an die niedrigen Gebühren.
- Denk daran, dass du mit einem Produkt Tausende Aktien kaufen kannst.
- Denk daran, dass sich Verluste von Einzelaktien mit ETFs optisch verstecken lassen.

Gold/Silber
- Denk daran, dass Gold sich seit Jahrhunderten etabliert hat.
- Denk daran, dass Gold sich oft gegenläufig entwickelt hat zu anderen Anlageklassen.
- Denk daran, dass Gold eine Alternative zu Fiat-Währungen wie dem Euro ist.

Immobilien
- Denk daran, dass Immobilien in Zeiten von niedrigen Zinsen für viele Investoren attraktiv sind.
- Denk daran, dass du auch bequem und günstig per Aktien oder ETF in Immobilien investieren kannst
- Denk aber auch daran, dass Immobilienpreise nicht in den Himmel wachsen und von der Demographie abhängen können.

Anleihen
- Denk daran, dass Anleihen nicht viel Rendite bringen.
- Aber denk daran, dass sich mit Anleihen auch Kursgewinne erzielen lassen und dass sie sich eignen, um dein Portfolio zu diversifizieren und eventuell die Schwankung zu drücken.

Kryptowährungen
- Denk daran, dass Kryptowährungen große Risiken, aber auch Chancen bieten.
- Denk daran, dass sie dich unabhängiger vom Finanzsystem machen.
- Denk daran, dass sie auf einer innovativen Technologie wie der Blockchain basieren.

Fremde Währungen
- Denk daran, dass Währungen wie der US-Dollar, das britische Pfund und der Schweizer Franken noch nie kollabiert sind.
- Denk daran, dass du ein Klumpenrisiko trägst, wenn du dein Vermögen nur in einer Währung hältst.

Definiere die Positionsgrößen

Wir haben viel über Streuung und die richtigen Aktien gesprochen. Du kannst noch so viele Aktien aus diversen Ländern und Branchen kaufen, aber im Notfall hilft es dir nichts, wenn die Größen der Positionen nicht zusammenpassen. Das Gerüst deines Portfolios muss stimmen. Ein Beispiel dazu: Wenn du 50 Aktien im Portfolio hast, aber eine Aktie ein Gewicht von 60 Prozent ausmacht, dann setzt du trotz einer scheinbaren Streuung alles auf eine Karte. Damit landen wir beim Paretoprinzip: Der italienische Ökonom Vilfredo Pareto stellte einst fest, dass die meisten Unternehmen mit 20 Prozent der wichtigsten Kunden 80 Prozent des Umsatzes erzielen.[221] Davon können wir uns was fürs Investieren abschauen und landen bei der sogenannten Core-Satellite-Strategie. Sie besteht aus einem Kern und Satelliten, die darum kreisen. Die Strategie gilt als Weiterentwicklung der modernen Portfolio-Theorie, die von Harry Markowitz formuliert wurde. Der Kern soll dabei den Großteil des Depots ausmachen und damit eine solide Basis bilden, also stabile Renditen einfahren bei relativ geringem Risiko. Die Satelliten treiben dagegen die Rendite in die Höhe, aber auch das Risiko.

Was den Kern deines Portfolios bildet, bleibt dir überlassen. Beispielsweise könnte es ein ETF auf den weltweiten Aktienmarkt sein. Oder es könnten zehn Aktien mit moderatem Risiko und tiefem Burggraben sein. Auch Gold, Anleihen oder Immobilien können Teil des Kerns sein. Du kannst dir auch riskante Aktien ins Depot holen, wenn du sie analysiert hast und an das Geschäftsmodell glaubst. Sie sollten dann als kleine Satelliten um deinen Kern kreisen und nur einen so großen Betrag ausmachen, dass sie bei einem Komplettverlust nicht zu sehr ins Gewicht fallen. Du solltest generell eine Obergrenze für jede Position definieren. Beispielsweise sollte eine Aktie niemals mehr als 10 Prozent deines investierten Kapitals ausmachen. Du kannst die Grenze natürlich auch viel niedriger ansetzen, um breiter zu streuen.

Bau einen Airbag ein

Wenn du der Sache mit den Aktien immer noch nicht trauen solltest und dich diese Crash-Angst nicht loslässt, du aber trotzdem anfangen willst, dann gibt es noch eine letzte Option, um auf Nummer sicher zu gehen: Du baust einfach einen Airbag für deine Investments ein. Und zwar lässt sich das über sogenannte Stopp-Kurse abwickeln. Du kannst es dir vorstellen wie einen automatischen Verkaufsauftrag bei deiner Bank. Nehmen wir mal an, du hast eine Aktie beim Kurs von 100 Euro gekauft und willst maximal 10 Prozent verlieren, weil du sonst nicht mehr schlafen könntest. Dann setzt du deinen Stopp-Kurs 10 Prozent tiefer an, bei 90 Euro. Sollte die Aktie auf diesen Wert fallen, geht der Airbag auf und sie wird automatisch verkauft.

Was du dich fragen musst: Wo setzt du solche Airbags? Grundsätzlich kannst du dich an der Charttechnik orientieren. Viele Experten tun es als Kaffeesatz-Leserei ab, wenn Investoren versuchen, aus den Kurven, also den Charts der Aktien, Muster herauszulesen. Wenn du nicht gerade Trader werden willst, würde ich dir auch davon abraten. Aber es gibt eben doch signifikante Marken, auf die viele Investoren schauen. Und dort platzieren dann auch viele ihre Stoppkurse.

Beispielsweise finden sich bei Kursverläufen sogenannte Unterstützungen. Solche Formationen springen uns förmlich ins Auge. Dort stoppt der Kurs regelmäßig und wechselt die Richtung. Aber wehe der Kurs fällt unter diese Marke, dann werden viele nervös und verkaufen dann doch. Bei solchen Marken spielen uns unser Auge und unser Hirn einen Streich, denn optisch droht der freie Fall, wenn die Marke gerissen wird, wie du in Abbildung 18 bei einem fiktiven Chart siehst. Deshalb finden sich in solchen Bereichen viele Stoppkurse. Dort verkaufen also viele, wenn der Aktienkurs darunter sinkt, und das kann die Abwärtsspirale dann erst recht beschleunigen.

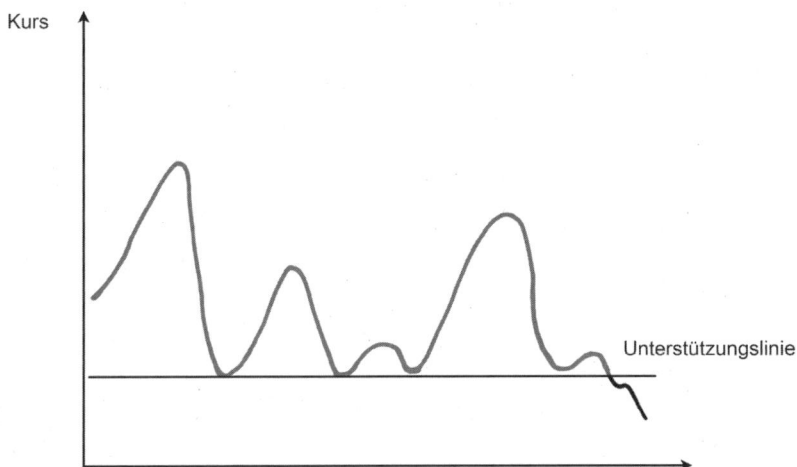

Abbildung 18: Eigene Darstellung

Ein Argument wird gerne gegen die Stoppkurse angeführt: Wer langfristig investiert, dem muss der Kurs egal sein. Das würde ich grundsätzlich unterschreiben, wenn du eine Aktie mit einem exzellenten Geschäftsmodell und Burggraben gefunden hast. Dann solltest du sie nicht verkaufen, weil sie um 10 Prozent gefallen ist. Stopp-Kurse können aber Sinn ergeben, wenn du dich sonst nicht in den Markt traust und du dir dadurch Sicherheit holst oder wenn du bei sehr riskanten Positionen einen Airbag einbaust. Es gibt eben Wetten mit attraktiven Chance-Risiko-Verhältnissen. Aber du darfst die Risiken nie aus den Augen lassen. Und genau bei den Risiken landen wir wieder bei der Vola. Denn natürlich halten viele Investoren ein junges Tech-Unternehmen für riskanter als ein etabliertes Unternehmen. Wenn du also eine riskante Wette eingehen solltest, dann musst du auch mehr Raum für die Stopp-Kurse lassen. Als Faustregel gelten 10 Prozent unter dem aktuellen Kurs, aber Werte wie Tesla, Netflix oder Uber schwanken viel stärker, und deswegen sollte auch deine Verlust-Toleranz höher ausfallen. Mit 10 Prozent kommst du also nicht weit, weil du dann ständig ausgestoppt würdest. Wenn du mit Stoppkursen agierst, dann schau dir die Schwankungsbreiten und Charts der Unternehmen vorher genau an. Als sinnvolle Alternative zum Bauchgefühl bietet sich beispielsweise die 1-Jahres-Volatilität an.

Wir haben gelernt, wie weh Verluste tun. Deshalb kann es sinnvoll sein, sie zu begrenzen, auch wenn wir langfristig denken. Es gibt eben Wetten, die uns reizen, auch wenn wir dazu Nein sagen sollten. Und dann kann dir ein Airbag massiven Ärger ersparen. Ich will dir weder Stopps empfehlen noch dir davon abraten. Es soll nur ein weiteres Werkzeug für deinen Erfolg sein. Und deswegen solltest du auch noch den sogenannten Trailing-Stopp kennen. Er funktioniert automatisch und wie eine permanent nachgezogene Stopp-Loss-Order. Bei einem normalen Stopp setzt du eine Marke, beispielsweise die 90 Euro, die einen theoretischen Verlust von 10 Prozent ausmachen. Aber was passiert jetzt, wenn der Kurs auf 120 Euro gestiegen ist und der Stopp-Kurs bei 90 Euro verharrt? Dann brauchst du eben den Trailing-Stopp: Wenn der Kurs steigt, steigt auch der Trailing-Stopp. Sinkt der Kurs, verharrt der Trailing-Stopp.

4. Sei dein eigener Sherlock

Du solltest im normalen Leben nicht unbedingt wie Sherlock sein und stets die unangenehmen Wahrheiten ansprechen. Aber wenn du an der Börse Erfolg haben willst, dann bist du am besten dein eigener Sherlock, vor allem wenn es darum geht, eine Aktie zu beurteilen. Es gibt eine einfache Technik: Spiel Advocatus Diaboli mit dir selber.

Machen wir mal ein Beispiel mit Netflix. Auf den ersten Blick ist das ein gigantisches Unternehmen mit einer Erfolgsstory, die ihresgleichen sucht. Netflix ist für eine digitale Generation zum Synonym für Fernsehen geworden. Wir verdanken dem US-Konzern Kultserien wie *House of Cards, Black Mirror, Orange is the New Black* oder *Tote Mädchen lügen nicht*. Und das Beste bei Netflix ist: Das Geschäftsmodell könnte einfacher kaum sein: ein Abo-Modell, das sichere Einkommensströme vermuten lässt. Monat für Monat kassiert Netflix die Gebühr von seinen Abonnenten, und es kommen ständig neue dazu. Das Wachstum fällt gigantisch aus, und der Kurs dürfte immer weiter steigen. Auch der Kompetenzkreis wird nicht überschritten, jedes Kind kann Netflix bedienen und wie der Konzern Geld verdient, kapiert auch jeder. Wer die Geschichte von Netflix so erzählt, wird sofort von der Aktie überzeugt sein!

Aber jetzt kommt Sherlock ins Spiel: Was müsste passieren, dass Netflix pleitegeht?

Das erscheint erst mal absurd, gerade wenn du jeden Abend selber zu Hause auf der Couch Netflix laufen lässt. Aber du musst einen Gedanken außer Acht lassen: Begeisterung. Wir verfallen gerne Produkten oder Geschäftsmodellen, die wir selber genial finden. Und dann meinen wir, dass alle anderen das auch so sehen. Oder wer das nicht kapiert, der ist dann eben dumm oder hat Unrecht! Deswegen müssen wir die Gegenposition einnehmen und brainstormen.

Was wäre beispielsweise, wenn Amazon auf einmal sämtliche Filme ihres Repertoires für Prime-Mitglieder kostenlos anbieten würde?

Konkurrenten wie Disney oder AT&T bieten eigene Streaming-Plattformen an. Was wäre, wenn sie ein besseres Angebot haben?

Oder wenn sie einfach viel billiger anbieten und damit Netflix Kunden abjagen?

Und was wäre, wenn die Konkurrenten richtig Geld investieren, um den Druck hochzufahren? Beispielsweise tummeln sich in der Branche Giganten wie Apple, Google, Facebook und Amazon. Sie haben bereits mächtige Plattformen aufgebaut und zig Milliarden an Cash auf der hohen Kante liegen für einen möglichen Angriff.

Gerade die Verschuldung solltest du bei einem Unternehmen betrachten. Unternehmen wie Netflix oder Tesla haben große Erfolge vorzuweisen und wertvolle Marken aufgebaut, aber sie sind abhängig von der Gunst der Kapitalmärkte. Beispielsweise beschafft sich Netflix das Geld von Investoren, indem der Konzern Anleihen ausgibt. Also ist Netflix darauf angewiesen, das Geld geliehen zu bekommen.

Wie wahrscheinlich ist es also, dass Netflix kein Geld mehr bekommen könnte, um sein Wachstum zu finanzieren? Denn gerade die Produktion von eigenen Serien verschlingt eine Menge Geld. Und es könnten auch noch andere Faktoren den Erfolg gefährden: Beispielsweise könnten die Zinsen steigen. Das bringt Unternehmen mit hohen Schulden immer unter Druck.

Diese Liste müsstest du solange verlängern, bis dir nichts mehr einfällt, und dann solltest du für die möglichen Szenarien Punkte vergeben, also die Wahrscheinlichkeit definieren, dass Netflix pleitegehen könnte. Ich würde beispielsweise nicht viel Geld in die Aktie von Netflix stecken. Aber das ist nur meine persönliche Meinung, und du solltest dich nicht von ihr beeinflussen lassen, sondern lernen, dein eigenes Advocatus-Diaboli-Spiel zu spielen.

Du solltest dich bei deinen Entscheidungen auch nicht zu sehr von einer Gruppe oder anderen Meinungen beeinflussen lassen. Sonst landen wir wieder beim Problem, dass du einem Experten oder dem sogenannten *Group Think* blind vertraust. Denn grundsätzlich solltest du auf deine eigene Meinung vertrauen und dich nicht zum Fähnchen im Wind machen lassen. Es klingt einfach, aber stell dir folgende Situation vor: Du sitzt in einem Vorlesungsraum und bekommst gemeinsam mit anderen Testpersonen vier Linien vorgelegt. Auf den ersten Blick lässt sich klar erkennen, dass eine Linie am kürzesten ist. Auf Nachfrage sind sich auch alle einig. In der zweiten Runde erscheint dir wieder eine Linie am kürzesten. Aber auf einmal meldet sich dein Nebenmann und tippt auf eine andere Linie, dann melden sich auf einmal immer mehr und geben ihm Recht. Wirst du standhalten? Oder hättest du Angst, dich zu blamieren? Tests zeigen, dass sich Menschen von der Meinung anderer beeinflussen lassen, selbst wenn diese schauspielern und ihre Meinung nur vortäuschen, um bei solchen Tests zu verwirren und eben genau damit zu zeigen, wie wir uns von der Dynamik einer Gruppe verwirren lassen und zum Herdenverhalten neigen.[222]

Es hilft, die Perspektive zu wechseln und sich andere Positionen anzuhören. Wichtig ist, dass du dich mit Menschen umgibst, die dir ehrlich ihre Meinung sagen, und fordert euch gegenseitig heraus.

Wenn du erfolgreich investieren willst, dann hol dir so viele Sherlocks wie möglich in dein Team! Ray Dalio besteht sogar darauf, dass ihm seine Angestellten möglichst ehrliches Feedback geben, und es zählt zu seinen Prinzipien. Jeder Mitarbeiter hat demnach nicht das Privileg, sich zu äußern, sondern vielmehr die Pflicht. Dalio ermunterte seine Mitarbeiter, ihm offenes und ehrliches Feedback für seine eigene Leistung zu geben. Dalio hat sein Unternehmen Bridgewater groß gemacht und Milliarden verdient, aber setzt trotzdem auf Transparenz und giert nach Kritik, um sich zu verbessern. Nach einem Meeting schrieb ihm ein Mitarbeiter diese Worte: »Du verdienst eine 4– für deine Leistung im Meeting ... Es war offensichtlich, dass du dich überhaupt nicht vorbereitet hattest.« Denk darüber mal nach: Einer der reichsten Männer der Welt befeuert ein Klima, das ihn in Frage stellt. Mehr Sherlock geht nicht! Bei Bridgewater gibt es nur ein Credo: Wer nicht die Wahrheit ausspricht, verliert am Ende. Was für ein starker Gedanke![223]

Der Blick auf uns selbst muss manchmal sogar von anderen kommen, sonst können wir gar blind sein für Schwächen oder Denkfehler. Zum *Mere-Exposure-Effekt* gibt es nämlich noch ein aufschlussreiches Experiment: Teilnehmer sollten dabei Fotos von sich und ihren Freunden bewerten, die Fotos waren aber teilweise spiegelverkehrt gedruckt. Das Ergebnis: Bei den Freunden gefielen die normalen Bilder besser, bei den Bildern von sich selbst schnitten die spiegelverkehrten Bilder deutlich besser ab. Die Begründung hierfür ist, dass wir uns natürlich jeden Tag im Spiegel sehen, und zwar spiegelverkehrt. Weil wir diesen Anblick kennen, also wir den meisten Kontakt dazu haben, bewerten wir diesen Anblick positiver.[224]

Also versuche, regelmäßig die Vogelperspektive einzunehmen und dich und deine Entscheidungen kritisch zu hinterfragen. Selbst wenn du Erfolg haben solltest, musst du dein Spiel bewerten und darfst dich nicht daran ergötzen, welches Ergebnis auf der Anzeigetafel steht.

5. Genieße das Spiel

Im Disney-Film *Alles steht Kopf* wird bei Riley Andersens Geburt ihre Emotionszentrale gestartet: Freude ist die erste Emotion des kleinen Mädchens und betritt das Kontrollzentrum, und Riley lächelt ihre Eltern an. Die Freude wird im Film dargestellt als gelbe Powerfrau mit kurzen blauen Haaren und sportlichem Kleid. Kurz darauf taucht jedoch Kummer auf, eine kleine traurige Frau mit hellblauer Haut, weißem Schlabberpulli, im Gesicht eine riesige Brille und die Mundwinkel nach unten gezogen. Als Kummer auftritt, fängt Riley an zu weinen. Rileys Kindheit prägen insgesamt fünf Emotionen: Freude (gelb), Kummer (blau), Angst (lila), Wut (rot) und Ekel (grün). Ähnlich kannst du dir das Spiel in deinem Gehirn auch vorstellen. Wir ringen ständig mit unseren Emotionen, gerade wenn es um Geld, Motivation und Erfolg geht. Aber eines solltest du nie verlieren: die Freude.

Du hast jetzt viel über Finanzen gelernt und bist bereit für den Start. Also bitte nimm dir einen kurzen Moment und freu dich drauf. Denn dieser Start soll etwas Magisches sein: Du hältst die Trümpfe in der Hand, kannst dein Geld endlich selber in die Hand nehmen und eigene Entscheidungen treffen. Damit machst du dich frei von allen Vorurteilen und Ängsten. Wenn du dir dein Depot baust, schaffst du damit etwas Einzigartiges, das kein anderer Mensch genauso besitzen wird. Und das ist ganz wichtig: Es gibt viele Learnings, Ideen und Beispiele, aber es gibt keine Musterlösung. Erfolg an der Börse so wie im Leben fällt immer individuell aus. Ich will dir einen Tritt in den Hintern geben – weiterlaufen musst du aber selber. Und dabei sollst du bitte die Freude nie verlieren, denn spielerisch macht das Leben am meisten Spaß und wir können lernen und daraus am meisten Motivation ziehen. Ein Spiel bringt uns immer dazu, nicht aufzugeben und um den Sieg zu kämpfen. Deswegen kommen hier noch drei Gründe, warum du dich auf das Spiel deines Lebens so freuen kannst. Getreu einer der bekanntesten Slogans von Atari: »Discover how far you can go«.

Du wirst herausgefordert, besser und belohnt

Wenn du dein eigener Sherlock werden willst, dann darfst du nie stillstehen. Du hast eine klare Mission, wenn du dein eigenes Geld in die Hand nimmst, dir Ziele setzt und daran arbeitest, besser zu werden. Das Spiel des Investierens wird dich fordern, und du wirst dich selber besser kennenlernen. Du wirst lernen, Entscheidungen zu treffen und dich zu disziplinieren.

In der Theorie sind alle Giganten, aber du wirst merken, welche Fortschritte sich erzielen lassen, wenn du das Spiel spielst. Wenn du etwas über Landwirtschaft lernen willst, dann solltest du auf den Acker. Und wenn du etwas über Geld lernen willst, dann solltest du an die Börse. Wenn du es zu einem Spiel machst, dann wird es dir nie langweilig werden. Wenn du dir Ziele setzt, sie erreichst und siehst, wie du dich verbesserst, wirst du daraus am meisten Motivation ziehen. Diese *Gamification* funktioniert ganz simpel und dadurch lässt sich Meilenstein für Meilenstein erobern. Beim Geld klappt es so gut, weil sich einfach alles an Zahlen festmachen lässt. Selbst wenn du dir nur jeden Monat 500 Euro automatisch auf dein Sparkonto überweist, hat das schon den Charakter eines Spiels. Du schaffst Level für Level und baust dir ein immer größeres Polster auf. Glaub mir, Geld macht alleine nicht glücklich, aber solche Erfolgserlebnisse werden dich glücklich machen.

Das wahre Leben ist oft hart und ungerecht. Es gewinnt manchmal der, der am lautesten schreit. Aber an der Börse sind alle gleich und du wirst für ein gutes Spiel belohnt. Nehmen wir mal die Trader und großen Player aus. Natürlich haben sie andere Summen und technische Instrumente im Repertoire. Sie mögen auch mehr Informationen zur Verfügung haben. Aber wir Normalsterblichen sind alle gleich, und wer gute Entscheidungen trifft, der wird auch belohnt!

Du wirst Teil einer Community

Börse und Wirtschaft gelten als uncoole Themen, und über Geld spricht man sowieso nicht. Aber das stimmt nicht! Es gibt in Deutschland eine Community, die sehr gerne darüber spricht und immer lebendiger wird. Du kannst dir gar nicht vorstellen, wie viele Menschen es lieben, sich über Geld und Aktien auszutauschen. Wenn du ambitionierte Menschen suchst, dann bist du in dieser Community genau richtig!

Ich habe bei Mission Money schon so viele Kommentare gelesen: Kritik, Lob, Ausführungen zu Aktien und Branchen. Zuschauer tauschen sich untereinander aus, geben sich Tipps, beschimpfen sich oder brüsten sich mit ihrer Performance. Das Spiel lebt und treibt viele um! Bei Live-Events habe ich so viele spannende Menschen kennengelernt, die alle eines auszeichnet: Motivation und Neugier. Sie wollen das Spiel besser spielen als andere und mehr aus ihrem Geld und Leben machen. Bei vielen habe ich das Gefühl, dass sie erleichtert sind, endlich auf Gleichgesinnte zu treffen. Menschen mit denselben Interessen zu finden, ist durch das Internet viel leichter geworden, und dieses Spiel wird es dir ermöglichen, dein soziales Leben auch noch zu verbessern. Denn wir Menschen sind sehr soziale Wesen und gieren nach Zugehörigkeit. Wer das Spiel spielt, wird nie wieder alleine sein und sich unverstanden fühlen.

Du spielst mit beim ganz großen Spiel

Du hörst bestimmt immer wieder in deinem Umfeld Floskeln wie: »die da oben«, »das ist nur was für die Reichen« und »das kann ich mir nicht leisten«. Wenn du Monopoly spielst, willst du doch auch mal auf die Schlossallee und nicht immer nur die braunen Straßen kaufen. Das Faszinierende an der Börse ist: Jeder kann einen Teil der ganz großen Giganten wie Apple oder LVMH besitzen. Es ist deine Entscheidung. Das Spiel der Börse wird deinen Blick auf die Welt verändern und dir bewusst machen, wie diese Welt funktioniert. Wenn du morgens die Nachrichten hörst, wirst du dir nie wieder denken, dass du ohnmächtig bist und dich das nichts angeht. Du wirst ein Teil des großen Spiels und immer besser verstehen, was diese Welt bewegt und warum so viele Dinge zusammenhängen.

Wir suchen alle einen Sinn im Leben und eine Bedeutung, die über uns steht. Wenn wir uns als Teil eines großen Spiels sehen und das Gefühl haben, dass wir teilnehmen, dann gibt uns das ein wenig Macht zurück und wir fühlen uns als Teil dieser Welt. Wir sind auf einmal keine Schachfigur mehr, die herumgeschoben wird, sondern wir wechseln auf die Seite der Spieler, die selber entscheiden.

Du wirst tatsächlich ein besserer Mensch werden, weil du beim ganz großen Spiel lernen wirst. Wer die Börse und damit die Welt verstehen will, der muss sich umfassend mit ihr beschäftigen. Welche Rolle spielt künstliche Intelligenz für unsere Zukunft? Wie sieht die Arbeitswelt von morgen aus? Wie beeinflusst das Klima und dessen Schutz unser Leben und unseren Wohlstand? Welche Rolle spielen politische Entscheidungen, und warum lieben Menschen das iPhone so sehr? Dieses Spiel wird nie enden, und es ist nie zu spät, um einzusteigen.

DENK NEGATIV
UND NIMM DIR ZEIT DAFÜR

*E*s fehlen noch 80 Abonnenten bis zur magischen Grenze von 100.000 bei Mission Money! Aber ich habe keine Champagnerflasche im Anschlag, sondern stehe am Samstagmorgen mit meiner Freundin in einer Schlange am Königssee und werde uns gleich ein Ticket kaufen für die große Bootsfahrt nach Salet. Trotzdem aktualisiere ich alle zehn Sekunden meine YouTube-Studio-App. Jedes Mal zeigt der Zähler mehr Abos an, und ich kann es nicht mehr erwarten. So schnell sollte es eigentlich nicht gehen, ich hätte es lieber Sonntagabend auf der Couch erlebt, aber der Algorithmus liebt uns in diesem Moment und flutet unseren Kanal mit neuen Abonnenten. Eigentlich ein tolles Gefühl, aber es gibt ein Problem: Zehn Minuten später sitzen wir auf dem Boot, und ich habe kein Netz mehr. Wir fahren durch einen der schönsten Naturparks Europas, Berge und Wälder ziehen an uns vorbei, aber ich starre auf mein iPhone und ärgere mich darüber, dass sich die App nicht aktualisiert.

Als wir nach einer Stunde angekommen sind am Obersee, habe ich mich daran gewöhnt, mein iPhone in der Hosentasche zu lassen. Endlich konzentriere ich mich auf die Landschaft: Der Hochkönig erhebt sich vor uns und spiegelt sich im Wasser. Und genau in diesen Minuten kommt mir die Idee für das letzte Kapitel dieses Buches, zumindest für einen Teil davon. Mir wird in diesen Minuten klar, dass Kreativität Raum braucht, mein Hirn braucht frische Luft. Das digitale Gift der Dauer-Verfügbarkeit muss raus aus den Adern! Deswegen habe ich mir mittlerweile bewusste iPhone-Pausen verordnet. Jeden Abend beginnt die Pause um 22 Uhr und endet in der Früh um 7 Uhr.

Das lässt sich einfach in den Einstellungen des iPhones definieren, und ich habe dann keinen Zugriff mehr auf meine Apps. Im Büro stelle ich mir die Pausen je nach Bedarf ein. Ich verrate dir noch ein Geheimnis: Die meisten Leute in meiner WhatsApp-Liste habe ich stumm geschaltet, ich kriege es also meistens nicht mal mit, wenn sie mir schreiben. Mag fies klingen, aber so bestimme ich selber, wer mich stören darf und wer nicht. Wenn es dringend sein sollte, dann kann man mich ja anrufen. Warum mache ich das?

Das Smartphone symbolisiert für mich die Informationsflut, der wir jeden Tag ausgesetzt sind, und gerade für unser Geld können zu viele Nachrichten Gift sein. Denn sie verstärken den *Recency Bias*. Wer jeden Tag Zeitungen liest und die Tagesschau verfolgt, wird das Gefühl haben, dass ständig die Welt untergeht. Denn schlechte Nachrichten sind gute Nachrichten, zumindest für die Produzenten. Das kann dich zum einen ganz vom Investieren abhalten, aber es kann dich auch dazu bringen Entscheidungen nur aufgrund der Aktualität zu fällen, und das kann sehr gefährlich sein. Besonders anfällig wirst du dann für Hypes. Welche Aktien wären wohl im Oktober 2019 en vogue gewesen? Greta Thunberg dominierte die Schlagzeilen in diesen Tagen, Bewegungen wie *Fridays for Future* und *Extinction Rebellion* kämpften für radikalen Klimaschutz. Und die Grünen triumphierten in den Umfragen. Dementsprechend standen Aktien wie Beyond Meat hoch im Kurs, auch das Thema Nachhaltigkeit dominierte: von Plastik-Vermeidern, E-Auto-Pionieren, Wasser-Aufbereitern bis hin zu Wasserstoff-Experten. Jeder wird unterbewusst von solchen Entwicklungen beeinflusst. Zusätzlich droht der *Availibility Bias*: Was wir gerade im Angebot haben, das kaufen wir eher. Vor fünf Jahren wären es 3-D-Druck-Aktien gewesen, vor drei Jahren hättest du Snapchat kaufen müssen und natürlich Cannabis-Aktien. Dann kam der Hype um die Cloud, letztes Jahr war alles rund um künstliche Intelligenz und Blockchain in, und heute wäre es alles, was grün schimmert.

Deswegen müssen wir uns Zeit nehmen, um nachzudenken. Bill Gates nimmt sich jedes Jahr Zeit für eine *Think Week*. Seit er Microsoft gegründet hat, gönnt sich Gates zweimal pro Jahr eine Woche Zeit fürs

Denken. Er zieht sich völlig zurück von sozialen Kontakten und verschanzt sich sieben Tage im Wald mit Büchern, Magazinen und Unternehmensberichten.[225] Wer langfristig anlegt, sollte sich überlegen, wem er sein Geld anvertraut, und nicht auf Hypes und Schlagzeilen hereinfallen. Was würde Sherlock tun? Er würde antizyklisch handeln!

Ich habe dir in einem der vorigen Kapitel erzählt, dass sich die Mobilität stark verändern könnte, dass die Autobauer sogar die Kontrolle über die Mobilität verlieren könnten. Natürlich ist das möglich, und die großen Tech-Player brechen immer mehr Geschäftsmodelle auf, aber lass uns mal einen Schritt weiterdenken: Stellen wir uns vor, es würden überall autonome Flotten spazieren fahren und das auch noch günstig oder gar kostenlos. Dann würde wahrscheinlich niemand mehr U-Bahn oder Bus fahren. Jeder würde sich sein Smartphone schnappen und sich sein Wunsch-Fahrzeug kommen lassen. Auf einmal scheinen die Straßen, die wir heute kennen, sehr klein zu sein. Der Verkehr würde zwar flüssiger laufen, weil autonome Fahrzeuge sich aufeinander abstimmen und der menschliche Makel ausgeschlossen wird. Aber die Masse der Fahrzeuge könnte schnell Überhand nehmen, und wenn dann noch die rollenden Fitness-Studios, Hotels und Restaurants kämen, würde es noch enger auf den Straßen. Gefühlt bräuchten wir acht Spuren statt zwei. Wie es kommt, weiß niemand, aber es lohnt sich ein genauer Blick und die Einschätzung mehrerer Experten, um sich eine Meinung zu bilden. Triff keine Entscheidungen aufgrund von Schlagzeilen. Lies lieber Bücher, versuche die Welt zu verstehen und dich zu bilden. Schau dir Experten auf YouTube an, die in die Tiefe gehen. Qualität geht fast immer vor Quantität. Das gilt auch beim Denken und deinen Entscheidungen. Nimm dir lieber einmal pro Jahr ausführlich Zeit für dein Depot. Analysiere deine Aktien und überprüfe deine Positionsgrößen. Aber bitte schau nicht jeden Tag dreimal in dein Depot und schieb deine Papiere hin und her. Dann würdest du die Denkweise eines schlechten Managers übernehmen: Es zählt nur das kommende Quartal! Aber das greift zu kurz. Selbst das beste Unternehmen der Welt wird mal ein schwaches Quartal abliefern. Denk an die Regression zur Mitte. Wenn es dann mal hart auf hart kommt, dann gieren die Investoren nach einer Erklärung. Aber überleg mal, was die Einschätzungen bringen, die du in der Tagesschau bekommst. Nach Rückschlägen wird gerne nacherzählt und darüber gesprochen, was eh schon passiert ist. Wir landen wieder bei Kostolany und dem *fait accompli*. Konsumiere lieber Medien, die in die Tiefe gehen und die Faktenlage weiterdrehen, die an die Zukunft denken und dir einen anderen Blick ermöglichen. Denn die Vergangenheit interessiert nicht, es zählt nur der langfristige Ausblick. Mit der Zukunft wird Geld verdient.

Wir leben in einer Welt der Algorithmen. Auf Netflix wird uns angezeigt, was beliebt ist, und auf sämtlichen Internetseiten wird nach Trends geordnet. Was fällt den Menschen auf und erzeugt die meisten Reaktionen. Das News-Problem macht auch Anfängern zu schaffen. Wenn über die Börse berichtet wird, dann meist, weil sie sehr hochsteht oder weil sie gerade kollabiert ist. Das verunsichert. Vielleicht bist du dir auch noch nicht sicher, ob du den Weg an die Börse gehst, obwohl du jetzt weißt, wie Diversifikation und Stopp-Kurse funktionieren. Aber das macht nichts! Denn Furcht kann ein guter Begleiter sein. »Die Hausse wird in der Baisse geboren, sie wächst in der Skepsis, altert im Optimismus und stirbt in der Euphorie«, lautet eine Börsenweisheit. Nun sollen wir alle positiv denken und uns viel zutrauen, aber wir haben schon viel über das Genie-Problem und den Overconfidence Bias gesprochen. Tatsächlich kann deine Furcht dir sogar helfen. Denk negativ. Schreib dir das Schlimmste auf, das passieren könnte. Wenn du in Aktien investierst, was könnte dir passieren? Du weißt, dass du nur Geld investierst, das du nicht für den Alltag brauchst. Du weißt, dass du nicht alles auf eine Karte setzen sollst und kaufst mehrere Aktien aus verschiedenen Branchen. Eine Aktie macht niemals mehr als 10 Prozent deines investierten Kapitals aus. Du weißt, dass du auch andere Anlageklassen wie Gold und Immobilien brauchst. Und du hast sowieso einige Monatsgehälter auf der hohen Kante, denn wer sein Konto überzieht, hat ja sowieso die Kontrolle über sein Leben verloren. Selbst wenn am Ende eine Aktie kollabieren sollte, gehst du nicht pleite. Und wenn der Crash kommt? Dann hast du genug Zeit mitgebracht und könntest mit deinen Reserven sogar noch die abgestürzten Aktien billig einsammeln. Ich habe die Erfahrung gemacht, dass Schrecken ihre Macht verlieren, wenn wir sie durchdenken. Die Psychologin Julie Norem untersuchte, wie sich defensive Pessimisten im Leben schlagen. Sie rechnen immer mit dem Schlimmsten und malen sich aus, was alles schiefgehen könnte.[226] Das Gegenteil sind die strategischen Optimisten: Sie gehen davon aus, dass alles glatt läuft. Aber wer schneidet besser ab? Norems Fazit: Die defensiven Pessimisten performen teilweise sogar besser als die Optimisten. Also umarme deine Furcht und mache sie zu deinem mächtigsten Verbündeten. Denn sie kann dein persönlicher Sherlock sein. Denk negativ! Und nimm dir vor allem genug Zeit dafür.

Inspiration

Hier kommen 23 Bücher für deine persönliche *Think Week*, die mich sehr inspiriert haben und dir einen anderen Blick auf die Welt ermöglichen.

André Kostolany: *Die Kunst über Geld nachzudenken*. Berlin (Ullstein) 2015.
Jeremy Siegel: *Aktien für die Ewigkeit. Das Standardwerk für die richtige Portfoliostrategie und eine kontinuierliche Rendite*. München (FBV) 2016.
Ayn Rand: *Der Streik*. München (Kai M. John) 2012.
Joseph Campbell: *Der Heros in tausend Gestalten*. Frankfurt a. M./Leipzig (Insel) 1999.
Jordan B. Peterson: *12 Rules for Life. Ordnung und Struktur in einer chaotischen Welt*. München (Goldmann) 2019.
Daniel Kahneman: *Schnelles Denken, langsames Denken*. München (Penguin) 2011.
Hans Rosling: *Factfulness. Wie wir lernen, die Welt so zu sehen, wie sie wirklich ist*. Berlin (Ullstein) 2018.

Ray Dalio: *Die Prinzipien des Erfolgs*. München (FBV) 2019.
Ray Dalio: *Principles*. New York (Simon & Schuster) 2017.
Daniel Gilbert: *Stumbling on Happiness*. New York (Vintage) 2007.
Stephen Hawking: *Kurze Antworten auf große Fragen*. Stuttgart (Klett-Cotta) 2018.
Paul Auster: *Leviathan*. Hamburg (Rowolth) 2015.
Steven Kotler/Jamie Wheal: *Stealing Fire*. Kulmbach (Plassen) 2018.
David Eagleman: *Kreativität. Wie unser Denken die Welt immer wieder neu erschafft*. München (Siedler) 2018.
Dan Ariely: *Denken hilft zwar, aber nützt nichts. Warum wir immer wieder unvernünftige Entscheidungen treffen*. München (Droemer) 2015.
Franz Kafka: *Der Prozess*. Köln (Anaconda) 2006.
Samuel Beckett: *Warten auf Godot*. Berlin (Suhrkamp) 2011.
David Lynch: *Catching the Big Fish. Meditation, Consciousness and Creativity*. New York (Penguin Group) 2006.
Stefan Zweig: *Die Schachnovelle*. Hamburg (Fabula) 2016.
Friedrich Dürrenmatt: *Die Physiker*. Zürich (Diogenes) 1998.
Hermann Hesse: *Siddharta*. Frankfurt a. M. (Suhrkamp) 1974.
Gerd Gigerenzer: Risiko: *Wie man die richtigen Entscheidungen trifft*. München (btb) 2014.
Haruki Murakami: *Wilde Schafsjagd*. München (btb) 2006.
Haruki Murakami: *Wovon ich rede, wenn ich vom Laufen rede*. München (btb) 2010.

SCHAU NACH UNTEN ODER SEI EINFACH DANKBAR

Während ich die letzten Zeilen dieses Buches schreibe, sitze ich auf einer Dachterrasse an der Amalfiküste, schaue von oben auf Ravello und überlege, was ich dir am Ende noch mitgeben möchte. Dabei fällt mir der Abend davor ein: Wir machten auf dem Rückweg von Positano einen Stopp bei einem Luxushotel, um uns auf der Dachterrasse einen Drink zu gönnen. Der Ausblick war gigantisch: Positano besteht aus Hunderten bunten Häusern und liegt auf einer Klippe, in der Dämmerung erstrahlten die Häuser und aus zwei Kilometern Entfernung hatten wir den perfekten Blick darauf. Das Meer vor dem Kieselstrand Positanos schimmerte blau, die Sonne ging unter und färbte den Himmel rot. Als ich meinen Martini trank, bemerkte ich neben uns einen Mann, der mich optisch an Bill Gates erinnerte und auf seinem iPad Zeitung las. Natürlich war es nicht der echte Bill, aber ich dachte mir in diesem Moment, dass er durchaus in diesem perfekten Hotel absteigen würde. Und dann kam mir ein Gedanke, der mal wieder alles veränderte in meinem Kopf: Selbst Bill Gates könnte in diesem Moment nichts anderes tun, als diesen Ausblick zu genießen. Er könnte mit seinen Milliarden zwar für die nächsten Jahre im Luxushotel leben und es auch einfach kaufen, aber in diesem Moment wären wir gleich. Also frage dich bitte immer, was du tun würdest, wenn du schon reich wärst und was du heute schon alles auf deiner Bucket List abhaken kannst.

Verfalle nie wieder in das toxische Muster des Vergleichs: Wir fühlen sonst, dass wir mehr tun müssten und nicht genügen! Der Typ links neben dir verdient mehr und trägt eine Rolex. Du brauchst dringend mehr Geld! Der Typ rechts sieht besser aus und hat keine Wampe, nicht mal einen Ansatz davon. Du darfst nie wieder Schokolade essen! Nie wieder! Du kennst diese Stimme in deinem Kopf wahrscheinlich auch. Ich beobachte mich auch oft dabei, wie ich Dinge schlecht rede, obwohl ich weiß, dass es mir gut geht und dass ich auf dem richtigen Weg bin und mich sogar einige beneiden um jene Dinge, die ich kann, habe oder haben könnte. Aber trotzdem beißt dieses Gefühl immer wieder zu. Es muss einfach immer mehr sein! Und genau dagegen helfen mir die Werkzeuge, die ich dir in diesem Buch vorgestellt habe.

Die Fabel des griechischen Dichters Phaedrus mit dem gierigen Hund klang bereits in einem der vorherigen Kapitel an. Wir sollten öfters zufrieden sein. Wahrscheinlich ist es der größte Reichtum, wenn wir uns stetig weiterentwickeln und dabei Freude spüren. Freude an den Dingen, die wir bereits haben und an jenen Dingen, die wir haben werden. Zufriedenheit kommt von innen und nicht von außen. Arbeite an Sachen, die du liebst und schau öfter zurück – oder besser nach unten. Betrachte die Vergangenheit und vergleich sie mit heute. Vergleich dich selber also nicht mit anderen, sondern mit dir selbst und schätze die Entwicklung, die du in den letzten Jahren genommen hast. Ich saß beispielsweise am Valentinstag 2019 in einer französischen Brasserie in Haidhausen und damals traf mich auf einmal die Erkenntnis, wie gut es mir eigentlich geht. Weil ich nach unten schaute: Was für Restaurants habe ich vor fünf oder zehn Jahren besucht? Was habe ich dort gegessen und getrunken? Und vor allem: Wer saß mir damals gegenüber? Als ich wieder ins Jetzt blickte, fühlte sich die Gegenwart reich an! Vielleicht lässt es sich so zusammenfassen: eine zufriedene Gegenwart + eine ambitionierte Zukunft = Glück. Oder wie es Immanuel Kant ausdrückte: »Die Regeln des Glücks: Tu etwas, liebe jemanden, hoffe auf etwas.«[227]

Ich teile noch ein ganz besonderes Erlebnis mit dir. Ich habe am Anfang des Buches geschrieben, dass ich so offen wie möglich sein möchte, und dazu gehört auch ein Moment, der mich sehr bewegt hat und für den ich im Nachhinein sehr dankbar bin. Es klingt etwas kitschig, aber mir kam im Jahr 2008 tatsächlich ein entscheidender

Gedanke, als ich eine Verfilmung der Wallander-Reihe von Henning Mankell sah. Den schwedischen Kommissar spielte Kenneth Branagh. Wallander hat in den Romanen eine sehr schwierige Beziehung zu seinem Vater. Der Vater ist Künstler und leidet jeden Tag mehr unter seiner Parkinson-Krankheit. Er malt immer dieselben Bilder einsam in seiner Hütte und erkennt seinen Sohn teilweise gar nicht mehr. Aber in einem lichten Moment sagt er zu ihm, dass er noch einmal gerne nach Rom fahren und die Sixtinische Kapelle sehen würde. In diesem Moment hatte ich auf einmal Angst davor, dass mir sowas auch passieren könnte und dass ich auf mein Leben zurückblickte und zu wenige spezielle Erinnerungen hätte. Es könnte irgendwann zu spät sein. Dieses Gefühl erschlug mich in diesem Moment. Dass ich manche Dinge erst wollen würde, wenn ich sie nicht mehr haben könnte, beispielsweise mehr Zeit mit meiner Familie. Ich hatte nie Probleme mit meinem Vater, aber wir sind sehr unterschiedlich. Deswegen wollte ich bewusst mehr Zeit mit ihm alleine haben, was als Erwachsener nicht mehr so selbstverständlich ist, gerade wenn man nicht mehr zu Hause wohnt. Nach dem Wallander-Vorbild schlug ich ihm vor, dass wir einen Männer-Ausflug für ein paar Tage machen würden. Ihm gefiel die Idee und wenige Wochen später waren wir bereits auf dem Weg nach Wien. Wir unterscheiden uns zwar vom Charakter, aber wir teilen zum Beispiel die Begeisterung für die Fotografie und fanden dort endlich mal die Zeit, diese Leidenschaft auszuleben. Tag und Nacht schossen wir Bilder. Man muss schon viel Begeisterung mitbringen, um sich während des Sonnenuntergangs mit Stativ zu positionieren und Hunderte Bilder in der Dämmerung von einer Stadt zu machen.

Aus der spontanen Idee hat sich mittlerweile eine Tradition entwickelt und wir waren mittlerweile an folgenden Orten:

2009: Wien
2010: Istanbul
2011: Amsterdam
2014: Prag
2015: Brüssel

2016: Warschau
2017: Valencia
2018: Krakau
2019: Mailand

Und das ist der wichtigste Gedanke, mit dem ich dich am Ende dieses Buches entlassen möchte: Reich machen dich Erlebnisse. Die kann dir zum einen niemand mehr nehmen und sie werden dich zum anderen glücklicher machen als eine teure Uhr oder eine Yacht. Weil wir alle gleich sind, wenn es um die Dinge geht, die uns wirklich glücklich machen.

• • • • • • • • • • • • •

Test yourself! Gewöhne dir bitte an, dir regelmäßig aufzuschreiben, für was du dankbar bist. Studien zeigen, dass Dankbarkeit dich glücklicher und damit reicher macht. Jetzt denkst du wahrscheinlich, je länger die Liste ausfällt, umso besser geht es dir. Aber ich habe mich bewusst nur für drei Punkte entschieden, denn du weißt ja, dass die beste Entscheidung immer diejenige ist, die wir nicht treffen müssen. Und der Psychologe Norbert Schwarz fand heraus, dass wir Dinge als wichtiger einschätzen, über die wir nicht lange nachdenken müssen. Wenn uns etwas leicht einfällt, dann steigt es in unserer Wertschätzung.[228] Stell dir mal vor, du müsstest 50 Dinge aufschreiben, für die du dankbar bist. Dann würdest du spätestens beim vierzigsten Punkt dieses Buch aus dem Fenster werfen, und die Dankbarkeit würde sich in Wut auflösen. Also halten wir es einfach: Drei Punkte fallen jedem ein. Es können drei Dinge sein, für die du grundsätzlich dankbar bist, oder die dir auch gestern passiert sind. Du entscheidest!

Hier kommt meine Liste:
1. Ich bin dankbar dafür, dass du dieses Buch gelesen hast und ich die Chance bekommen habe, dieses Buch zu schreiben,

und mir damit einen Traum erfüllt habe, den ich schon seit vielen Jahren träume. Im tiefsten Italien hatte alles begonnen, und heute ist es geschafft!
2. Ich bin dankbar für meinen Job und meine Kollegen, dafür, dass ich mein Freundschaftsmotiv ausleben kann und mit Mission Money auch eine Vision wahr geworden ist.
3. Ich bin dankbar für meine Beziehung, meine Familie und meine besten Freunde. Es ist unbezahlbar, wenn man so sein kann, wie man ist, und dabei Liebe und Freude empfindet.

Und jetzt fülle bitte deine eigene Liste aus:

1. _____
_____

2. _____
_____

3. _____
_____

• • • • • • • • • • • • • • • • • •

DANKE

Ich danke meiner Mutter. Du bist der Mensch, der mich am besten kennt. Danke für alles, was du für mich getan hast. Und ich danke meinem Vater. Du hast mich zu dem gemacht, was ich heute bin. Die Neugier und Begeisterung für alles Neue habe ich von dir!

Ich danke Sarah. Du bist immer ehrlich und liebevoll. Und wir sind gemeinsam einfach besonders!

Ich danke Dominik. Du bist immer da, immer eine Inspiration und wie ein Bruder, den ich nie hatte.

Ich danke Alina. Du hattest immer ein offenes Ohr, hast immer Ideen und du bist immer eine Motivation.

Ich danke meinen Jungs von der Mission Money. Matze und Peter, ihr seid die Besten! Ohne euch wäre alles nichts.

Ich danke *Focus-Money*, allen Kollegen, besonders Sinan und Marian und vor allem meinem Chefredakteur Frank Pöpsel dafür, dass er mir Vertrauen geschenkt und uns die Chance für Mission Money gegeben hat. Und ich danke der Community für die Unterstützung und das Interesse an unseren Videos.

Ich danke meiner Familie, vor allem meinen Cousinen Johanna und Veronika dafür, dass ihr Heimat für mich seid. Und ich danke meinen Großeltern, ihr seid Vorbilder für mich gewesen.

Ich danke dem FinanzBuch Verlag und besonders Georg Hodolitsch für das Vertrauen. Du bist immer positiv und motivierend! Und ich danke dem gesamten Team für die Ideen und die Hilfe. Besonders auch Friederike Thompson.

Besonders danke ich dir, lieber Leser, dafür, dass du dieses Buch gelesen hast. Ich hoffe, dass ich dich damit inspirieren konnte und dass du viele Geschichten hast, die du gerne weitergibst an deine Freunde.

Und ich danke allen, die Teil meiner Reise waren, mir ehrlich ihre Meinung gesagt haben und mir geholfen haben, besser und glücklicher zu werden. Ich danke allen meinen Freunden für die Neugier an diesem Projekt und das Verständnis dafür, dass ich wenig Zeit für sie hatte in den letzten Monaten.

ANMERKUNGEN

1. Neil Gaiman: Commencement Speech Make Good Art. University of the Arts: 2012: https://www.youtube.com/watch?v=plWexCID-kA ab Minute 11:50
2. Philipp Felsch: »Kann denn Neugier Sünde sein?«, in: *Philosophie-Magazin*, Nummer 02/2018. S. 50.
3. Nassim Nicholas Taleb: *Das Risiko und sein Preis*. München (Penguin) 2018, S. 55.
4. Platon: *Gorgias*. Stuttgart (Reclam) 2011, S. 63.
5. Zu Mission Money siehe: https://www.youtube.com/missionmoney
6. Siehe dazu: »Survey of America's Inner Financial Life«, in: *Worth Magazine*. November 1993.
7. Chia-Jung Tsay/Mahzarin R. Banaji: »Naturals and Strivers: Preferences and Beliefs About Sources of Achievement«, in: *Journal of Experimental Social Psychology* 47. 2011. S. 460-65.
8. Friedrich Nietzsche: *Menschliches, Allzumenschliches: Ein Buch für Freie Geister. Friedrich Nietzsche, Werke in drei Bänden*, Erster Band, München/Wien (Carl Hanser Verlag) 1973, S. 554 f.
9. Ray Dalio: *Die Prinzipien des Erfolgs*. München (FBV) 2019, S. 97.
10. Dean Keith Simonton: »Creative Productivity, Age, and Stress: A Biographical Time-Series Analysis of 10 Classical Composers«, in: *Journal of Personality and Social Psychology* 35. 1977. S. 791-804.
11. Zu Shakespeare siehe: https://www.theaterverlag-cantus.de/autor/william-shakespeare/
12. https://www.wired.com/1996/02/jobs-2/
13. Zum iPod und Kane Kramer siehe: https://www.spiegel.de/geschichte/kane-kramer-erfinder-des-ipod-urahnen-a-947733.html und https://www.wired.com/story/the-runaway-species-book-excerpt-iphone/#
14. Daniel E. Chambliss: »The Mundanity of Excellence: An Ethnographic Report on Stratification and Olympic Swimmers«, in: *Sociological Theory* 7. 1989. S. 81.

Anmerkungen

15 Friedrich Nietzsche: *Menschliches, Allzumenschliches: Ein Buch für Freie Geister.* Friedrich Nietzsche, *Werke in drei Bänden,* Erster Band. München/Wien (Carl Hanser Verlag) 1973. S. 554 f.
16 Zu Ray Charles siehe: https://www.luzernerzeitung.ch/panorama/niederlagen-charles-pepin-ueber-die-schoenheit-des-scheiterns-ld.91886
17 Zu Dirk Nowitzki siehe: https://www.sueddeutsche.de/sport/dirk-nowitzki-nba-ruecktritt-1.1099792-9
18 Zu Epiktet siehe: https://www.gutzitiert.de/biografie_epiktet-bio1550.html
19 Alexandra Stocks/Kurt A. April/Nandani Lynton: »Locus of Control and Subjective Well-Being: A Cross-Cultural Study«, in: *Problems and Perspectives in Management* 10, Nr. 1. 2012. S. 17 ff.
20 Pari Majd: Can you change your perception in four minutes? Emory University: 2017. Siehe dazu: https://www.youtube.com/watch?v=Ni_ldnmAIuk
21 Carol Dweck: *Selbstbild. Wie unser Denken Erfolge oder Niederlagen bewirkt.* München (Piper) 2017.
22 https://www.projektmagazin.de/meilenstein/projektmanagement-blog/darum-ist-das-silicon-valley-so-erfolgreich_1111626
23 Platon: *Gorgias.* Stuttgart (Reclam) 2011.
24 Benjamin S. Bloom/Lauren A. Sosniak: *Developing Talent in Young People.* New York (Ballantine Books) 1985, S. 252 ff.
25 Friedrich Nietzsche: *Götzen-Dämmerung oder Wie man mit dem Hammer philosophirt.* »Sprüche und Pfeile 12«. Projekt Gutenberg. Aufgerufen unter: http://gutenberg.spiegel.de/buch/gotzen-dammerung-6185/3.
26 https://www.spiegel.de/karriere/erfindungen-gelingen-nur-durch-mut-zum-scheitern-a-932332.html
27 https://susanschubert.de/berufung-finden-heldenreise/
28 Simon Sinek: *Frag immer erst: warum. Wie Top-Firmen und Führungskräfte zum Erfolg inspirieren.* München (Redline) 2014.
29 Manfred Pfister: *Oscar Wilde: »The Picture of Dorian Gray«,* München (Fink) 1986, S. 99.
30 Hans C. Breiter/Randy L. Gollub/Robert M. Weisskoff/David N. Kennedy/Nikos Makris/Joshua D. Berke/Julie M. Goodman/Howard L. Kantor/David R. Gastfriend/Jonn P. Riorden/R. Thomas Mathew/Bruce R. Rosen/Steven E. Hyman: »Acute effects of cocaine on human brain activity and emotion«. Boston: 1997: https://www.ncbi.nlm.nih.gov/pubmed/9331351

Anmerkungen

[31] Daniel H. Pink: *Drive. Was Sie wirklich motiviert.* Salzburg (Ecowin) 2010, S. 9.

[32] Mark Lepper/David Greene/Robert Nisbett: Undermining Children's Intrinsic Interest with Extrinsic Rewards: »A Test of the Overjustification Hypothesis«, in: *Journal of Personality and Social Psychology* 28, no. 1. 1973. S. 129-137. Siehe dazu auch: http://web.mit.edu/curhan/www/docs/Articles/15341_Readings/Motivation/Lepper_et_al_Undermining_Childrens_Intrinsic_Interest.pdf

[33] Edward L. Deci/Richard M. Ryan/Richard Koestner: »A Meta-Analytic Review of Experiments Examining the Effects of Extrinsic Rewards on Intrinsic Motivation«, in: *Psychological Bulletin* 125, no. 6: 1999. S. 659.

[34] Stephen King: *Das Leben und das Schreiben.* München (Heyne Verlag) 2011, S. 45.

[35] James J. Gibson: *Wahrnehmung und Umwelt. Der ökologische Ansatz in der visuellen Wahrnehmung.* München (Urban & Schwarzenberg) 1982.

[36] Mihály Csíkszentmihályi: *Flow. Das Geheimnis des Glücks.* Stuttgart (Klett-Cotta) 2019.

[37] https://www.geo.de/geolino/mensch/21287-rtkl-komponist-wolfgang-amadeus-mozart

[38] Zu Casey Neistat siehe: https://www.youtube.com/watch?v=Lg_6wJV6Buk

[39] Siehe zum Börsianischen Quartett: https://www.youtube.com/watch?v=fCAXJo1lzkw&t=3556s ab Minute 3:15

[40] Jane McGonigal: *Reality is Broken. Why Games Make Us Better and How They Can Change the World.* London (Vintage) 2011, S. 21. Deutsche Übersetzung: *Besser als die Wirklichkeit.* München (Heyne) 2012.

[41] Zu Eustress siehe: https://en.wikipedia.org/wiki/Eustress und https://lexikon.stangl.eu/4136/eustress/

[42] Tal Ben-Shahar: *Happier: Learn the Secrets to Daily Joy and Lasting Fulfillment.* New York (McGraw-Hill Professional) 2007, S. 77. Deutsche Übersetzung: *Glücklicher: Lebensfreude, Vergnügen und Sinn finden mit dem populärsten Dozenten der Harvard University.* München (Goldmann) 2010.

[43] Siehe zum Tennisduell zwischen Nadal und Gasquet: https://www.youtube.com/watch?v=KzKuv4j67aw

[44] Jordan B. Peterson. *12 Rules for Life. Ordnung und Struktur in einer chaotischen Welt.* München (Goldmann) 2019, S. 54.

[45] Fumiko Hoeft: »Gender Differences in the Mesocortolombic System During Computer Game-Play«, in: *Journal of Psychiatric Research*, März 2008, 42(4).

S. 253-258. Siehe dazu: http://cibsr.stanford.edu/content/dam/sm/cibsr/documents/news/ publications/Hoeft_2008JPsychiatrRes.pdf

46 Heinrich Böll: »Anekdote zur Senkung der Arbeitsmoral«. 1963. Siehe dazu: https://web.archive.org/web/20170101205635/ http://www.aloj.us.es/webdeutsch/s_3/transkriptionen/l_26_str10_trans.pdf

47 Zu Phaedrus siehe: http://www.lateinheft.de/phaedrus/phaedrus-fabulae-104-canis-per-fluvium-carnem-ferens-ubersetzung/

48 Zur Bucket List siehe: https://www.livestrong.com/slideshow/1012668-worlds-20-popular-bucket-list-activities/

49 Zum Interview mit Oliver Noelting siehe: https://www.youtube.com/watch?v=khJE_FfL_NE

50 Siehe zum Selbst-Portrait: http://mistermario.de/was-dich-wirklich-reicher-macht-oder-lernen-vom-frugalismus/

51 Anthony Robbins: *Das Robbins Power Prinzip. Befreie die innere Kraft*. Berlin (Ullstein) 2019, S. 79.

52 Moran Cerf: »Training Your Brain«. München 2015. Siehe dazu: https://www.youtube.com/watch?v=_XD-KIeVfeg ab Minute 00:25

53 Elizabeth Loftus: »Die Fiktion der Erinnerung«. Edinburgh 2013. Siehe dazu: https://www.ted.com/talks/elizabeth_loftus_the_fiction_of_memory/transcript?language=de ab Minute 16:25

54 Jordan B. Peterson: *12 Rules for Life. Ordnung und Struktur in einer chaotischen Welt*. München (Goldmann) 2019, S. 84.

55 Chris L. Kleinke/Thomas R. Peterson /Thomas R. Rutledge: »Effects of self-generated facial expressions on mood«, in: *Journal of Personality and Social Psychology*. 1998. S. 272-279.

56 https://www.zeit.de/2018/40/john-maynard-keynes-geldanlagen-oekonomie-potential/seite-2

57 Zu den Schildkröten siehe: https://www.thediscworld.de/index.php/Scheibenwelt

58 Yuval Noah Harari: *21 Lektionen für das 21. Jahrhundert*. München (C.H. Beck) 2019, S. 422f.

59 Moran Cerf: »Training Your Brain«. München: 2015. https://www.youtube.com/watch?v=_XD-KIeVfeg

60 Max Frisch: *Mein Name sei Gantenbein*. Frankfurt a. M. (Suhrkamp) 1975. S. 45.

61 Chuck Palahniuk: *Die Kolonie*. München (Goldmann) 2009, S. 444.

[62] Elizabeth Loftus: »Die Fiktion der Erinnerung«. Edinburgh 2013. Siehe dazu: https://www.ted.com/talks/elizabeth_loftus_the_fiction_of_memory/transcript?language=de

[63] Joseph Campbell: *Der Heros in tausend Gestalten*. Frankfurt a. M./Leipzig (Insel) 1999.

[64] Hans Rosling: *Factfulness. Wie wir lernen, die Welt so zu sehen, wie sie wirklich ist.* Berlin (Ullstein) 2018. Zum Quiz siehe: http://factfulnessquiz.com/

[65] Zum Buch von Robert Southey siehe: https://play.google.com/books/reader?id=SB5BAAAAIAAJ&hl=de&pg=GBS.PR1

[66] Max Nordau: Entartung. 1892. Siehe dazu: https://de.wikipedia.org/wiki/Max_Nordau#Nordau_als_Literat

[67] Zu Charles Wagner siehe: https://de.wikipedia.org/wiki/Charles_Wagner_(Theologe)

[68] Eröffnungsworte der Agenda 21. Präambel der Agenda 21. Rio de Janeiro: 1992. Abgerufen unter: https://www.un.org/depts/german/conf/agenda21/agenda_21.pdf, S. 1.

[69] Experte(n) (Angus Maddison): Statistics on World Population, GDP and Per Capita GDP, 1-2008 AD; abgerufen unter: https://de.statista.com/statistik/daten/studie/252728/umfrage/geschaetztes-historisches-bruttoinlandsprodukt-der-welt-nach-regionen/

[70] Ken Fisher/Lara Hoffmanns: *Börsen-Mythen enthüllt für Anleger*. Kulmbach (Börsenmedien) 2013, S. 179 ff.

[71] Adam Smith: *An Inquiry into the Nature and Causes of the Wealth of Nations.* New York 2007, S. 269. Abrufbar unter: https://www.ibiblio.org/ml/libri/s/SmithA_WealthNations_p.pdf

[72] Zum Börsenaffen Adam Monk siehe: https://www.nzz.ch/primat-gegen-mensch-1.17205667

[73] Zum Affen Lusha siehe: https://www.dailymail.co.uk/news/article-1242575/Lusha-monkey-outperforms-94-Russia-bankers-investment-portfolio.html

[74] Gerd Kommer: *Souverän investieren für Einsteiger. Wie Sie mit ETFs ein Vermögen bilden.* Frankfurt/NewYork (Campus) 2018, S. 76 f.

[75] Zum Überlebensirrtum siehe: https://www.faz.net/aktuell/finanzen/meine-finanzen/2.2465/denkfehler-die-uns-geld-kosten-34-auf-die-verlierer-kommt-es-an-11916397.html

[76] Roger Barnsley: »Birthdate and Performance: The Relative Age Effect«. Kamloops 1988. Und Roger Barnsley: »Birthdate and success in minor hockey: The

key to the NHL«, in: *Canadian Journal of Behavioural Science* 20(2). Kamloops 1988. S. 167-176.

[77] https://www.youtube.com/watch?v=7G3S-PQtIHY

[78] Zu Sommers Weltliteratur siehe: https://www.youtube.com/user/mwstubes

[79] Zu den Patenten siehe: https://www.patent-pilot.com/de/branchenanalysen-patentanwalt/weltweite-branchenanalyse-zu-patentkanzleien-2016/patentanmeldungen-pro-mio-einwohner/

[80] Zu PISA siehe: https://www.oecd.org/berlin/themen/pisa-studie/PISA_2015_Zusammenfassung.pdf

[81] Zum Bruttoinlandsprodukt je Kopf siehe: https://de.wikipedia.org/wiki/Liste_der_L%C3%A4nder_nach_Bruttoinlandsprodukt_pro_Kopf

[82] Zur Aufmerksamkeit siehe: https://www.pcwelt.de/news/Microsoft-Studie-Goldfisch-aufmerksamer-als-Mensch-Goldfische-sind-aufmerksamer-9674845.html

[83] Zu Porters Strategie siehe: http://www.wirtschafts-lehre.de/grundtypen-von-strategien-nach-porter.html

[84] Jean-Paul Sartre: *Der Existentialismus ist ein Humanismus*. Hamburg (Rowolth) 2000, S. 150.

[85] C. G. Jung: *Archetypen. Urbilder und Wirkkräfte des Kollektiven Unbewussten*. München 2001.

[86] Carol S. Pearson: *The Hero and the Outlaw: Building Extraordinary Brands Through the Power of Archetypes*. New York City (Mcgraw-Hill Professional) 2001. Online abrufbar unter: https://epdf.pub/the-hero-and-the-outlaw-building-extraordinary-brands-through-the-power-of-arche.html

[87] Elizabeth L. Newton: *Overconfidence in the Communication of Intent: Heard and Unheard Melodies*, Dissertation. Stanford University 1990.

[88] Zu Warby Parker siehe: https://www.vogue.com/article/vd-in-focus-warby-parker-eyewear#

[89] Scott E. Seibert/Maria L. Kraimer /J. Michael Crant: »What Do Proactive People Do? A Longitudinal Model Linking Proactive Personality and Career Success«, in: *Personnel Psychology* 54: 2001. S. 845-874.

[90] Alison R. Fragale/Jennifer R. Overbeck /Margaret A. Neale: »Resources Versus Respect: Social Judgements Based on Targets' Power and Status Positions«, in: *Journal of Experimental Social Psychology* 47: 2011. S. 767-775.

[91] Vishen Lakhiani: *Lebe nach deinen eigenen Regeln. 10 Schritte zum unkonventionellen Denken*. Berlin (Ullstein) 2017, S. 218f.

Anmerkungen

92 Zu Rufus Griscom siehe: https://www.techinasia.com/disney-rufus-griscom-babble

93 Zu dem Experiment mit Frager und Beantworter siehe: https://www.businessinsider.de/etwas-erstaunliches-passiert-in-eurem-gehirn-wenn-ihr-an-geld-denkt-2017-2

94 Zur Prospect Theory siehe: https://wirtschaftslexikon.gabler.de/definition/prospect-theorie-46086 und https://www.economist.com/free-exchange/2013/08/05/future-prospects

95 Zum Cognitive Reflection Test siehe: https://www.businessinsider.de/ein-yale-professor-hat-einen-intelligenztest-entwickelt-der-genau-drei-fragen-hat-2017-3

96 Jan W. Van Strien/Ingmar H. A. Franken/Jorg Huijding: »Testing the snake-detection hypothesis: Larger early posterior negativity in humans to pictures of snakes than to pictures of other reptiles, spiders and slugs«, in: *Frontiers in Human Neuroscience*, 8. 2014. S. 691-697. Für eine allgemeine Darstellung siehe Joseph LeDoux: *Das Netz der Gefühle. Wie Emotionen entstehen*. München (dtv) 1998.

97 Zur Konsum-Erwartung siehe: https://qz.com/982508/why-dont-republicans-and-democrats-see-the-same-economy/ und http://www.sca.isr.umich.edu/files/honeym1701.pdf

98 Zu Narziss siehe: https://de.wikipedia.org/wiki/Narziss

99 Zum Self-Serving-Bias siehe: https://lexikon.stangl.eu/4915/selbstwertdienliche-verzerrung/

100 Jordan B. Peterson: *12 Rules for Life Ordnung und Struktur in einer chaotischen Welt*. München (Goldmann) 2019, S. 152.

101 Zu dem Experiment mit den Affen siehe: https://www.youtube.com/watch?v=-KSryJXDpZo

102 Zum Spielerfehlschluss siehe: https://easy.vegas/gambling/fallacy

103 Zum Dunning-Kruger-Effekt siehe: https://www.humanresourcesmanager.de/news/dunning-kruger-effekt-was-ist-das.html

104 Zum Overconfidence-Effekt siehe: https://wirtschaftslexikon.gabler.de/definition/overconfidence-53937

105 Zum Bloomberg-Terminal siehe: https://en.wikipedia.org/wiki/Bloomberg_Terminal

106 Zu Ivan Illich siehe: https://www.nzz.ch/feuilleton/die-kunst-des-guten-lebens/die-kunst-des-guten-lebens-antiproduktivitaet-heisst-das-neue-zauberwort-ld.1295140

Anmerkungen

[107] Zu Warren Theorie von Inner und Outer Scorecard siehe: https://www.cnbc.com/2019/05/10/billionaire-warren-buffett-use-this-simple-test-when-making-tough-decisions.html

[108] Zu Anthony Hopkins siehe: https://www.imdb.com/title/tt0071554/trivia?ref_=tt_ql_2

[109] Sprüche 16,33, siehe: https://www.bibleserver.com/LUT/Spr%C3%BCche16

[110] Nassim Nicholas Taleb: *Das Risiko und sein Preis*. München (Penguin) 2018, S. 324.

[111] Zum Attributionsfehler siehe: https://lexikon.stangl.eu/2353/attributionsfehler/

[112] Animation von Heider und Simmel, 1944. Siehe dazu: https://www.youtube.com/watch?v=VTNmLt7QX8E

[113] Zum Superbowl-Indikator siehe: http://www.intelligent-investieren.net/2015/02/lexikon-super-bowl-indikator.html

[114] Zum Social Proof siehe: https://lexikon.stangl.eu/26555/social-proof/

[115] https://www.spiegel.de/karriere/karrieretipps-von-warren-buffett-zitate-des-investors-im-buch-a-1057017.html

[116] Zu Memento Mori siehe: https://de.wikipedia.org/wiki/Memento_mori

[117] https://www.focus.de/digital/computer/apple/tid-23813/steve-jobs-bewegendste-rede-der-tod-ist-die-beste-erfindung-des-lebens_aid_671953.html

[118] Andre Agassi: *Open. An Autobiography*. New York (Vintage) 2009, S. 304.

[119] Andre Agassi: *Open. An Autobiography*. New York (Vintage) 2009, S. 257.ff.

[120] Siehe zum Bestätigungsfehler: https://lexikon.stangl.eu/10640/confirmation-bias-bestaetigungsfehler-bestaetigungstendenz/

[121] https://sport360.com/article/tennis/french_open/235712/toni-nadals-talks-about-rafael-nadals-decima-attempt-and-how-his-nephew-will-survive-without-him

[122] Zum Endowment-Effekt siehe: https://wirtschaftslexikon.gabler.de/definition/besitztumseffekt-53942

[123] Babson Olin School of Business Advertisement, Fast Company, April 2011. S. 121.

[124] Siehe zu Theodore Sturgeon: https://de.wikipedia.org/wiki/Theodore_Sturgeon

[125] https://www.nzz.ch/feuilleton/die-kunst-des-guten-lebens/die-kunst-des-guten-lebens-wir-vorschnellen-ld.1290758

Anmerkungen

126 Zu den Regeln von Pixar siehe: https://de.slideshare.net/powerfulpoint/pixar-22rulestophenomenalstorytellingpowerfulpointslideshare/10

127 Zur Internet-Statistik siehe: https://www.internetlivestats.com/one-second/

128 H. Bessembinder/Te-Feng Chen/Goeun Choi /Kuo-Chiang Wei: *Do Global Stocks Outperform US Treasury Bills?* Tempe 2019. Siehe dazu: https://papers.ssrn.com/sol3/papers.cfm?abstract_id=3415739

129 Siehe zu den Parkinsonschen Gesetzen: https://www.brandeins.de/magazine/brand-eins-wirtschaftsmagazin/2005/machtwechsel/was-ist-eigentlich-parkinsons-gesetz

130 Siehe dazu: https://www.spiegel.de/geschichte/digitalkamera-erfinder-steve-sasson-ueber-kodaks-pleite-a-1057653.html

131 Vishen Lakhiani: *Lebe nach deinen eigenen Regeln. 10 Schritte zum unkonventionellen Denken.* Berlin (Ullstein) 2017, S. 98.

132 Gary Vaynerchuk: *Crushing It. Großartige Strategien für mehr Umsatz und mehr Einfluss in sozialen Medien.* Kulmbach (Börsenmedien) 2018, S. 29.

133 Zum Kompetenzkreis siehe: https://www.businessinsider.com/the-circle-of-competence-theory-2013-12?IR=T

134 Bonnie Cramond: *The Relationship Between Attention-Deficit Hyperactivity Disorder and Creativity.* Canterbury 2008. Abgerufen unter: https://www.researchgate.net/publication/228503462_The_Relationship_Between_ADHD_and_Creativity

135 Yuval Noah Harari: *21 Lektionen fürs 21. Jahrhundert.* München (C.H. Beck) 2019 S. 472ff.

136 Nassim Nicholas Taleb: *Das Risiko und sein Preis.* München (Penguin) 2018, S. 24.

137 Zu Kenshō siehe: https://de.wikipedia.org/wiki/Kensh%C5%8D

138 Zu Satori siehe: https://de.wikipedia.org/wiki/Satori

139 Matthäus 25,29, siehe: https://www.bibleserver.com/LUT/Matth%C3%A4us25

140 Matthäus 25,14–30. Siehe dazu: https://www.bibleserver.com/text/EU/Matth%C3%A4us25

141 Zum Matthäus-Effekt siehe: https://karrierebibel.de/matthaus-effekt/

142 Credit Suisse: Global Wealth Report 2018, S. 9. Siehe dazu: https://www.credit-suisse.com/media/assets/private-banking/docs/uk/global-wealth-report-2018.pdf

143 Trevor Fenner/Mark Levene /George Loizou: »Predicting the long tail of book sales: Unearthing the power-law exponent«, in: *Physica A: Statistical Mechanics and Its Applications*, 389: 2010. S. 2416-2421.

144 Dan Ariely: Haben wir Kontrolle über unsere Entscheidungen? 2008. Siehe dazu: https://www.ted.com/talks/dan_ariely_asks_are_we_in_control_of_our_own_decisions?language=de#t-260363 ab Minute 04:20

145 Zum Josephspfennig siehe: https://de.wikipedia.org/wiki/Josephspfennig

146 Zu den Zinsen siehe: https://www.zinsen-berechnen.de/zinsrechner.php

147 Zu Buffetts Dividenden siehe: https://www.fool.com/investing/2017/04/21/warren-buffett-is-earning-6731-in-dividend-income.aspx

148 Zu Buffetts Portfolio siehe: https://www.cnbc.com/berkshire-hathaway-portfolio/

149 Zu den Aktionärszahlen siehe: https://www.dai.de/files/dai_usercontent/dokumente/studien/2019-03-06%20Aktieninstitut%20Aktionaerszahlen%202018.pdf

150 Y. Rottenstreich und C. K. Hsee: »Money, kisses and electric shocks: on the affective psychology of risk«, in: *Psychological Science* 12: 2001. S. 185-190.

151 Zum Zero-Risk-Bias siehe: https://www.faz.net/aktuell/finanzen/meine-finanzen/2.2465/denkfehler-die-uns-geld-kosten-23-die-grosse-angst-vor-kleinen-risiken-11827622.html

152 Zum Fiatgeld siehe: https://de.wikipedia.org/wiki/Fiatgeld

153 https://www.aphorismen.de/zitat/4909

154 https://www.zitate-online.de/literaturzitate/allgemein/19832/wuerden-die-menschen-das-geldsystem-verstehen.html

155 Zum Rendite-Dreieck siehe: https://www.dai.de/files/dai_usercontent/dokumente/renditedreieck/181231%20DAX-Rendite-Dreieck%2050%20Jahre%20Web.pdf

156 Zu Lotto siehe: https://de.wikipedia.org/wiki/Lotto

157 Zum Puzzle siehe: https://de.wikipedia.org/wiki/Equity_Premium_Puzzle

158 https://www.faz.net/aktuell/finanzen/aktien/goldman-sachs-jetzt-steigt-warren-buffett-ein-1694353.html

159 https://www.welt.de/print-welt/article503242/Spekulanten-brauchen-Handwerkszeug.html

160 John B. Williams: *The Theory of Investment Value*. Charlottesville 1956, S. 55 ff.

[161] Benjamin Graham: *Intelligent investieren. Der Bestseller über die richtige Anlagestrategie*. München (FBV) 2014.

[162] https://www.faz.net/aktuell/feuilleton/wirtschaft/der-hund-bleibt-an-der-leine-1957767.html

[163] https://www.finanzen.net/index/dax/hochtief und *Google Public Data*, abgerufen unter: https://www.google.de/publicdata/explore?ds=d5bncpp-jof8fq_#!ctype=l&strail=false&bcs=d&nselm=h&met_y=ny_gdp_mktp_kd_zg&scale_y=lin&ind_y=false&rdim=country&idim=country:DEU&ifdim=country&tstart=61686000000&tend=1513378800000&hl=de&dl=de&ind=false

[164] https://www.mitfokus.de/warren-buffett-zitate/

[165] Allen Cheng: *Alles, was Sie über Ray Dalio: Principles wissen müssen*. Kulmbach (Plassen) 2019, S. 71.

[166] Ray Dalio: *Principles*. New York (Simon & Schuster) 2017, S. 57.

[167] Zum Börsenwert siehe: https://www.handelsblatt.com/finanzen/maerkte/aktien/boersenwert-amazon-und-microsoft-sind-erstmals-wertvoller-als-alle-deutschen-aktien-zusammen/24691530.html?ticket=ST-38078245-bBg9F1Iloerj24IbA3Gk-ap2

[168] Robert B. Zajonc: »Attitudinal Effects of Mere Exposure«, in: *Journal of Personality and Social Psychology Monographs* 9. 1968. S. 1-27.

[169] Anthony Robbins: *Money. Die 7 einfachen Schritte zur finanziellen Freiheit*. München (FBV) 2017, S. 413.

[170] Zum MSCI World siehe: https://www.msci.com/documents/10199/178e6643-6ae6-47b9-82be-e1fc565ededb

[171] Zur Gold-Wiesnbier-Ratio siehe: https://www.incrementum.li/journal/das-goldwiesnbier-ratio-2018/

[172] Zum Goldpreis siehe: https://www.measuringworth.com/datasets/gold/result.php

[173] Zu John Exter siehe: https://en.wikipedia.org/wiki/John_Exter#Exter‹s_Pyramid

[174] Zur Marktkapitalisierung siehe: http://money.visualcapitalist.com/worlds-money-markets-one-visualization-2017/

[175] Zur Historie von Gold siehe: https://de.wikipedia.org/wiki/Goldpreis

[176] Zur Silberspekulation siehe: https://www.faz.net/aktuell/finanzen/marktmanipulation-die-gebrueder-hunt-verzocken-sich-am-silbermarkt-1144787.html

[177] Daniel Kahneman: *Schnelles Denken, langsames Denken*. München (Penguin) 2011, S. 86 f.

178 Daniel Kahneman: *Schnelles Denken, langsames Denken*. München (Penguin) 2011, S. 274 f.

179 Zu den Börsentagen siehe: https://www.handelsblatt.com/finanzen/anlagestrategie/trends/boersenweisheit-time-not-timing-bloss-keinen-supertag-verpassen/13875552.html?ticket=ST-2313952-HYtTvanhNnw02Ego0No2-ap4

180 Zum Recency Bias siehe: https://www.spektrum.de/lexikon/neurowissenschaft/rezenzeffekt/11002

181 Zu Spekulationsblasen siehe: https://de.wikipedia.org/wiki/Spekulationsblase

182 https://www.finanzen.net/index/nikkei_225/hochtief

183 https://www.finanzen.net/index/dax/hochtief

184 John C. Bogle: *Das kleine Handbuch des vernünftigen Investierens. An der Börse endlich sichere Gewinne erzielen*. München (FBV) 2018, S. 63f.

185 John C. Bogle: *Das kleine Handbuch des vernünftigen Investierens. An der Börse endlich sichere Gewinne erzielen*. München (FBV) 2018, S. 67f.

186 Zu den ETF-Kosten siehe: https://www.focus.de/finanzen/experten/etfs-welche-versteckten-komponenten-einfluss-auf-etf-kosten-haben_id_10218318.html

187 Zu den Daten von Pim van Vliet siehe: https://www.paradoxinvesting.com/data/

188 Pim van Vliet: *High Returns from Low Risk. Der Weg zum eigenen stabilen Aktien-Portfolio*. München (FBV) 2017, S. 40 ff.

189 Zu Warren Buffett siehe: https://www.manager-magazin.de/finanzen/artikel/anlagetipp-von-buffett-kosten-sparen-a-989938.html

190 Zu Aktien mit Burggraben siehe: https://www.vaneck.com/five-sources-of-moats/

191 http://falschzitate.blogspot.com/2017/09/es-gibt-drei-arten-von-lugen-lugen.html

192 Zum Fall Enron siehe: https://www.manager-magazin.de/unternehmen/artikel/a-178836.html und https://www.theguardian.com/business/2002/jan/30/corporatefraud.enron2

193 Zu den versunkenen Kosten siehe: https://wirtschaftslexikon.gabler.de/definition/sunk-costs-48834

194 H. Jacobs/M. Weber: *Random Walk plus Drift – Was Aktienkurse wirklich sind*. Mannheim 2016, S. 6. Siehe dazu: https://docs.wixstatic.com/ugd/06e689_409093545db74a799070419e7073e750.pdf

[195] John Gray: *Straw Dogs: Thoughts on Humans and Other Animals*. New York (Granta Books) 2002, S. 106f. Deutsche Übersetzung: *Von Menschen und anderen Tieren: Abschied vom Humanismus*. Klett-Cotta 2010.

[196] H. Jacobs /M. Weber: *Random Walk plus Drift – Was Aktienkurse wirklich sind*. Mannheim 2016, S. 4. Siehe dazu: https://docs.wixstatic.com/ugd/06e689_409093545db74a799070419e7073e750.pdf

[197] Zur Kontroll-Illusion siehe: https://sz-magazin.sueddeutsche.de/leben/die-welt-im-griff-83868

[198] Zum Rückschaufehler siehe: https://wirtschaftslexikon.gabler.de/definition/hindsight-bias-53950

[199] Zum Elves-Index siehe: https://www.investopedia.com/terms/e/elves.asp

[200] Zum Elves-Index siehe auch: https://en.wikipedia.org/wiki/Wall_Street_Week

[201] Nassim Nicholas Taleb: *Das Risiko und sein Preis*. München(Penguin) 2018, S. 84.

[202] https://www.manager-magazin.de/fotostrecke/fundstuecke-10-kaum-bekannte-weisheiten-von-warren-buffett-fotostrecke-156102-4.html

[203] Zum Performance Chasing siehe auch: https://fortune.com/2019/09/29/investing-performance-chasing-portfolio/

[204] Zur Verzerrung zu Gunsten der Überlebenden siehe https://www.faz.net/aktuell/finanzen/meine-finanzen/2.2465/denkfehler-die-uns-geld-kosten-34-auf-die-verlierer-kommt-es-an-11916397.html

[205] Zu den Fonds siehe: https://www.bvi.de/fileadmin/user_upload/Statistik/Wertentwicklung_1909_Einzelfonds.pdf

[206] Zu den Entscheidungen siehe: https://www.wiwo.de/erfolg/trends/zeitdruck-im-job-20-000-blitzentscheidungen-pro-tag/5445178.html

[207] M. Bar-eli, O. AzarI. Ritov/Y. Keidar-Levin/G. Schein: *Action Bias among Elite Soccer Goalkeepers: The Case of Penalty Kicks*. Jerusalem 2005. Siehe dazu: https://mpra.ub.uni-muenchen.de/4477/1/MPRA_paper

[208] Sheena S. Iyengar/Mark. R. Lepper: *When Choice is Demotivating: Can One Desire Too Much of a Good Thing?* Stanford 2000. Siehe dazu: https://faculty.washington.edu/jdb/345/345%20Articles/Iyengar%20%26%20Lepper%20(2000).pdf

[209] Carmen M. ReinhartKenneth S. Rogoff: *Growth in a Time of Debt*. Cambridge 2010. Siehe dazu: https://www.nber.org/papers/w15639.pdf

[210] Zu Thomas Herndon siehe: https://www.zeit.de/2013/27/staatsverschuldung-rechenfehler-thomas-herndon

[211] Zur Verschuldung der USA siehe: https://fred.stlouisfed.org/series/GFDGDPA188S

[212] Zur Verschuldung von Großbritannien siehe: https://www.ukpublicspending.co.uk/spending_chart_1692_2020UKp_XXc1li111tcn_G0t

[213] Zu Michael Burry siehe: https://en.wikipedia.org/wiki/Michael_Burry

[214] Teresa M. Amabile: Brilliant But Cruel: »Perceptions of Negative Evaluators«, in: *Journal of Experimental Social Psychology*, 19. 1983. S. 146-156.

[215] Zu Warren Buffett und Goldman Sachs siehe: https://www.faz.net/aktuell/finanzen/aktien/goldman-sachs-jetzt-steigt-warren-buffett-ein-1694353.html

[216] Zur Rechnung von Gerd Kommer siehe: https://www.gerd-kommer-invest.de/timing-des-markteinstiegs/

[217] Mario Lochner: »Ihr Weg zur Traumrendite«, in: *Focus-Money*, Ausgabe 36. 2019. S. 24ff. Abgerufen unter: https://www.focus.de/finanzen/boerse/aktien/crash-abgesagt-chancen-warten-ihr-weg-zur-traumrendite-so-schaffen-sie-35-prozent-bis-zum-jahresende_id_11101205.html

[218] https://www.yardeni.com/pub/stmktreturns.pdf

[219] S. Bouman /B. Jacobsen: »The Halloween Indicator, Sell in May and Go Away: Another Puzzle«, in: *The American Economic Review*. Dezember 2002. S. 1618–1635.

[220] https://www.wiwo.de/finanzen/geldanlage/intelligent-investieren-die-jagd-nach-dividende-ist-unsinn/19451226.html

[221] Zum Paretoprinzip siehe: https://lexikon.stangl.eu/313/pareto-prinzip/

[222] Solomon E. Asch: »Opinions and Social Pressure«, in: *Scientific American* 193. 1955. S. 31-35. Und: »Studies of Independence and Conformity: A Minority of One Against a Unanimous Majority«, in: *Psychological Monographs* 70. 1956. S. 1-70.

[223] Allen Cheng: *Alles, was Sie über Ray Dalio: Principles wissen müssen*. Kulmbach (Plassen) 2019, S. 94.

[224] Theodore H. Mita/M. Dermer /J. Knight: »Reversed Facial Images and the Mere-Exposure Hypothesis«, in: *Journal of Personality and Social Psychology* 35. 1977. S. 597-601.

[225] Zur Think Week von Bill Gates siehe: https://thriveglobal.com/stories/bill-gates-think-week/

[226] Julie Norem /Nancy Cantor: »Defensive Pessimism. Harnessing Anxiety as Motivation«, in; *Journal of personality and social psychology* 51. 1986.

[227] https://www.aphorismen.de/zitat/172919

[228] Norbert Schwarz/Herbert Bless/Fritz Strack/Gisela Klumpp/Helga Rittenauer-Schatka /Annette Simons: »Ease of Retrieval as Information: Another Look at the Availibility Heuristic«, in: *Journal of Personality and Social Psychology* 61. 1991. S. 195-202.

Busy ist the New Stupid

Tim Reichel

Neue Technologien und die Digitalisierung haben unseren Arbeitsalltag stark verändert. Sie schaffen unzählige Möglichkeiten, haben aber auch einen Haken: Wir leben in einer Zeit der unbegrenzten Ablenkungen. Unsere Aufmerksamkeit und unsere Konzentration werden zu den wichtigsten Erfolgsgrößen, die es zu verteidigen gilt. Wer dieser Falle entgehen möchte, muss die richtigen Prioritäten setzen und sich auf die wichtigen Dinge konzentrieren. Tim Reichel zeigt 101 Wege für ein glückliches Leben im 21. Jahrhundert. Es ist ein moderner Werkzeugkoffer mit den besten Zeitmanagement-Methoden und Produktivitätstechniken, die aktuell bekannt sind.

208 Seiten | Softcover | 14,99 € (D) | ISBN 978-3-95972-306-0

Die Kunst des erfolgreichen Lebens

Rainer Zitelmann

Wie lassen sich Weisheiten von großen Denkern und erfolgreichen Persönlichkeiten im Alltagsleben wirklich dazu nutzen mehr Erfolg zu haben? Bestsellerautor Rainer Zitelmann hat in *Die Kunst des erfolgreichen Lebens* über 200 Aphorismen und Zitate aus 2500 Jahren zusammengetragen und kommentiert - von Konfuzius und Laotse über Goethe bis zu Steve Jobs und Warren Buffett. Auf rund 350 Seiten befasst er sich mit Themen wie »Selbstvertrauen gewinnen«, »Entscheidungen treffen«, »Gesund denken und leben«, »Probleme meistern« und »Sorgen begrenzen«. Am Ende eines jeden Kapitels gibt er dem Leser zudem mit einem 20-Wochen-Erfolgsprogramm konkrete Handlungsanleitungen zur praktischen Umsetzung Schritt für Schritt.

352 Seiten | Hardcover | 24,99 € (D) | ISBN 978-3-95972-244-5

Rebellion im Hamsterrad

Niclas Lahmer

Im Ferrari die Küste der Algarve hinunterfahren, in der First Class für den Preis der Holzklasse fliegen und mit 5 Stunden Arbeit mehr Geld verdienen als die meisten Manager mit einer 70-Stunden-Woche – wer will das nicht? Die Möglichkeit, das Leben außerhalb des Gewöhnlichen zu erleben, dem alltäglichen Hamsterrad zu entkommen, bleibt den meisten verwehrt. Doch das muss nicht sein! Niclas Lahmer zeigt in seinem neuen Buch, wie Sie mehr finanzielle und persönliche Freiheit erlangen können, indem Sie sich aus den Zwängen gesellschaftlicher Glaubenssätze befreien. Raus aus der Knechtschaft des Geistes, des Konsums, des Kapitals und der Zeit, damit mehr Zeit für das Wesentliche und für ein erfülltes Leben bleibt!

320 Seiten | Hardcover | 18,99 € (D) | ISBN 978-3-95972-268-1

Anders als alle anderen

Marcel Remus

ALLES ANDERS ALS ALLE ANDEREN: Müsste man das Leben Marcel Remus auf fünf Wörter reduzieren, so käme man wohl ganz schnell zu diesen, die längst sein Mantra und gleichsam Erfolgsgeheimnis sind. Seine Karriere liest sich wie aus einem Bilderbuch: Er ist der jüngste selbstständige Luxusimmobilienmakler Europas. In nicht einmal zehn Jahren hat er den Sprung zum Shooting Star geschafft. Er verkauft auf Mallorca die exklusivsten Liegenschaften an die Schönen und Reichen, pflegt Kontakte zu VIPs wie Sir Elton John, Elizabeth Hurley und Star-DJ Robin Schulz. Doch hat er auch die Schattenseiten erlebt und weiß wie es ist, wenn man von der Hand in den Mund lebt. In diesem Buch verrät er erstmals, wie er es trotz Weltwirtschaftskrise, viel Neid und Gegenwind und mit gerade einmal 23 Jahren geschafft hat und wie das wirklich jeder schaffen kann.

208 Seiten | Hardcover | 19,99 € (D) | ISBN 978-3-95972-178-3

Life to the Max

Philipp Maximilian Scharpenack

Philipp Maximilian Scharpenack nimmt den Leser mit auf seine abenteuerliche Lebensreise, die ihn zu dem Punkt brachte, an dem er heute steht. Mit Anfang 30 arbeitet er vier Stunden in der Woche und ist finanziell komplett unabhängig. Doch auch er startete zunächst mit nichts außer Schulden, Mut und dem unbändigen Willen etwas zu erreichen. Er wanderte nach China aus, um dort völlig ohne Kapital sein erstes Unternehmen zu gründen. Es folgte der Aufbau der Netzwerkveranstaltung »Gründerpokern«, der deutschlandweit bekannten Eismarke »Suck It«, eines Immobilienportfolios, das Management eines Pokersuperstars – und jede Menge Abenteuer, die ihn um die ganze Welt führten.

256 Seiten | Softcover | 17,99 € (D) | ISBN 978-3-95972-315-2

EGO

Julien Backhaus

Es gibt ihn, den guten Egoismus. Julien Backhaus bricht in diesem Buch eine Lanze für eine Form der Selbstbezogenheit, die nicht nur dem Anwender, sondern auch seinen Mitmenschen hilft. Sein Argument: Nur wer stark ist, kann andere stark machen. Nur wer hat, kann auch geben. Der Leser erfährt, was Gelehrte wie der Dalai Lama und Superreiche wie Warren Buffett darüber denken und wie jeder den guten Egoismus für sein eigenes Lebensglück einsetzen kann. Mehr Erfolg in der Beziehung, im Job und im Leben generell – gute Egoisten leben diesen Traum bereits.

Ein Plädoyer dafür, die Vorzüge von gesundem Egoismus zu erkennen und seine eigene Agenda zu verfolgen.

240 Seiten | Hardcover | 18,99 € (D) | ISBN 978-3-95972-302-2

Tools der Titanen

Tim Ferriss

»Ich habe dieses Buch, mein ultimatives Notizbuch voller nützlicher Werkzeuge, für mich selbst kreiert. Es hat mein Leben verändert und ich hoffe, dir wird es genauso helfen.« TIM FERRISS

»In den letzten zwei Jahren habe ich beinahe 200 Weltklasse-Performer interviewt. Die Bandbreite der Gäste reicht von Stars (Jamie Foxx, Arnold Schwarzenegger) und Topathleten bis hin zu legendären Kommandanten von Spezialeinheiten und sogar Schwarzmarkt-Biochemikern. Viele meiner Gäste akzeptierten erstmals in ihrer Karriere ein Zwei-bis-drei-Stunden-Interview. Dieses Buch enthält unverzichtbare Tools, Taktiken und Insiderwissen, die anderswo nicht zu finden sind, außerdem neue Tipps von früheren Gästen und Lebensweisheiten neuer Gäste, die du noch nicht kennst.«

ca. 720 Seiten | Hardcover | 24,99 € (D) | 25,70 € (A) | ISBN 978-3-95972-026-7